21 世纪全国高职高专机电系列技能型规划教材

AutoCAD 机械绘图项目教程

主　编　张海鹏
副主编　张俊廷　陈晓罗　王小娟
参　编　程春艳　孙慧丽　杨德明

内容简介

本书以实例贯穿全文,系统地介绍了 AutoCAD 2009 中文版的基本功能,共分 12 个项目:AutoCAD 的基础知识、机械制图的相关知识、绘图环境的初步设置、平面图形的绘制、高级绘图指令的应用、三视图的绘制、轴测图的绘制、尺寸标注、零件图的绘制、装配图的绘制、三维实体建模、超链接及输出图形。

本书在内容的安排上循序渐进、由浅入深,文字通俗易懂,表达清晰,重点突出。书中选用的实例均是在教学过程中经过实践的,难度适中,具有很好的代表性。每一个项目后面的习题紧扣所学的新知识,可满足上机训练的需求。

本书可作为高职高专院校机械、模具及工业设计等专业"计算机辅助绘图"课程的教材,也可作为初学计算机绘图的工程技术人员的自学参考书。

图书在版编目(CIP)数据

AutoCAD 机械绘图项目教程/张海鹏主编. —北京:北京大学出版社,2010.5
(21 世纪全国高职高专机电系列技能型规划教材)
ISBN 978-7-301-17122-6

Ⅰ. A… Ⅱ. 张… Ⅲ. 机械制图:计算机制图—应用软件,AutoCAD—高等学校:技术学校—教材 Ⅳ. TH126

中国版本图书馆 CIP 数据核字(2010)第 068167 号

书　　　名:	AutoCAD 机械绘图项目教程
著作责任者:	张海鹏　主编
策 划 编 辑:	赖　青　张永见
责 任 编 辑:	李娉婷
标 准 书 号:	ISBN 978-7-301-17122-6/TH·0183
出　版　者:	北京大学出版社
地　　　址:	北京市海淀区成府路 205 号　100871
网　　　址:	http://www.pup.cn　http://www.pup6.com
电　　　话:	邮购部 62752015　发行部 62750672　编辑部 62750667　出版部 62754962
电 子 邮 箱:	pup_6@163.com
印　刷　者:	三河市博文印刷有限公司
发　行　者:	北京大学出版社
经　销　者:	新华书店
	787mm×1092mm　16 开本　21 印张　489 千字
	2010 年 5 月第 1 版　2015 年 12 月第 5 次印刷
定　　　价:	36.00 元

未经许可,不得以任何方式复制或抄袭本书之部分或全部内容。
版权所有　侵权必究　　举报电话:010-62752024
　　　　　　　　　　　电子邮箱:fd@pup.pku.edu.cn

前　言

AutoCAD 是美国 Autodesk 公司推出的一个通用的计算机辅助绘图和设计软件包，它易于使用、适应性强、易于二次开发，早已成为当今世界上应用最广泛的 CAD 软件包之一。

对于高职高专院校机电相关专业的学生来说掌握应用软件 AutoCAD 的使用是十分必要的，在了解该软件基本功能的基础上，要做到结合本专业的知识，学会利用软件解决专业中的实际问题。编者在教学过程中经常遇到这样的学生，他能够掌握基本的命令，但是遇到实际的问题就束手无策了。为了解决这样的问题，编者根据多年的教学经验及体会，利用项目式教学的模式，编写了这本 AutoCAD 教材。本书与同类的教材相比，具有以下特色。

(1) 本书采用的是 AutoCAD 经典界面，按照项目式教学法的思路编写，教、学、练相结合，易于接受，便于教学使用和初学者自学。对初学者来说，容易入门，容易上手。

(2) 内容讲解中，配以典型的实例，实例的分析讲解细致，易学易懂。

(3) 每节后都有精心选择的练习题，与讲述的知识点相对应，便于对所学知识的检验和巩固，尤其给学生的上机操作提供了恰当的习题。

(4) 实例的绘制均以最新制图标准为标准。

(5) 理论以"必须和够用"为原则，侧重于技能的培养和提高。

建议本书总课时为 64 课时左右，每个项目的参考课时见下表。

序号	项 目 内 容	课时分配/课时
1	项目 1　AutoCAD 的基础知识	2
2	项目 2　机械制图的相关知识	2
3	项目 3　绘图环境的初步设置	2
4	项目 4　平面图形的绘制	14
5	项目 5　高级绘图指令的应用	6
6	项目 6　三视图的绘制	8
7	项目 7　轴测图的绘制	4
8	项目 8　尺寸标注	8
9	项目 9　零件图的绘制	6
10	项目 10　装配图的绘制	2
11	项目 11　三维实体建模	8
12	项目 12　超链接及输出图形	2
	合计	64

本书由张海鹏老师主编并负责统稿工作。本书的编写分工为：项目 1 由天津电子信息职业技术学院陈晓罗编写；项目 2 由阳泉职业技术学院杨德明编写；项目 3 由晋城职业技术学院王小娟编写；项目 4～项目 8 由泰山职业技术学院张海鹏编写；项目 9 和项目 10 由德州科技职业学院青岛校区张俊廷、孙慧丽与泰山职业技术学院张海鹏共同编写；项目 11

由泰山职业技术学院程春艳编写；项目 12 由陈晓罗和程春艳共同编写。

通过学习本书，可使初学者在短时间内能较顺利地掌握绘制工程图的基本方法和基本技巧，能独立绘制机械图样，同时也可以使有经验的读者更深入地了解 AutoCAD 2009 绘图的主要功能和技巧，从而达到融会贯通、灵活运用的目的。

如果读者需要书中的插图 (.dwg 格式) 或对书中内容有什么建议，欢迎发邮件到 zhanghp_1114@163.com 与编者联系。

由于编者水平有限，书中难免有疏漏和不妥之处，恳请读者批评指正。

编　者

2010 年 2 月

目 录

项目 1　AutoCAD 的基础知识 1
- 1.1　认识 AutoCAD 的主要功能 2
- 1.2　了解 AutoCAD 2009 对计算机系统的要求 4
- 1.3　启动 AutoCAD 2009 4
- 1.4　认识 AutoCAD 2009 的工作空间 5
  - 1.4.1　选择工作空间 5
  - 1.4.2　二维草图与注释空间 6
  - 1.4.3　三维建模空间 6
  - 1.4.4　AutoCAD 的经典空间 7
- 1.5　认识 AutoCAD 2009 的工作界面 7
- 1.6　图形文件的管理 11
  - 1.6.1　新建图形文件 11
  - 1.6.2　打开图形文件 11
  - 1.6.3　用 QSAVE 命令存储图形 12
  - 1.6.4　用 SAVEAS 命令另存图形 12
  - 1.6.5　加密图形文件 12
  - 1.6.6　用"图形属性"对话框定义图形 13
  - 1.6.7　关闭图形文件 14
  - 1.6.8　图形的修复 14
- 1.7　AutoCAD 的命令输入及终止方式 15
  - 1.7.1　输入一般命令 15
  - 1.7.2　输入透明命令 15
  - 1.7.3　命令输入中选项的输入 15
  - 1.7.4　终止命令的执行 16
  - 1.7.5　命令的重复、放弃和重做 16
  - 1.7.6　上机练习与操作 17
- 项目小结 17

项目 2　机械制图的相关知识 18
- 2.1　图纸的幅面和标题栏 19
  - 2.1.1　图纸的幅面与格式 19
  - 2.1.2　标题栏 21
- 2.2　比例 22
- 2.3　字体 23
  - 2.3.1　汉字 23
  - 2.3.2　阿拉伯数字、罗马数字、拉丁字母和希腊字母 23
- 2.4　图线的应用 24
- 2.5　尺寸标注 25
  - 2.5.1　基本规则 25
  - 2.5.2　尺寸组成 25
- 2.6　表面粗糙度的标注 27
- 2.7　表面形状和位置公差的标注 27
- 项目小结 28

项目 3　绘图环境的初步设置 29
- 3.1　系统选项设置 30
  - 3.1.1　修改绘图区的背景为白色 30
  - 3.1.2　设置按实际情况显示线宽 31
  - 3.1.3　设置右键功能 32
  - 3.1.4　"选项"对话框中的其他选项卡简介 32
- 3.2　设置绘图单位 35
- 3.3　设置图幅 36
- 3.4　设置栅格功能 36
- 3.5　设置正交功能 38
- 3.6　图形的显示控制 38
  - 3.6.1　实时缩放 38
  - 3.6.2　窗口缩放 39
  - 3.6.3　实时平移图形 39
  - 3.6.4　上机实训与指导 40
- 项目小结 41

项目 4　平面图形的绘制 42
- 4.1　绘制平面图实例(一) 43
  - 4.1.1　图形分析 43
  - 4.1.2　本题知识点 43

	4.1.3	绘图步骤	48
	4.1.4	上机实训与指导	50
4.2	绘制平面图实例(二)		51
	4.2.1	图形分析	51
	4.2.2	本题知识点	52
	4.2.3	绘图步骤	67
	4.2.4	上机实训与指导	71
4.3	绘制平面图实例(三)		73
	4.3.1	图形分析	74
	4.3.2	本题知识点	74
	4.3.3	绘图步骤	82
	4.3.4	上机实训与指导	84
4.4	绘制平面图实例(四)		86
	4.4.1	图形分析	87
	4.4.2	本题知识点	87
	4.4.3	绘图步骤	94
	4.4.4	上机实训与指导	99
4.5	绘制平面图实例(五)		100
	4.5.1	图形分析	101
	4.5.2	本题知识点	101
	4.5.3	绘图步骤	106
	4.5.4	上机实训与指导	111
4.6	绘制平面图实例(六)		112
	4.6.1	图形分析	112
	4.6.2	本题知识点	113
	4.6.3	绘图步骤	118
	4.6.4	上机实训与指导	122
4.7	绘制平面图实例(七)		123
	4.7.1	图形分析	123
	4.7.2	本题知识点	123
	4.7.3	绘图步骤	125
	4.7.4	上机实训与指导	130
	项目小结		131

项目 5　高级绘图指令的应用 132

5.1	图案设计实例		133
	5.1.1	图形分析	133
	5.1.2	本题知识点	133
	5.1.3	绘图步骤	135
	5.1.4	上机实训与指导	136

5.2	绘制平面图实例(一)		138
	5.2.1	图形分析	138
	5.2.2	本题知识点	138
	5.2.3	绘图步骤	139
	5.2.4	上机实训与指导	140
5.3	绘制平面图实例(二)		142
	5.3.1	图形分析	142
	5.3.2	本题知识点	142
	5.3.3	绘图步骤	144
	5.3.4	上机实训与指导	146
5.4	点、云线、等宽线和多线		147
	5.4.1	用 POINT 命令画点	147
	5.4.2	修订云线	149
	5.4.3	绘制等宽线	150
	5.4.4	用 MLINE 命令画多线	150
	项目小结		153

项目 6　三视图的绘制 154

6.1	三视图的绘制实例(一)		155
	6.1.1	图形分析	155
	6.1.2	本题知识点	155
	6.1.3	绘图步骤	160
	6.1.4	上机实训与指导	166
6.2	三视图的绘制实例(二)		166
	6.2.1	图形分析	167
	6.2.2	本题知识点	167
	6.2.3	绘图步骤	168
	6.2.4	上机实训与指导	172
6.3	三视图的绘制实例(三)		173
	6.3.1	图形分析	174
	6.3.2	本题知识点	174
	6.3.3	绘图步骤	181
	6.3.4	上机实训与指导	182
	项目小结		183

项目 7　轴测图的绘制 184

7.1	绘制正等轴测图实例		185
	7.1.1	图形分析	185
	7.1.2	本题知识点	185
	7.1.3	绘图步骤	188

		7.1.4 上机实训与指导 189
7.2	绘制斜二测图实例 192
	7.2.1 图形分析 192
	7.2.2 本题知识点 192
	7.2.3 绘图步骤 194
	7.2.4 上机实训与指导 195
项目小结 196

项目 8　尺寸标注 197

8.1 创建尺寸标注样式 198
　　8.1.1 图形分析 198
　　8.1.2 创建尺寸标注样式 198
　　8.1.3 上机实训与指导 209
8.2 创建尺寸标注 209
　　8.2.1 图形分析 209
　　8.2.2 标注过程及命令 210
　　8.2.3 上机实训与指导 223
8.3 轴测图的尺寸标注 224
　　8.3.1 图形分析 224
　　8.3.2 标注过程 225
　　8.3.3 上机实训与指导 227
项目小结 228

项目 9　零件图的绘制 229

9.1 绘制零件图 230
　　9.1.1 图形分析 230
　　9.1.2 本题知识点 231
　　9.1.3 零件图的绘制过程 247
　　9.1.4 上机实训与指导 248
9.2 AutoCAD 的设计中心 250
　　9.2.1 认识 AutoCAD 的设计中心 ...250
　　9.2.2 上机实训与指导 252
项目小结 252

项目 10　装配图的绘制 253

10.1 图形分析 255
10.2 本题知识点 255

10.3 绘图步骤 269
10.4 上机实训与指导 271
项目小结 274

项目 11　三维实体建模 275

11.1 三维基础知识 276
　　11.1.1 三维坐标系 276
　　11.1.2 设置视点和观察三维视图....278
　　11.1.3 视觉样式 278
11.2 绘制实体图实例(一) 280
　　11.2.1 图形分析 280
　　11.2.2 本题知识点 280
　　11.2.3 绘图步骤 286
　　11.2.4 上机实训与指导 290
11.3 绘制实体图实例(二) 290
　　11.3.1 图形分析 291
　　11.3.2 本题知识点 292
　　11.3.3 绘图步骤 293
　　11.3.4 上机实训与指导 300
11.4 由三维实体生成二维图形 302
　　11.4.1 由实体创建平面图的步骤....302
　　11.4.2 上机实训与指导 311
项目小结 311

项目 12　超链接及输出图形 312

12.1 创建超链接、打开超链接 313
12.2 打印输出图形 317
　　12.2.1 模型空间与布局空间 317
　　12.2.2 创建布局 317
　　12.2.3 打印管理 318
　　12.2.4 页面设置 318
　　12.2.5 输出图形 321
　　12.2.6 打印输出 323
　　12.2.7 上机实训与指导 325
项目小结 325

参考文献 326

项目 1

AutoCAD 的基础知识

学习目标

通过本项目的学习,应该对 AutoCAD 有一个初步的认识,了解该软件的基本功能,能够应用该软件实现对文件的基本操作,并对命令的操作有初步的掌握。

学习要求

① 了解 AutoCAD 的主要功能。
② 熟悉 AutoCAD 的主要工作界面。
③ 掌握关于文件的基本操作。
④ 掌握命令的输入方法。

项目导读

AutoCAD 2009 是 Autodesk 公司于 2008 年推出的最新版本。AutoCAD 2009 软件整合了制图和可视化,加快了任务的执行,满足了个人用户的需求和偏好,能够更快地执行常见的 CAD 任务,更容易找到那些不常用的命令。新版本也能让用户在不需要软件编程的情况下自动操作制图,从而进一步简化了制图任务,极大地提高了效率。同时,将直观强大的概念设计和视觉工具结合在一起,促进了 2D 设计向 3D 设计的转换。

1.1 认识 AutoCAD 的主要功能

AutoCAD 是一种通用的计算机辅助设计软件，与传统设计相比，AutoCAD 的应用大大提高了绘图的速度，也为设计出更高质量的作品提供了更为先进的方法。

图 1.1 所示是齿轮的零件图，它由一组视图、尺寸标注、标题栏和技术要求等组成。

图 1.2 所示是球阀的装配图，它由一组图形、装配尺寸、明细栏、标题栏和技术要求组成。它清晰地表达了部件的工作原理、零件之间的装配关系。

图 1.3 所示是轴测图，它是机械设计中的辅助图样。

图 1.4 所示是轴承座三维模型图，它表达了零件的实际的外形效果。模型设计已经在机械设计中得到了广泛的应用。

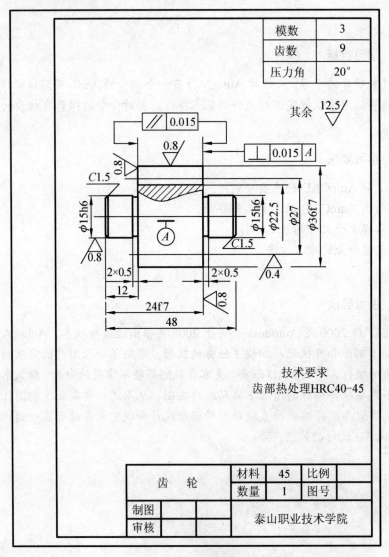

图 1.1 齿轮零件图

项目 1　AutoCAD 的基础知识

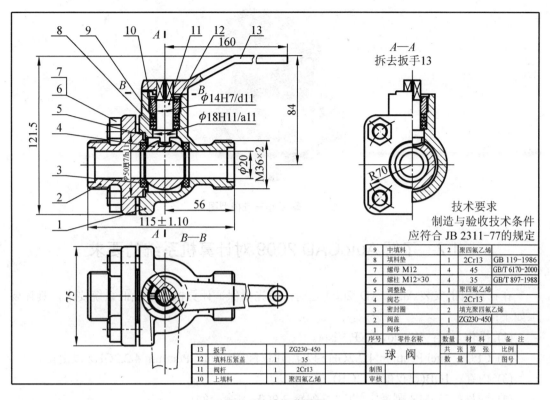

图 1.2　球阀装配图

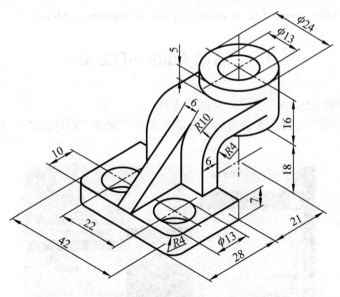

图 1.3　轴测图

图 1.4　轴承座三维模型图

1.2　了解 AutoCAD 2009 对计算机系统的要求

在计算机上安装 AutoCAD 2009 之前，首先要保证计算机满足最低系统要求，具体要求如下：

(1) 操作系统：Windows XP/Vista。
(2) CPU：Intel Pentium 4 2.2GHz 以上(建议配置：Intel Pentium 4 2.2GHz 以上)。
(3) 内存：1GB(建议配置 2GB)。
(4) 硬盘：750MB 剩余空间(建议配置 2.0GB 剩余空间)。
(5) 显卡：3D 加速卡/128MB 显存。
(6) Web 浏览器：Internet Explorer 6.0(建议配置 Internet Explorer 7.0)。

1.3　启动 AutoCAD 2009

AutoCAD 2009 的启动方法通常有以下 3 种。

(1) 单击"开始"按钮，在弹出的"开始"菜单中选择"程序(P)"→AutoCAD 2009 选项，如图 1.5 所示。

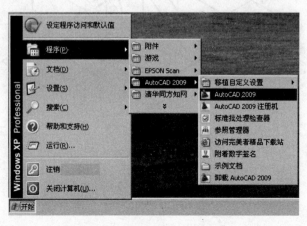

图 1.5　AutoCAD 2009 启动界面

(2) 双击桌面上的 AutoCAD 2009 快捷方式图标 。

(3) 在桌面上右击 AutoCAD 2009 快捷方式图标 ，在弹出的快捷菜单中选择"打开"菜单项。

1.4 认识 AutoCAD 2009 的工作空间

AutoCAD 2009 提供了"二维草图与注释空间"、"三维建模空间"和"AutoCAD 经典空间"3 种工作空间模式。AutoCAD 2009 的各个工作空间都包含"菜单浏览器"按钮、快速访问工具栏、标题栏、绘图窗口、文本窗口、状态栏和选项板等元素。此外，用户还可以根据需要自定义工作空间。

1.4.1 选择工作空间

要在 3 种工作空间模式中进行切换，通常有两种方式：

(1) 单击操作界面左上角的"菜单浏览器"按钮 ，在弹出的菜单中选择"工具"→"工作空间"菜单中的子命令，如图 1.6 所示。

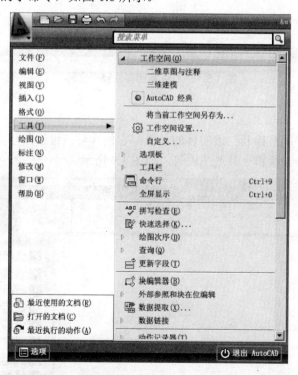

图 1.6 通过"菜单浏览器"的"工具"菜单切换工作空间

(2) 单击状态栏中"工作空间设置…"按钮 ，在弹出的菜单中选择相应的命令，如图 1.7 所示。

1.4.2 二维草图与注释空间

默认状态下，打开"二维草图与注释"空间，其界面如图 1.8 所示，主要由"菜单浏览器"按钮、"功能区"选项板、快速访问工具栏、文本窗口与命令行、状态栏等元素组成。在该空间中，可以使用"绘图"、"修改"、"图层"、"标注"、"文字"、"表格"等面板方便地绘制二维图形。

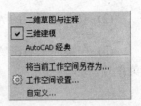

图 1.7　工作空间选择菜单

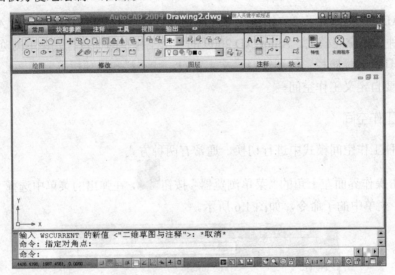

图 1.8　"二维草图与注释"空间

1.4.3 三维建模空间

三维建模工作空间是绘制三维实体的场所。它包含与三维绘图相关的应用程序窗口、菜单栏、功能区、控制盘和工具选项板等，如图 1.9 所示。

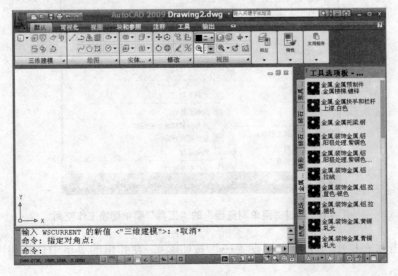

图 1.9　"三维建模"空间

在"功能区"选项板中集成了"三维建模"、"视觉样式"、"光源"、"材质"、"渲染"和"导航"等面板,从而为绘制三维图形、观察图形、创建动画、设置光源、为三维对象附加材质等操作提供了非常便利的环境。

1.4.4 AutoCAD 的经典空间

对于习惯于 AutoCAD 传统界面的用户来说,可以使用 AutoCAD 经典工作空间,其界面主要由"菜单浏览器"按钮、快速访问工具栏、菜单栏、工具栏、文本窗口与命令行、状态栏等元素组成,如图 1.10 所示。

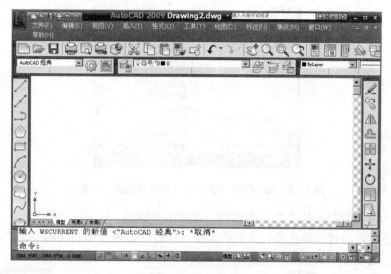

图 1.10 经典空间

1.5 认识 AutoCAD 2009 的工作界面

AutoCAD 2009 与 Windows 其他应用程序一样,用户可以根据需要设置并保存适合自己的工作界面。

1. 标题栏

标题栏位于应用程序窗口的最上面,由菜单浏览器、快速访问工具栏、文件名、信息中心、通信中心、收藏夹和 3 个控制窗口显示图标的功能按钮等组成,如图 1.11 所示。文件名是显示当前正在运行的程序名及文件名等信息,如果是 AutoCAD 默认的图形文件,其名称为 DrawingN.dwg(N 是数字)。单击标题栏右端的按钮,可以最小化、最大化或关闭应用程序窗口。

图 1.11 标题栏

1) 菜单浏览器

单击"菜单浏览器"按钮,弹出图1.12所示菜单项,通过此菜单可以浏览并选择应用程序中的所有菜单项。

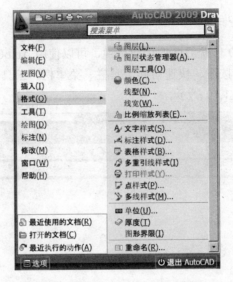

图1.12　AutoCAD 2009 的"菜单浏览器"菜单项

各菜单项的功能与下拉菜单中的相同,这里不再赘述。

同时,还可以通过菜单栏窗口下面的菜单,执行"最近使用的文档"、"打开的文档"和"最近执行的动作"操作。

单击"选项"图标 ,可弹出"选项"对话框,通过此对话框,可对绘制的图形及文件进行设置。

特别提示

● 级联菜单项:菜单项的后面有黑色三角符号,表示此菜单项还有下一级子菜单,如图1.13所示。

图1.13　级联菜单

● 对话框菜单项：菜单项的右侧有三点省略号，单击此菜单项后弹出对话框，如图 1.14 所示。

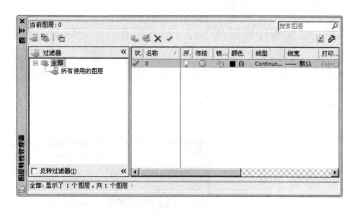

图 1.14　对话框界面

● 菜单项的后面有热键字母的，表示可以通过在键盘上按该热键字母来启动此命令。当在键盘上按字母"O"后，则执行关闭命令。如图 1.15 所示。
● 菜单项后面有快捷键字母的，表示可以通过直接按快捷键来启动该命令。如图 1.16 所示，当在键盘上按 Ctrl+O 快捷键后，则执行打开文件命令。

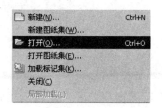

图 1.15　利用热键启动命令　　　　图 1.16　利用快捷键字母启动命令

● 菜单项的字符显示为"灰色"时，表示在当前状态下，该命令不能被执行。

2) 快速访问工具栏

AutoCAD 2009 的标题栏中放置了 6 个常用的文件操作按钮，分别是"新建文件"按钮、"打开文件"按钮、"保存文件"按钮、"打印"按钮、"放弃"按钮和"重做"按钮。

3) 通讯中心

单击"通讯中心"按钮，弹出"通讯中心"对话框，此对话框用来显示有关产品通告信息的链接，并可能包括速博应用中心、CAD 管理员指定的文件及 RSS 提要的链接等。

4) 信息中心

在信息中心的搜索栏中输入关键字，可以搜索与之相关信息。

2. 下拉菜单

下拉菜单区里所出现的项目是 Windows 视窗特性功能与 AutoCAD 功能的综合体现。AutoCAD 绝大多数命令可以在此找到，因此必须熟悉它。

3. 工具栏

工具栏是应用程序调用命令的一种常用方式，它包含许多由图标表示的命令按钮。在 AutoCAD 中，系统共提供了 20 多个已命名的工具栏。如果要显示关闭的工具栏，只要将光标指向任意工具栏后右击，就会弹出图 1.17 所示的右键菜单。该右键菜单列出了 AutoCAD 中的所有工具栏名称，工具栏名称前面有"√"符号，表示已打开，单击工具栏名称即可以打开或关闭相应的工具栏。

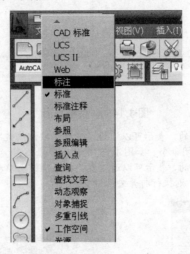

图 1.17 显示"工具栏"选项的右键菜单

4. 命令行与文本窗口

命令行位于绘图窗口的底部，用于接收用户输入的命令，并显示 AutoCAD 提示信息。在 AutoCAD 2009 中，"命令行"窗口可以拖放为浮动窗口，如图 1.18 所示。"AutoCAD 文本窗口"是记录 AutoCAD 命令的窗口，是放大的"命令行"窗口，它记录了已执行的命令，也可以用来输入新命令。在 AutoCAD 2009 中，可以选择"视图"→"显示"→"文本窗口"命令、执行 TEXTSCR 命令或按 F2 键来打开 AutoCAD 文本窗口，它记录了对文档进行的所有操作，如图 1.19 所示。

图 1.18 命令窗口

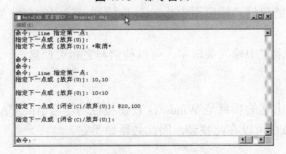

图 1.19 AutoCAD 的文本窗口

5. 状态栏

状态栏用来显示 AutoCAD 当前的状态，如图 1.20 所示。例如，当前光标的坐标、命令和按钮的说明等。在绘图窗口中移动光标时，状态行的"坐标"区将动态地显示当前坐标值。坐标显示取决于所选择的模式和程序中运行的命令，共有"相对"、"绝对"和"无"这 3 种模式。

状态栏中还包括如"捕捉"、"栅格"、"正交"、"极轴"、"对象捕捉"、"对象追踪"、"允许/禁止动态 UCS"、"动态输入"、"显示/隐藏线宽"、"快捷特性"、"模型"、"布局 1"、"快速查看布局"、"快速查看图形"、"平移"、"缩放"、SteeringWheel、ShowMotion、"注释比例"、"注释可见性"等按钮，用户还可以通过状态托盘访问常用的功能。在最右端是"全屏比例"按钮，单击该按钮可以全屏显示绘图窗口。

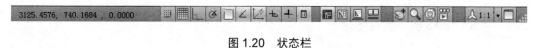

图 1.20 状态栏

1.6 图形文件的管理

在 AutoCAD 2009 中，图形文件管理包括创建新的图形文件、打开已有的图形文件、关闭图形文件以及保存图形文件等操作。

1.6.1 新建图形文件

选择"文件"→"新建"命令(NEW)，或在"标准"工具栏中单击"新建"按钮，可以创建新图形文件，弹出"选择样板"对话框，如图 1.21 所示。

在"选择样板"对话框中，可以在"名称"列表框中选中某一样板文件，单击"打开"按钮，可以以选中的样板文件为样板创建新图形。

图 1.21 "选择样板"对话框

1.6.2 打开图形文件

选择"文件"→"打开"命令(OPEN)，或在"标准"工具栏中单击"打开"按钮，可以打开已有的图形文件，弹出"选择文件"对话框。选择需要打开的图形文件，在右面的"预览"框中将显示出该图形的预览图像。默认情况下，打开的图形文件的格式为"*.dwg"。

在 AutoCAD 中，可以以"打开"、"以只读方式打开"、"局部打开"和"以只读方式局部打开"4 种方式打开图形文件。当以"打开"、"局部打开"方式打开图形时，可以对打开的图形进行编辑，如果以"以只读方式打开"、"以只读方式局部打开"方式打开图形时，则无法对打开的图形进行编辑。

1.6.3 用 QSAVE 命令存储图形

在 AutoCAD 中，可以使用多种方式将所绘图形以文件形式存入磁盘。例如，可以选择"文件"→"保存"命令(QSAVE)，或在"标准"工具栏中单击"保存"按钮，则以当前使用的文件名保存图形。

1.6.4 用 SAVEAS 命令另存图形

在 AutoCAD 中也可以选择"文件"→"另存为"命令(SAVEAS)，弹出"图形另存为"对话框，如图 1.22 所示。

图 1.22 "图形另存为"对话框

输入新的文件名后，单击"保存"按钮。在第一次保存创建的图形时，系统也将弹出"图形另存为"对话框。默认情况下，文件以"AutoCAD 2007 图形(*.dwg)"格式保存，也可以在"文件类型"下拉列表框中选择其他格式，如 AutoCAD 2000/LT2000 图形(*.dwg)、AutoCAD 图形标准(*.dws)等格式。

1.6.5 加密图形文件

在 AutoCAD 2009 中，保存文件时可以使用密码保护功能，对文件进行加密保存。其操作方法有两种。

(1) 操作菜单"工具"→"选项"，选择"打开和保存"选项卡，单击"安全选项"按钮，在密码框里输入密码后双击"确定"按钮退出。保存的所有 CAD 文件都被加密，打开的时候必须输入正确的密码。

(2) 如果只是想将某个 CAD 文件加密，在初次保存的时候在"图形另存为"对话框里单击图 1.23 中的"工具"按钮，在弹出的菜单里选择"安全选项"命令，弹出如图 1.24 所示的"安全选项"对话框，在对话框中的"密码"选项卡的"用于打开此图形的密码或短语"文本栏中输入密码。

图 1.23 "图形另存为"对话框

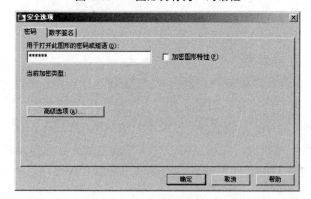

图 1.24 "安全选项"对话框

1.6.6 用"图形属性"对话框定义图形

图形属性是与图形文件相关的信息，如标题、作者、主题以及自定义属性等。使用"图形属性"命令可显示和设置当前图形文件的属性信息，该命令的调用方式为：

- 下拉菜单：文件→图形属性。
- 命令行输入：dwgprops。

调用该命令后，AutoCAD 将显示"Properties(属性)"对话框，该对话框有 4 个选项卡。

(1) "常规"选项卡：用于显示文件类型、位置、大小、时间和属性等与磁盘文件有关的信息，其显示数据来自操作系统。

(2) "概要"选项卡：用于设置图形标题、主题、作者、关键字、注释和超级链接基地址。

(3) "统计信息"选项卡：用于显示文件创建时间、最后修改时间、最后编辑者、修订次数和总编辑时间等信息。这些文件特性是自动维护的，并可利用它们来查找在一个指定的时期内创建或修改的图形。

（4）"自定义"选项卡：用于指定最多 10 个自定义属性，每个属性包括名称和值两部分。使用自定义属性可以在搜索时便于查找图形。

特别提示

● 只有在保存图形之后，"图形属性"对话框中输入的属性才能与图形相关联。

1.6.7 关闭图形文件

选择"文件"→"关闭"命令，或在绘图窗口中单击"关闭"按钮，可以关闭当前图形文件。如果当前图形没有存盘，系统将弹出 AutoCAD 警告对话框，询问是否保存文件。此时，单击"是"按钮或直接按 Enter 键，可以保存当前图形文件并将其关闭；单击"否"按钮，可以关闭当前图形文件但不存盘；单击"取消"按钮，取消关闭当前图形文件操作，即不保存也不关闭。

如果当前所编辑的图形文件没有命名，那么单击"是"按钮后，AutoCAD 会打开"图形另存为"对话框，要求用户确定图形文件存放的位置和名称。

1.6.8 图形的修复

由于硬件问题、电源故障或软件问题会导致 AutoCAD 程序意外终止。如果发生这种情况，可以利用该命令恢复已打开的图形文件。从下拉菜单选择"文件"→"绘图实用程序"→"图形修复管理器"命令或从键盘输入 DRAWINGRECOVERY，执行该命令后，系统打开"图形修复管理器"对话框，并显示可以在程序或系统失败后修复的图形文件的列表，如图 1.25 所示。打开"备份文件"列表中的文件，可以重新保存，从而进行修复。

图 1.25 "图形修复管理器"对话框

1.7 AutoCAD 的命令输入及终止方式

在 AutoCAD 2009 中,命令的输入与终止都有多种方法。

1.7.1 输入一般命令

在绘图编辑状态,要进行任何一项操作,都必须输入或选择 AutoCAD 的命令。AutoCAD 2009 命令的输入命令的方式有:菜单命令、图标命令、命令行命令和右键快捷菜单命令。

1. 运用工具栏或面板中的命令按钮

工具栏是选择菜单命令最方便的方法。如绘制一条直线,单击绘图工具栏中的 ╱ 图标,即可完成命令的输入。

2. 下拉菜单

AutoCAD 2009 的下拉菜单包含了绝大部分的系统命令,几乎所有的操作都可以通过下拉菜单完成。如在屏幕上画一条直线,可选择"绘图"→"直线"命令,然后按命令提示进行操作。

3. 命令行输入

用户可通过键盘输入命令行来绘制图形。如在屏幕上画一条直线,则可在命令行下输入 Line 或 L,然后按 Enter 键,再根据命令提示进行操作。

4. 右击(必须定义了右键功能)或按 Enter 键重复上一命令

在绘图区右击,从弹出的快捷菜单中选取相应的命令。注意:输入命令之前,一定要确认在屏幕最后一行的命令提示区已经显示出"命令:"提示符。如果没有,应先按 Esc 键进入命令状态。

1.7.2 输入透明命令

有些命令可在执行绘图或编辑命令的过程中进行操作,且执行时并不影响原来正常的绘图或编辑命令的功能,执行完这些命令后可继续进行原来的操作,因此形象地将此类命令称为透明命令。

最常用的透明命令是图形显示命令,如"缩放"、"平移"等。如果从命令行输入透明命令,之前要加单引号" ' ",系统在出现的透明命令的提示前有一个双折号">>"。完成透明命令后,系统将继续执行原命令。

1.7.3 命令输入中选项的输入

1. 用键盘选择

在命令行有多个选项时,可用键盘输入选项后括号内的内容来选择。默认选项不再需要选择。

2. 用右键选择

在命令行有多个选项时，右击，在弹出的快捷菜单中选取需要的选项。

3. 动态输入

如果在状态栏中将"动态输入"按钮 打开，还可以用动态输入的方式选取选项，如图 1.26 所示，单击所需的选项即可。

图 1.26　动态输入中选取需要的选项

1.7.4　终止命令的执行

终止命令表示某一项操作的结束，或者输入的命令不正确，退出正在执行的任务，回到"命令"提示状态。常用的方法有以下 5 种：

(1) 按 Enter 键终止命令。

(2) 按 Esc 键终止命令。

(3) 右击，在弹出的右键快捷菜单中选择"确认"或"取消"菜单项。

(4) 在执行过程中切换命令时，则当前命令自动终止。

(5) 有的命令正常完成后自动终止，如 MOVE(移动)命令。

1.7.5　命令的重复、放弃和重做

在绘图过程中，有时会出现一些相同的操作，有时也会出现错误操作。如果要重新绘制或修改图形，会浪费大量的时间和精力，而使用命令的重复、放弃和重做功能，解决这些问题会方便很多。

1. 命令的重复

命令的重复操作通常有以下几种方法：

(1) 在执行一个命令之后，按空格键就可以重复上一次执行的命令。

(2) 在执行一个命令之后，按 Enter 键就可以重复上一次执行的命令。

(3) 在绘图区域里右击，然后从弹出的快捷菜单中选择"重复"菜单项。

2. 命令的放弃

如果发现所做的操作不符合要求，通常有以下几种方法：

(1) 在标题栏中单击"放弃"按钮 。

(2) 在命令行中输入 undo，然后按 Enter 键，输入要放弃的操作数目，再按 Enter 键即可。

(3) 按 Ctrl+Z 组合键。使用按钮和组合键放弃命令时，发出一次命令放弃一次操作；若要放弃多步操作，可以多次发出放弃命令。

(4) U 命令。在命令行输入任意次 u，每次后退一步，直到图形与当前编辑任务开始时一样为止。

3. 命令的重做

撤销一个或多个操作后，又发现多撤销了一次或多次，可进行如下操作：

(1) 单击"标准"工具栏中的"重做"按钮 。

(2) 在命令行中输入 redo 或 mredo。

(3) 按 Ctrl+Y 组合键。

重做命令只有在进行了放弃操作以后才可以使用，并且只能执行到用户最后一步放弃操作。使用按钮和组合键重做命令时，每发出一次命令对应重做一个已放弃的操作，如果要重做多步操作，可多次发出重做命令。输入 mredo 可以一次性重做多步操作。

1.7.6 上机练习与操作

练习1：启动 AutoCAD 2009，熟悉工作界面，拖动工具栏到绘图区变成浮动工具栏，然后将它们拖动到恰当的位置。

练习2：新建一个名为"练习.dwg"的图形文件并保存。

练习3：把新建的名为"练习.dwg"的文件加密。

练习4：练习"放弃"和"重做"命令的操作。

项 目 小 结

本项目首先介绍了 AutoCAD 2009 的主要功能，然后介绍了 AutoCAD 2009 的工作空间、用户界面、文件的基本操作以及命令的输入方式。通过本项目的学习，要求对 AutoCAD 2009 的基本操作有初步的了解。AutoCAD 的具体功能和应用方法很多，本项目仅仅是一个初步的介绍，需要结合以后的学习不断地积累才能达到灵活运用的目的。

项目 2

机械制图的相关知识

学习目标

通过本项目的学习，要求掌握绘制机械图样时所需要的基本知识，包括图纸的幅面选择、比例的选择、标题栏的尺寸和格式、文字字体和线条的选择等。

学习要求

① 掌握图纸幅面的种类。
② 掌握比例选择的一般原则和选取范围。
③ 了解标注文字的样式。
④ 熟练掌握线条的种类和选取原则。
⑤ 掌握尺寸标注、表面粗糙度标注和形位公差标注的基本要求。

项目导读

图样是现代工业生产中最基本的技术文件。为了便于生产和技术交流，国家对图样的画法、尺寸标注、所用代号等都做了统一的规定，使绘图和读图都有了共同的准则。这些规定由国家统一制定和颁布实施，成为一系列的国家标准，代号为"GB"，例如 GB/T 14689—2008《技术制图 图纸幅面和格式》便是其中之一。使用 AutoCAD 绘制机械图样时，必须严格遵守相关的国家标准，树立标准化的观念。

2.1 图纸的幅面和标题栏

2.1.1 图纸的幅面与格式

1. 图纸幅面尺寸

标准的图纸幅面有 5 种,具体尺寸见表 2-1。从表中的数值可以看出,将 A0 的图纸对折得到 A1 图纸,依此类推。

表 2-1 图纸幅面尺寸 (mm)

幅面代号	尺寸 B×L	幅面代号	尺寸 B×L
A0	841×1189	A3	297×420
A1	594×841	A4	210×297
A2	420×594		

如果以上的图纸不能满足要求,允许将幅面加长、加宽,其尺寸见表 2-2 和表 2-3。这些幅面的尺寸是由基本幅面的短边成整倍数增加后得到的,如图 2.1 所示。

表 2-2 加长幅面(一) (mm)

幅面代号	尺寸 B×L	幅面代号	尺寸 B×L
A3×3	420×891	A4×4	297×841
A3×4	420×1189	A4×5	297×1051
A4×3	297×630		

表 2-3 加长幅面(二) (mm)

幅面代号	尺寸 B×L	幅面代号	尺寸 B×L
A0×2	1189×1682	A3×5	420×1486
A0×3	1189×2523	A3×6	420×1783
A1×3	841×1783	A3×7	420×2080
A1×4	841×2378	A4×6	297×1261
A2×3	594×1261	A4×7	297×1471
A2×4	594×1682	A4×8	297×1682
A2×5	594×2102	A4×9	297×1892

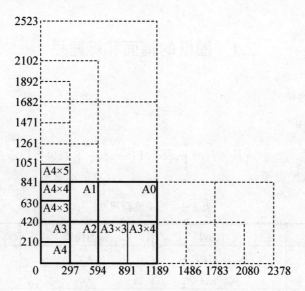

图2.1 基本幅面与加长幅面

2. 图框格式

每张图纸在绘制前都需要先画出图框。图框有无装订边和有装订边两种形式。设计同一种产品只能用一种方式。

(1) 无装订边的图纸,图框格式如图2.2所示,宽度 e 可以从表2-4中查出。

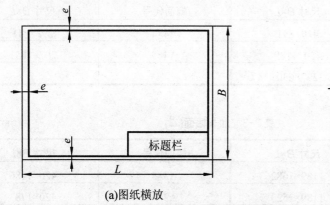
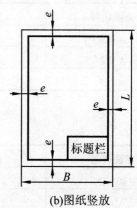

(a)图纸横放　　　　　　　　　　　　　　(b)图纸竖放

图2.2 无装订边的图框格式

(2) 有装订边的图纸,图框格式如图2.3所示,装订边宽度尺寸 a 和 c 也可以从表2-4中查出。图纸大多采用 A4 幅面竖装或者 A3 幅面横装格式。

图框线用粗实线绘制。

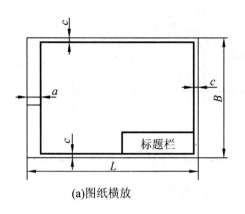 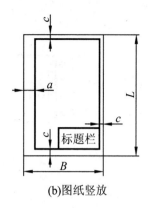

(a)图纸横放　　　　　　　　　　　(b)图纸竖放

图 2.3　有装订边的图框格式

加长幅面的图框尺寸，按所选的幅面加大一号的图框尺寸确定。例如 A3×4 的图框尺寸，应该按 A2 的图框尺寸绘制，即 e 为 10 或 c 为 10；A2×5 的图框尺寸，应按 A1 的图框尺寸绘制，即 e 为 20 或 c 为 10。

表 2-4　图框尺寸　　　　　　　　　　　　　　　　　　(mm)

幅面代号	A0	A1	A2	A3	A4
$B×L$	841×1189	594×841	420×594	297×420	210×297
a	25				
c	10			5	
e	20		10		

2.1.2　标题栏

标题栏位于图纸的右下角，如图 2.2 和图 2.3 所示。标题栏中的文字的方向与读图的方向一致。

GB/T 10609.1—2008 对标题栏的内容、格式与尺寸作了规定，如图 2.4 所示。学生作业可以用较为简单的标题栏，如图 2.5 所示。

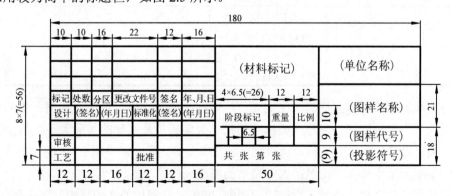

图 2.4　标题栏的格式及其尺寸

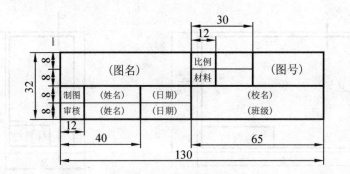

图 2.5　学生用标题栏

2.2　比　　例

绘图过程中图中图形与其实物相应要素的线性尺寸之比称为比例。

绘制图样时，一般应从表 2-5 规定的系列中选取适当的比例，必要时也可以选取表 2-6 中的比例。

表 2-5　规定的比例(一)

种　类	比　例		
原值比例	1∶1		
放大比例	5∶1 5×10^n∶1	2∶1 2×10^n∶1	1×10^n∶1
缩小比例	1∶5 1∶5×10^n	1∶2 1∶2×10^n	1∶1×10^n

表 2-6　规定的比例(二)

种　类	比　例				
放大比例	4∶1 4×10^n∶1	2.5∶1 2.5×10^n∶1			
缩小比例	1∶1.5 1∶1.5×10^n	1∶2.5 1∶2.5×10^n	1∶3 1∶3×10^n	1∶4 1∶4×10^n	1∶6 1∶6×10^n

比例一般应标注在标题栏的"比例"一栏内；必要时，也可标注在视图名称的下方或右侧。不论采用何种比例，图形中所标注的尺寸数值必须是实物的实际大小，与绘制图形的大小无关。为了从图样上得到实物的大小的真实概念，要尽量采用 1∶1 的比例；绘制小而复杂的图形要采用放大的比例；大而简单的图形采用缩小的比例。

同一机件的各个视图一般采用相同的比例，并需在标题栏的比例栏中写明采用的比例，如 1∶1。当同一机件的某个视图采用了不同比例绘制时，如局部放大图，必须另行标明所用比例。

2.3 字 体

机械制图中除了用图形表达机件的结构形状外,还需要用文字、数字说明机件的名称、大小、材料和技术要求等内容。图样中的汉字、数字、字母必须做到"字体工整、笔画清楚、间隔均匀、排列整齐"。

各种字体的大小要选择适当。字体大小分为 20、14、10、7、5、3.5、2.5、1.8 共 8 种号数,字体的号数就是字体的高度(单位:mm)。

2.3.1 汉字

图样上的汉字应写成长仿宋体,并应采用国家正式公布推行的简化字。汉字的高度不应小于 3.5,否则字将看不清楚,字宽约等于字高的 2/3。汉字要写成直体。

2.3.2 阿拉伯数字、罗马数字、拉丁字母和希腊字母

数字和字母有正体和斜体之分,一般情况下采用斜体。斜体字字头向右倾斜,与水平基准线成 75°角。

AutoCAD 提供了 3 种符合国标要求的中文字体形文件,即 gbenor.shx、gbeitc.shx 和 gbcbig.shx 文件。gbcbig.shx 用于标注中文;gbenor.shx 用于标注直体字母与数字;gbeitc.shx 用于标注斜体字母与数字。用作指数、分数、极限偏差、注脚等的数字和字母,一般采用小一号的字体,如图 2.6 所示。具体的运用将在以后的相关内容中进行详细的讲述。

字体与图纸幅面之间的选用关系参见表 2-7。

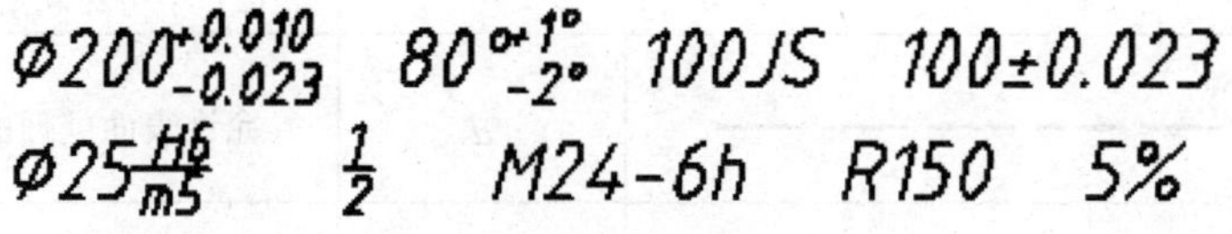

$$\phi 200^{+0.010}_{-0.023} \quad 80^{-1°}_{-2°} \quad 100JS \quad 100\pm0.023$$

$$\phi 25\frac{H6}{m5} \quad \frac{1}{2} \quad M24\text{-}6h \quad R150 \quad 5\%$$

图 2.6 数字和字母

表 2-7 字体与图纸幅面之间的选用关系

图幅 字体 h	A0	A1	A2	A3	A4
汉字	5			3.5	
字母与数字					

注:h=汉字、字母和数字的高度

2.4 图线的应用

在机械制图中常用的线型、图线宽度及一般应用见表 2-8(摘自国家标准 GB/T 4457.4—2002《机械制图 图样画法 图线》)。

表 2-8 图线

名　称	线　　型	图线宽度	一　般　应　用
粗实线	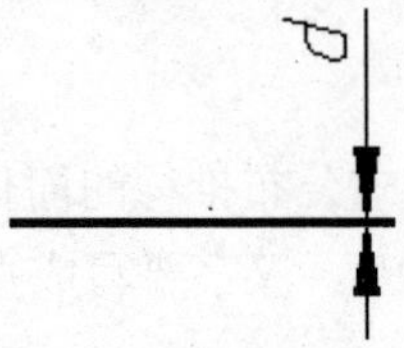 ————————	d	可见轮廓线
细实线	 ————————	约 $d/2$	(1) 尺寸线及尺寸界线； (2) 剖面线； (3) 重合断面的轮廓线
波浪线	 ∼∼∼∼∼	约 $d/2$	(1) 断裂处边界线； (2) 视图与剖视图的分界线
双折线	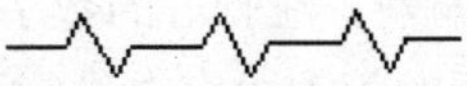 —⋀⋁⋀—	约 $d/2$	(1) 断裂处边界线 (2) 视图与剖视图的分界线
细虚线	 - - - - - - -	约 $d/2$	(1) 不可见棱边线 (2) 不可见轮廓线
粗虚线	━ ━ ━ ━ ━	d	允许表面处理的表示线
细点画线	— · — · — · —	约 $d/2$	(1) 轴线； (2) 对称线和中心线； (3) 齿轮的节圆和节线
粗点画线	━ · ━ · ━ · ━	d	限定范围的表示线
细双点画线	 — ·· — ·· — ·· —	约 $d/2$	(1) 相邻辅助零件的轮廓线； (2) 极限位置的轮廓线

图线分为粗、细两种，粗线的宽度 d 应按照图的大小和复杂程度，在 0.5～2mm 之间选择。《机械工程 CAD 制图规则》中对线宽值的规定见表 2-9，一般选用第 4 组。

表 2-9　图线宽度

组别	1	2	3	4	5	一　般　用　途
线宽 /mm	2.0	1.4	1.0	0.7	0.5	粗实线、粗点画线
	1.0	0.7	0.5	0.35	0.25	细实线、波浪线、比折线、虚线、细点画线、双点画线

在 CAD 中，各种图线的颜色及采用的线型见表 2-10，并要求相同类型的图线应采用同样的颜色。这部分的内容将在相关项目中讲述。

表 2-10　线型和颜色

绘图线型	图层名称	颜　色	AutoCAD 线型
粗实线	粗实线	白色	Continues
细实线	细实线	红色	Continues
波浪线	波浪线	绿色	Continues
虚线	虚线	黄色	Dashed
中心线	中心线	红色	Center
尺寸标注	尺寸标注	青色	Continues
剖面线	剖面线	红色	Continues
文字标注	文字标注	绿色	Continues

2.5　尺　寸　标　注

机械图样中的图形可以表明机件的结构形状，而机件的实际大小是由尺寸决定的，所以只有在图样中完整、清晰、合理地标出尺寸，才能将图样作为加工制造机件的依据。因此，标注尺寸时必须认真细致，尽量避免遗漏或错误。GB/T 4458.4—2003《机械制图 尺寸注法》和 GB/T 16675.2—2012《技术制图 简化表示法 第 2 部分：尺寸注法》中对尺寸注法作了专门规定。

2.5.1　基本规则

(1) 机件的真实大小以图样上所注的尺寸数值为准，与图形的大小及绘图的准确度无关。

(2) 图样中的尺寸以 mm 为单位，不标注 mm 字样。如采用其他单位，则必须注明相应的单位符号，如厘米(cm)、米(m)等。

(3) 在同一图样中，每一尺寸一般只标注一次，并应标注在反映该结构最清晰的图形上。

2.5.2　尺寸组成

一个完整的尺寸由尺寸数字、尺寸线、尺寸界线和尺寸线的终端符号组成，标注示例如图 2.7 所示。

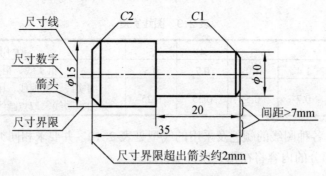

图 2.7 尺寸标注示例

(1) 尺寸数字用于表明机件实际尺寸的大小,与图形的大小和比例无关。尺寸数字采用阿拉伯数字书写,且同一张图上的字高要一致。尺寸数字在图中遇到图线时,须将图线断开,如果图线断开影响图形表达,须调整尺寸标注的位置。

要求:

① 线性尺寸数字的位置应在尺寸线的中间部位的上方(水平和倾斜方向尺寸)、左方(竖直方向尺寸)或中断处。

② 线性尺寸数字方向:尺寸线是水平方向时字头朝上,尺寸线是竖直方向时字头朝左,其他倾斜方向时字头要有朝上的趋势。

③ 角度的尺寸数字一律写成水平方向,一般注写在尺寸线的中断处,必要时也可以用指引线引出注写。

(2) 尺寸线用于表明所注尺寸的度量方向,只能用细实线绘制。一般情况下,尺寸线不能用其他图线代替,也不得与其他图线重合或画在其他图线的延长线上。

尺寸线的终端有 3 种形式:箭头、斜线和圆点,在同一张图中箭头和斜线只能采用一种,机械制图多采用箭头。

(3) 尺寸界线应自图形的轮廓线、轴线、对称中心线引出。轮廓线、轴线、对称中心线也可用作尺寸界线。尺寸界线用细实线绘制。

(4) 标注尺寸时,应该尽量使用符号和缩写词。常用的符号和缩写词见表 2-11。

表 2-11 常用符号和缩写词

名 称	符号或缩写词	名 称	符号或缩写词
直径	ϕ	45°倒角	C
半径	R	深度	↧
球直径	$S\phi$	沉孔	⌴
球半径	$S\phi$	埋头孔	⌵
厚度	t	均布	EQS
正方形	□		

2.6 表面粗糙度的标注

把加工表面上具有较小间距的峰谷所组成的微观集合形状特性称为表面粗糙度。

表面粗糙度是衡量零件质量的标志之一，它对零件的配合、耐磨性、抗腐蚀性、接触刚度、抗疲劳强度、密封性和外观都有影响。

目前，在生产中评定零件表面质量的主要参数是使用轮廓算术平均偏差，用 Ra 表示。图样上表示零件表面粗糙度的符号见表2-12。

表2-12 表面粗糙度的符号

符号	意义	符号	意义
∨	基本符号，不单独使用	∨上加一小圆圈	基本符号上加一小圆圈，表示表面是用不去除材料的方法获得。例如铸、锻、冲压、变形、热轧、冷轧、粉末冶金等。或者是用于保持原供应状况的表面(包括保持上道工序的状况)
∨加一短划	基本符号加一短划，表示表面是用去除材料的方法获得。例如车、铣、磨、剪切、抛光、腐蚀、电火花加工、气割等		

表面粗糙度高度参数轮廓算术平均偏差 Ra 的标注方法如图2.8所示。

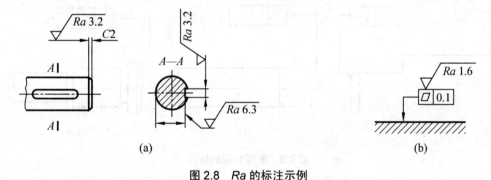

图2.8 Ra 的标注示例

2.7 表面形状和位置公差的标注

形状误差是指实际形状对理想形状的变动量，是指实际要素的形状所允许的变动量。位置误差是指实际位置对理想位置的变动量，是指实际要素的位置对基准所允许的变动全量，见表2-13(摘自GB/T 1182—2008)。

表 2-13　形位公差各项目的符号

公差		特征项目	符　号	基准要求	公差		特征项目	符　号	基准要求
形状公差	形状	直线度	—	无	位置	定向	平行度	∥	有
							垂直度	⊥	有
		平面度	▱	无			倾斜度	∠	有
		圆度	○	无		定位	位置度	⊕	有或无
							同轴度	◎	有
		圆柱度	⌀	无			对称度	═	有
形状或位置	轮廓	线轮廓度	⌒	有或无		跳动	圆跳动	↗	有
		面轮廓度	⌒	有或无			全跳动	↗↗	有

形位公差标注是用带箭头的指引线将被测要素与公差框格一端相连，指引线箭头应指向公差带的宽度方向或直径方向。具体可以分为以下的 3 种情况。

(1) 当被测要素为线或表面时，指引线箭头应指在要素的轮廓线或其引出线上，并应明显地与尺寸线错开，如图 2.9(a)所示。

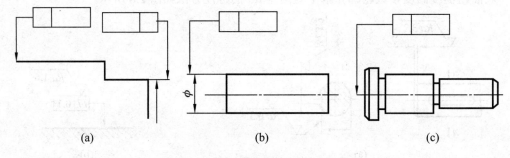

图 2.9　形位公差的标注

(2) 当被测要素为轴线、球心或中心平面时，指引线箭头应与该要素的尺寸线对齐，如图 2.9(b)所示。

(3) 当被测要素为整体轴线或公共中心平面时，指引线箭头可直接指在轴线或中心线上，如图 2.9(c)所示。

项 目 小 结

本项目介绍了绘制机械图样时所需要的标准、图纸幅面的种类、比例选择的一般原则和选取范围、标注文字的样式、线条的种类和选取原则、尺寸标注的一般原则和要求、表面粗糙度标注的基本要求、形位公差标注的基本原则。这些基本的原则在今后的绘图过程中将要不时地用到，需要认真地学习和把握，一定要树立标准化的观念。

项目 3

绘图环境的初步设置

学习目标

通过本项目的学习,能够根据具体的绘图要求,建立一个合适的绘图环境。

学习要求

① 了解系统选项的设置,掌握绘图区背景颜色、线宽和右键功能的设置。
② 掌握图形界线和绘图单位的设置。
③ 掌握捕捉和栅格功能的设置。
④ 掌握用 ORTHO 命令打开与关闭正交的操作。
⑤ 熟练掌握图形的显示控制。

项目导读

使用 AutoCAD 绘制机械图样时,可以根据用户的需要来设置一个最佳的、最适合自己习惯的绘图环境,然后再进行绘图。设置合适的绘图环境,不仅可以减少大量的调整、修改工作,而且有利于统一格式,便于图形的管理和使用。绘图环境的设置包括系统选项、绘图单位、绘图界限、对象捕捉和正交模式、图层、线宽和颜色等的设置。

3.1 系统选项设置

修改系统配置是通过"选项"对话框来实现的,在"选项"对话框中有文件、显示、打开和保存、打印和发布、系统、用户系统配置、草图、三维建模、选择集、配置这10个选项卡。选择不同的选项卡,将显示不同的选项内容。

3.1.1 修改绘图区的背景为白色

打开 AutoCAD 后,绘图区背景颜色为黑色、所绘线条为白色,这可能不太符合有些用户的习惯,用户一般习惯在白纸上绘图,因此可以通过 OPTIONS 命令改变绘图区的背景为白色。其操作步骤如下:

(1) 采用以下方式之一输入命令。

① 从下拉菜单选择"工具"→"选项"命令。

② 从键盘输入 OPTIONS 命令。

③ 在绘图区空白处右击,选择快捷菜单中的 选项(O)... 命令。

输入命令后,弹出"选项"对话框,如图 3.1 所示。

(2) 在"选项"对话框中选择"显示"选项卡,然后单击对话框"窗口元素"区中的"颜色"按钮,弹出"图形窗口颜色"对话框,如图 3.2 所示。

(3) 依次选择"二维模型空间"和"统一背景"选项,在"颜色"下拉列表中选择"白"色,然后单击"应用并关闭"按钮,返回"选项"对话框。

(4) 单击"选项"对话框中的"确定"按钮,完成修改。

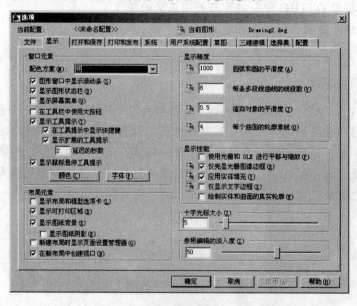

图 3.1 显示"显示"选项卡的"选项"对话框

项目 3　绘图环境的初步设置

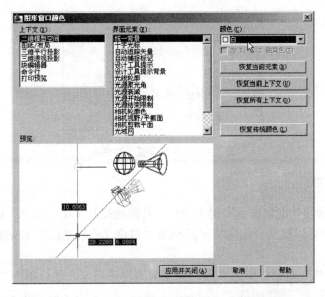

图 3.2　"图形窗口颜色"对话框

3.1.2　设置按实际情况显示线宽

AutoCAD 默认的系统配置是不显示线宽的,而且线宽的显示比例也很大。如果按实际情况显示线宽,就应该修改默认的系统配置。其操作步骤如下:

(1) 选择"选项"对话框中的"用户系统配置"选项卡,显示用户系统配置的选项内容,如图 3.3 所示。或从"格式"下拉列表中选择 线宽(W)... 选项。

(2) 单击对话框下方 线宽设置(L)... 按钮,弹出"线宽设置"对话框,如图 3.4 所示。

(3) 在"线宽设置"对话框中,启用"显示线宽"复选框;在"线宽"列表中选择 ByLayer 随层;拖动"调整显示比例"滑块至距左边一格处,如图 3.4 所示。

(4) 单击"应用并关闭"按钮,返回"选项"对话框。

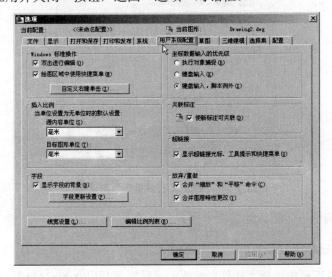

图 3.3　显示"用户系统配置"选项卡的"选项"对话框

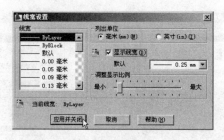

图 3.4 "线宽设置"对话框

3.1.3 设置右键功能

AutoCAD 把常用功能集中到右键菜单中，有效地提高了工作效率，使绘图和编辑工作完成得更快。用户可以根据自己的喜好，利用"自定义右键功能"来完成以上设置，其方法如下：

(1) 选择"选项"对话框中的"用户系统配置"选项卡，然后单击"Windows 标准操作"区中的 按钮，弹出"自定义右键单击"对话框，如图 3.5 所示。

(2) 在"自定义右键单击"对话框的 3 种模式(默认模式、编辑模式、命令模式)中各选一项。建议修改"默认模式"中的选项为"重复上一个命令"。 这将导致在未选择实体的待命(待命即提示行显示是"命令")状态时，右击，AutoCAD 将输入上一次执行的命令而不显示右键菜单。

(3) 然后单击"应用并关闭"按钮，返回"选项"对话框。

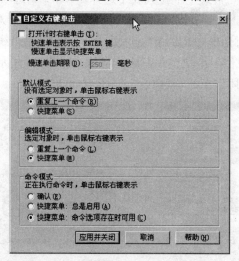

图 3.5 "自定义右键单击"对话框

3.1.4 "选项"对话框中的其他选项卡简介

1. "文件"选项卡

在"选项"对话框中选择"文件"选项卡，系统将列出 AutoCAD 程序在其中搜索支持文件、驱动程序文件、菜单文件和其他文件的文件夹。在该选项卡中可以指定文件夹，供

AutoCAD 搜索不在默认文件夹中的文件，如字体、线型、填充图案和菜单等。

2. "显示"选项卡

在"选项"对话框中选择"显示"选项卡，显示图 3.1 所示的"选项"对话框，它包括以下 6 个区，用于配置 AutoCAD 的显示。

1) 窗口元素区

该区用于控制绘图环境特有的显示设置，如：配色方案、显示图形状态栏、显示屏幕菜单、主应用程序窗口中元素的颜色及命令窗口文字的字体等。

2) 显示精度区

该区用于控制对象的显示质量。如果设置值较高则提高显示质量，但性能将受到显著影响。如希望所画圆或圆弧显示得比较光滑，可增大"圆弧和圆的平滑度"选项的值。

3) 布局元素区

该区用于控制现有布局和新布局的选项。布局是一个图纸空间环境，用户可在其中设置图形进行打印。一般按默认配置。

4) 显示性能区

该区主要用于控制影响性能的显示设置。

● 如果选择了"仅显示文字边框"选项，图中所注写的文字将只显示文字所在区域的边框，不显示文字。在选择或清除此选项之后，必须使用 REGEN 更新显示。

5) 十字光标大小区

该区用于控制十字光标的尺寸。有效值的范围是全屏幕的 1%～100%。用鼠标按住左键拖动滑块，或直接在文字编辑框中修改数值可改变绘图区中十字光标的大小。一般按默认配置取 5%。

6) 参照编辑的淡入度区

指定在位编辑参照的过程中对象的褪色度值。有效值的范围是 0%～90%，默认设置是 50%。

3. "打开和保存" 选项卡

图 3.6 是显示"打开和保存"选项卡内容的"选项"对话框，该选项卡用于设置 AutoCAD 打开和保存文件的格式、安全措施、外部参照、应用程序等。

1) 文件保存区

该区用来控制保存文件的相关设置。

另存为(S)：显示在使用 SAVE、SAVEAS、QSAVE 和 WBLOCK 命令保存文件时使用的有效文件格式。在此选项选定的文件格式是使用以上命令时保存所有图形时所用的默认格式。

● AutoCAD 2004 是 AutoCAD 2004、AutoCAD 2005 和 AutoCAD 2006 版本使用的图形文件格式。AutoCAD 2007 是 AutoCAD 2007 及更高版本的图形文件格式。

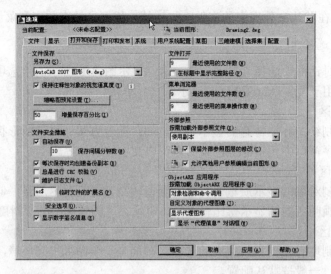

图 3.6 显示"打开和保存"选项卡的"选项"对话框

增量保存百分比(I)：设置图形文件中潜在浪费空间的百分比。如果指定了增量保存而不是完全保存，则可以减少保存图形文件所需的时间。增量保存只更新保存的图形文件中已更改的部分。完全保存将消除浪费的空间；增量保存较快，但会增加图形的大小。如果将"增量保存百分比"设置为 0，则每次保存都是完全保存。要优化性能，可将此值设置为 50。

2) 文件安全措施区

该区用来帮助避免数据丢失以及检测曾经发生的错误操作。

☑ 自动保存(U)：以指定的时间间隔自动保存图形。若设置自动保存后，文件将按照设定的保存间隔分钟数自动执行保存操作，避免由于突然断电或其他的意外而造成的损失。

☑ 每次保存时均创建备份副本(B)：指定在保存图形时是否创建图形的备份副本。创建的备份副本和图形位于相同的位置。

特别提示

● 备份文件与图形文件相同，只是其扩展名为 .bak。如果图形文件的数据遭到破坏，可以通过将备份文件的扩展名修改为 .dwg 文件来打开备份文件。

：提供数字签名和密码选项，保存文件时将调用这些选项。

3) 文件打开区

该区用来控制与最近使用过的文件及打开的文件相关的设置。

4) 外部参照区

该区控制与编辑和加载外部参照有关的设置。

5) ObjectARX 应用程序区

该区用来控制"AutoCAD 实时扩展"应用程序及代理图形的有关设置。

4. "用户系统配置"选项卡

图 3.3 所示是显示"用户系统配置"选项卡内容的"选项"对话框。它主要用于控制

优化工作方式的选项，如前面用到的设置线宽显示的方式、让用户按习惯自定义鼠标的右键功能，它还可以修改 Windows 标准、对象排序方式、坐标数据输入的优先级、超级链接的配置。

5."系统"选项卡

单击"系统"标签，将切换到"系统"选项卡，该选项卡用来设定 AutoCAD 软件的系统参数。

其他选项卡中用到的内容，将在后面相关的项目中介绍。

3.2 设置绘图单位

1. 功能

该命令用来设置绘图的长度、角度单位和数据精度。该精度与标注时的精度无关。

2. 输入命令

从下拉菜单选取："格式"→"单位" 单位(U)...。

从键盘输入：UNITS。

3. 命令的操作

输入命令后，AutoCAD 2009 将显示"图形单位"对话框，如图 3.7 所示。

1) 长度区

在该区设置长度单位为小数即十进制(默认设置)，单击 0.0000 后面的下拉三角按钮，将其精度设置为 0.00。

2) 角度区

在该区设置角度单位为十进制(默认设置)，设置其精度为 0。

默认的正角度方向是逆时针方向，所以不要启用 顺时针(C) 复选框。

单击 方向(D)... 按钮，弹出"方向控制"对话框，如图 3.8 所示，选择图中所示的默认状态即可，即东方向为 0 度的起始点。

图 3.7 "图形单位"对话框

图 3.8 "方向控制"对话框

3) 插入时的缩放单位区

该区用来控制插入到当前图形中的块和图形的测量单位，默认设置为毫米。

3.3 设置图幅

1. 功能

该区用来确定绘图范围，即设置并控制栅格显示的界限，相当于选定图纸的图幅(图纸的大小)。

2. 输入命令

- 从下拉菜单选取："格式"→ 图形界限(I)。
- 从键盘输入：LIMITS。

3. 命令的操作

以设置 A3 图幅为例。

> 命令：_limits (输入命令)
> 重新设置模型空间界限：
> 指定左下角点或[开(ON)/关(OFF)] <0.0000,0.0000>: ↵(直接按 Enter 键，接受默认值，确定图幅左下角坐标)
> 指定右上角点<420.0000，297.0000>: ↵(直接按 Enter 键；或输入图幅右上角图形界限坐标，按 Enter 键)

这时按 F7 键就可以显示栅格，然后输入字母 Z 按 Enter 键，再输入 A 按 Enter 键。系统将在屏幕上显示整个图幅，图幅范围将以栅格的形式显示。

选项含义如下：

(1) 开(ON)：打开图形界限检查开关。当界限检查打开时，将无法输入栅格界线外的点，但是界限检查只测试输入点，所以对象(例如圆)的某些部分可能会延伸出栅格界限。

(2) 关(OFF)：关闭图形界限检查开关。

3.4 设置栅格功能

1. 功能

栅格显示和捕捉模式是 AutoCAD 提供的精确绘图工具之一。通过捕捉模式可以拾取绘图区中特定的点，栅格显示是可以显示在绘图区内具有指定间距的点，通过捕捉模式可以掌握尺寸的大小。栅格不是图形的组成部分，所以不会被打印出来。3.3 节中，在设定了图形界线后按 F7 键显示栅格，栅格布满图形界限之内的范围，即显示了图幅的大小。

用"草图设置"对话框可以方便地修改栅格间距和控制栅格的显示。单击状态栏上的"栅格显示"模式开关按钮 或按快捷键 F7，可以打开或关闭栅格显示。

捕捉模式就是指"栅格捕捉"，与栅格显示相配合应用。捕捉模式用来限制十字光标的定位点，使其按照用户定义的间距移动。当"捕捉模式"打开时，鼠标所指定的点都落在栅格捕捉间距所确定的点上。单击状态栏上的"捕捉"模式开关按钮 或按快捷键 F9，可以打开或关闭栅格捕捉。

2. 输入命令

- 从键盘输入：Ddrmodes。
- 从下拉菜单选取："工具"→草图设置(F)...。
- 从右键菜单选取：将鼠标指向状态栏的捕捉模式 或栅格显示 ，右击，在弹出的右键菜单选择"设置"命令。

输入命令后，AutoCAD 将弹出显示"捕捉和栅格"选项卡的"草图设置"对话框，如图 3.9 所示。

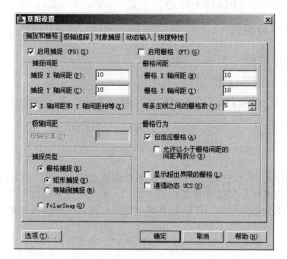

图 3.9　显示"捕捉与栅格"选项卡的"草图设置"对话框

3. 命令的操作

(1) 在 栅格间距 区域中的文字编辑框中输入栅格间距，若启用"启用栅格"复选框，出现"√"即为打开栅格显示。

(2) 在 捕捉间距 区域中的文字编辑框中输入栅格捕捉间距，若启用"启用捕捉"复选框，出现"√"即为打开栅格捕捉模式。捕捉间距可以与栅格间距不同。

(3) 如果要画轴测图，可在 捕捉类型 中选择"等轴测捕捉"或 PolarSnap 选项。选定 PolarSnap 选项时，同时应在 极轴间距 区域中设置捕捉增量距离。如果该值为 0，则极轴捕捉距离采用"捕捉 X 轴间距"的值。

(4) 栅格行为 区用于设置栅格线的显示样式。启用 自适应栅格(A) 复选框表示在图幅缩小时，限制栅格密度；放大时，则生成更多间距更小的栅格线。启用 显示超出界限的栅格(L) 复选框表示显示超出 LIMITS 命令指定区域的栅格。启用 遵循动态 UCS(U) 复选框表示更改栅格平面以跟随动态 UCS 的 *XY* 平面。

 特别提示

- 在画图框线之前，应打开栅格，这样可明确图纸在绘图区域中的位置，避免将图形画在图纸之外。

3.5 设置正交功能

1. 功能

在用 AutoCAD 绘图的过程中，经常需要绘制水平和垂直线，AutoCAD 提供了正交功能来满足绘图要求。启用正交模式时，光标只能在水平或垂直方向上移动，所画的线平行于 X 轴或 Y 轴，即正交线。ORTHO 就是一个是否画正交线的开关。

2. 输入命令及命令的操作

- 单击状态行"正交模式"开关 └┘。
- 按 F8 功能键进行开和关的切换。
- 从键盘输入命令：ORTHO，选 ON 或 OFF 进行开和关的切换。

 特别提示

- 正交命令(ORTHO)是一个透明的命令，在绘图和编辑过程中，可以随时打开或关闭"正交模式"。
- 输入坐标数值或指定对象捕捉时将忽略"正交"。也就是当正交打开时，从键盘输入点的坐标来确定点的位置时不受正交影响，即输入点的坐标可以找到坐标值所确定的位置。对象捕捉模式也是一样。
- 要临时打开或关闭"正交"，按住临时替代键 Shift。使用临时替代键时，无法使用直接距离输入方法。

3.6 图形的显示控制

在绘制图形时，为了绘图方便，常常需要对图形进行放大、缩小或平移，对图形的控制主要包括实时缩放、窗口缩放和实时平移操作。

3.6.1 实时缩放

1. 功能

实时缩放是指利用鼠标上下的移动来放大或缩小图形。

2. 输入命令及命令的操作

- 从工具栏中单击"实时缩放"按钮 ⊕。
- 命令：_zoom。

指定窗口的角点，输入比例因子(nX 或 nXP)，或者[全部(A)/中心(C)/动态(D)/范围(E)/上一个(P)/比例(S)/窗口(W)/对象(O)]<实时>: ↵(直接按 Enter 键)

执行命令后，鼠标显示为放大镜图标，如图 3.10 所示。

图 3.10 实时缩放示例

然后，按住鼠标左键向上移动图形放大显示，向下移动则缩小显示。

3.6.2 窗口缩放

1. 功能

窗口缩放是指放大指定矩形窗口中的图形，使图形充满绘图区域。

2. 输入命令及命令的操作

- 从下拉菜单选取："视图"→"缩放"→ 窗口(W)。
- 从工具栏中单击"窗口缩放"按钮。
- 从命令行输入：ZOOM 或 Z。

指定窗口的角点，输入比例因子(nX 或 nXP)，或者[全部(A)/中心(C)/动态(D)/范围(E)/上一个(P)/比例(S)/窗口(W)/对象(O)]<实时>: W↵(选择"窗口(W)"选项)

输入命令后，用鼠标指定两个角点定义矩形窗口，AutoCAD 将把指定窗口内的图形部分充满绘图区显示，又称窗选。

3.6.3 实时平移图形

1. 功能

实时平移可以在任何方向上移动图形，便于观察图形。

2. 输入命令及命令的操作

- 从下拉菜单选取："视图"→"平移"→ 实时。
- 从工具栏中单击"实时平移"按钮。
- 不选定任何对象时在绘图区域右击，然后选择"平移"选项。

输入命令后 AutoCAD 进入实时平移，屏幕上光标变成一只小手的形状，按住鼠标左键向任何方向移动光标，图纸就可按光标移动的方向移动。当确定位置后按 Esc 键结束命令；也可右击，在弹出的右键菜单中选择"退出"命令退出。

特别提示

- 实时缩放最简单的方法是：按住鼠标中键进行实时平移即可。
- 使用中键滚轮鼠标时，旋转或按下滚轮，可以快速缩放图形或实时平移图形；双击滚轮按钮，可快速缩放到图形范围。

ZOOM 命令其他各选项含义如下。

- "全部(A)"选项：当图幅外无实体时，将充满绘图区显示绘图界限内的整张图；当绘图区外有实体时，则包含图幅外的实体全部显示。即在平面视图中，所有图形将被缩放到栅格界限和当前图形范围两者中较大的区域中。
- "中心(C)"选项：按给定的显示中心点及屏高显示图形。
- "动态(D)"选项：可动态地确定缩放图形的大小和位置。选定此选项，首先显示平移视图框，将其拖动到所需位置并单击，继而显示缩放视图框。调整其大小然后按 Enter 键进行缩放，或单击以返回平移视图框。
- "上一个(P)"选项：返回显示的前一屏。最多可恢复此前的 10 个视图。
- "比例(S)"选项：给定缩放系数，按比例缩放显示图形，称比例显示缩放。如给值"0.9"，表示按 0.9 倍对图形界限作缩放；给值"0.9X"，表示按 0.9 倍对当前屏幕作缩放。
- "对象(O)"选项：缩放以便尽可能大地显示一个或多个选定的对象并使其位于绘图区域的中心。可以在启动 ZOOM 命令前后选择对象。

3.6.4 上机实训与指导

练习 1：根据本章的内容练习设置绘图环境。

具体要求如下：

(1) 用"选项"对话框修改常用的 3 项默认的系统配置。

① 选择"显示"选项卡，设置绘图区背景颜色为白色。

② 选择"用户系统配置"选项卡，设置线宽为随图层(ByLayer)并显示实际线宽。

③ 选择"用户系统配置"选项卡，自定义右键功能。

建议：在"默认模式"中选择"重复上一命令"选项；在"编辑模式"中使用默认"快捷菜单"选项；在"命令模式"中使用默认"快捷菜单：命令选项存在时可用"选项。

(2) 用"图形单位"对话框确定绘图单位。

要求长度、角度单位均为十进制，长度小数点后的位数保留 2 位，角度小数点后的位数保留 0 位。

(3) 用 LIMITS 命令选 A4 图幅。

A4 图幅 X 方向长 297mm，Y 方向长 210mm。

(4) 用"草图设置"对话框，设置常用的绘图工具模式。

设栅格间距为 10，栅格捕捉间距为 5；打开正交、栅格显示和栅格捕捉的模式开关。

(5) 用 ZOOM 命令使 A4 图幅全屏显示。

命令：ZOOM↵(输入命令)

指定窗口的角点，输入比例因子(nX 或 nXP)，或者[全部(A)/中心(C)/动态(D)/范围(E)/上一个(P)/比例(S)/窗口(W)/对象(O)]<实时>: a↵(选择 a 选项，使整张图全屏显示，栅格代表图纸的大小和位置)

练习 2：熟练运用 ZOOM 命令，对图形进行缩放或平移。

提示：在运用缩放命令时，要将栅格显示出来或绘制几个简单的图形。

项 目 小 结

本项目首先介绍了用"选项"对话框来设置绘图区背景的颜色、按照实际线宽显示和右键功能的设置，然后讲述了绘图单位、图幅、栅格、正交功能的设置、图形的显示控制等内容。这些内容在今后的绘图过程中是要用到的，需要认真地学习和掌握。正确地设置绘图环境能够提高绘图的速度，提高工作效率。

项目 4

平面图形的绘制

▶ 学习目标

通过本项目的学习,要掌握绘图、编辑和有关的命令,最终达到熟练绘制平面图形的目的,为三视图的绘制打下坚实的基础。

▶ 学习要求

① 掌握用 LINE 命令画直线、用 CIRCLE 命令画圆、用 ARC 命令画圆弧、用 RECTANG 命令画矩形、用 POLYGON 命令画正多边形、用 ELLIPSE 命令画椭圆等绘图命令。

② 掌握用 COPY 命令复制对象、用 MIRROR 命令镜像对象、用 OFFSET 命令偏移对象、用 MOVE 命令平移对象、用 ROTATE 命令旋转对象、用 SCALE 命令缩放对象、用 STRETCH 命令拉压对象、用 LENGTHEN 命令拉长对象、用 EXTEND 命令延伸到边界、用 TRIM 命令修剪到边界、用 CHAMFER 命令倒角、用 FILLET 命令倒圆角、用 BREAK 命令打断对象、用夹点功能进行快速编辑等。

③ 熟练掌握图层的应用。
④ 熟练掌握对象捕捉的应用。
⑤ 熟练掌握正交的应用(用 ORTHO 命令打开与关闭正交)。

▶ 项目导读

平面图形是由线段连接而成的,这些线段之间的相对位置和连接关系靠给定的尺寸来确定。因此,画图时应充分分析尺寸的性质,确定各线段间的关系,明确图形应从何处着手绘制,以及作图顺序。作图时要在对绘图和编辑命令熟悉的基础上,选用恰当的命令,灵活地进行平面图形的绘制。

4.1 绘制平面图实例(一)

绘制如图 4.1 所示的图形。通过该平面图的绘制，熟悉绘图的过程。

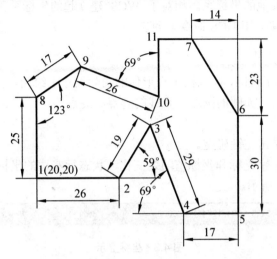

图 4.1 平面图

4.1.1 图形分析

从图 4.1 可以看出，该图仅由直线构成，所以需要用到直线命令。图中直线的端点除了点 11 外都可以用不同的坐标形式表示。点 11 是通过点 7 的水平线和通过点 10 的铅垂线的交点，所以会用到修剪命令。

4.1.2 本题知识点

1. 坐标系

AutoCAD 2009 在绘制工程图工作中，使用笛卡儿坐标系统来确定"点"的位置。如图 4.2 所示，用右手的拇指、食指和中指分别代表 X、Y、Z 轴，3 个手指互相垂直，所指方向分别为 X、Y、Z 的正方向。

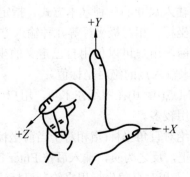

图 4.2 笛卡儿右手直角坐标系

AutoCAD 默认的坐标系为世界坐标系(缩写为 WCS)。世界坐标系坐标原点位于图纸左下角；X 轴为水平轴，向右为正；Y 轴为垂直轴，向上为正；Z 轴方向垂直于 XY 平面，指向绘图者方向为正。

WCS 坐标系在绘图中是常用的坐标系，它不能被改变。在特殊需要时(如绘制实体图)，也可以相对于它建立其他的坐标系。相对于 WCS 建立起的坐标系称为用户坐标系，缩写为 UCS。用户坐标系可以用 UCS 命令来创建。

2. 点的基本输入方式

用 AutoCAD 绘制工程图，可以按工程形体的实际尺寸来绘图，只要在命令提示行中输入逐个点的坐标值即可，如圆的圆心、直线的起点、终点等。

1) 移动鼠标选点

移动鼠标选点，单击左键确定。

当移动鼠标时，十字光标和坐标值随之变化，状态行左边的坐标显示区将显示当前光标所在位置，如图 4.3 所示。

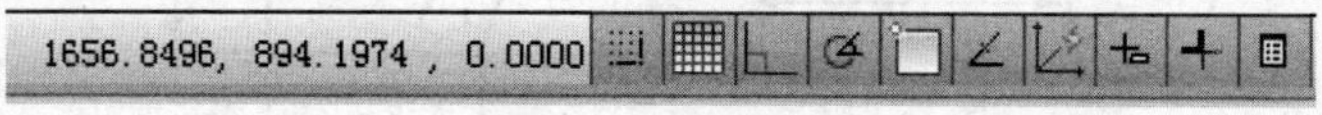

图 4.3 坐标显示

在 AutoCAD 2009 中，坐标的显示有动态直角坐标、动态极坐标、静态坐标 3 种显示模式：

(1) 动态直角坐标：显示光标的绝对坐标值，随着光标移动，坐标的显示连续更新，随时指示当前光标位置的坐标值。这种方式是 AutoCAD 的默认方式。

(2) 动态极坐标：显示相对于上一个点的相对距离和角度，随着光标移动坐标值随时更新。这种方式显示一个相对极坐标。

(3) 静态坐标：显示上一个选取点的坐标，只有在新的点被选取时，坐标显示方被更新。该方式下坐标显示区域是灰色时，表示显示静态坐标。

单击坐标显示区，可以在 3 种显示方式之间进行切换。但应注意，有时绘图环境如在"命令:"提示下是不支持动态极坐标的，此时只能在动态直角坐标或静态直角坐标两种显示方式间切换。

2) 输入坐标值方式

输入坐标值方式是绘图中输入尺寸的一种基本方式。指定坐标值方式包括：绝对直角坐标、绝对极坐标、相对直角坐标、相对极坐标等几种输入方法。

(1) 输入点的绝对直角坐标。用户可以使用自己定义的坐标系(UCS)或者世界坐标系(WCS)作为当前位置参照系来输入点的绝对坐标值。

世界坐标系(WCS)的默认原点(0，0)在图纸左下角。用户坐标系(UCS)的坐标原点是自行设定的，绘制三维实体时应用较多。

在命令提示行中输入点的绝对直角坐标(指相对于当前坐标系原点的直角坐标)"X, Y"，从原点 X 向右为正，Y 向上为正，反之为负，输入后按 Enter 键确定。

(2) 输入点的相对直角坐标。相对直角坐标用来绘制已标注 X、Y 两个方向尺寸的斜线，或已知两实体在 X、Y 两个方向的相对距离的情况。

在命令提示行中输入点的相对直角坐标(指相对于前一点的直角坐标)"@X，Y"，相对于前一点 X 向右为正，Y 向上为正，反之为负，输入后按 Enter 键确定。

如图 4.4 所示，输入命令后，命令行提示：

命令：_line 指定第一点：(任意指定一点)
指定下一点或[放弃(U)]：@19，21↵(输入后一点相对于前一点的相对坐标"@19，21")
指定下一点或[放弃(U)]：↵(按 Enter 键确认)

(3) 输入点的绝对极坐标。在命令提示行中输入点的绝对极坐标"L<A"，L 表示该点相对于坐标原点的距离，A 表示该点与极轴坐标原点的连线相对于极轴正方向的夹角，输入后按 Enter 键确定。

(4) 输入点的相对极坐标。相对极坐标也是相对于前一点的坐标，用第二点到前一点的距离和该距离与 X 轴的夹角来确定点的位置。相对极坐标输入方法为"@L<A"，L 表示相对于前一点的距离，A 表示两点连线相对于极轴正方向的夹角，输入后按 Enter 键确定。距离与角度之间以"<"隔开。在 AutoCAD 中默认设置的角度正方向为逆时针方向，水平向右为 0°。

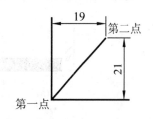

图 4.4 用相对直角坐标指定点

对已知角度和距离的直线或位移，采用此种方式绘图较为方便。

如图 4.5 所示，输入命令后，命令行提示：

命令：_line 指定第一点：(任意指定一点)
指定下一点或[放弃(U)]：@28<48↵(输入后一点相对于前一点的相对极坐标"@28<48")
指定下一点或[放弃(U)]：↵(按 Enter 键确认)

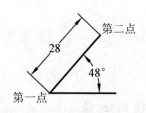

图 4.5 用相对极坐标指定点

(5) 直接指定距离确定点。直接指定距离方式是用鼠标导向，从键盘直接输入相对前一点的距离值，按 Enter 键确定。输入距离值方式主要用于确定已知长度尺寸的水平或竖直线段或位移，此时只要将状态栏中的正交按钮 ⌐ 按下即可。在正交模式下，光标移动限制在水平或垂直方向上(相对于 UCS)。

图 4.6 所示就是输入距离值方式指定尺寸的实例。

① 如图 4.6(a)所示，输入命令后，命令行提示：

命令：_line 指定第一点：(任意指定一点)
指定下一点或[放弃(U)]：(此时，在正交状态下直接输入直线的长度即可)

② 如图 4.6(b)所示，输入命令后，命令行提示：

命令：_move↵
选择对象：指定对角点：找到 1 个(选定小圆)
选择对象：(按 Enter 键结束选择对象)
指定基点或[位移(D)]<位移>：指定第二个点或 <使用第一个点作为位移>：(此时，在正交状态下直接输入要移动的距离值即可)

③ 如图 4.6(c)所示，输入命令后，命令行提示：

命令：_line 指定第一点：(指定矩形的左下角点作为直线的起点)
指定下一点或[放弃(U)]：20↵(关闭正交，对象捕捉到右上角点，输入直线长度值)
指定下一点或[放弃(U)]：(按 Enter 键结束绘制，这样就绘出在对角线方向上长度为 20 的直线)

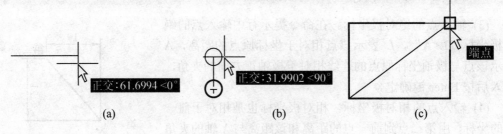

图 4.6　输入距离值方式

3. 用 LINE 命令画直线

1) 功能

该命令用于绘制直线。

2) 输入命令

从工具栏单击："直线"按钮。

从下拉菜单选取："绘图"→直线(L)。

从键盘输入：L 或 LINE。

3) 命令的操作

命令：用上述方法之一输入命令。
—line 指定第一点：(指定起点)
指定下一点或[放弃(U)]：(指定第"2"点)
指定下一点或[放弃(U)]：(指定第"3"点)
指定下一点或[闭合(C)/放弃(U)]：52↵(指定第"4"点，或按 Enter 键或选择右键菜单中的"确定"选项)
命令：表示该命令结束，处于接受新命令状态(后边省略此注释)。

选项说明如下。

(1) 若在提示行"指定下一点或[闭合(C)/放弃(U)]："中输入 C 或选择右键菜单中的"闭合"选项，图形将首尾封闭并结束命令。

(2) 若在"指定下一点或[放弃(U)]："或"指定下一点或[闭合(C)/放弃(U)]："提示下输入"U"或选择右键菜单中的"放弃"选项，将擦去最后画出的一条线，并继续提示"指定下一点或[放弃(U)]："或"指定下一点或[闭合(C)/放弃(U)]："。

(3) 用 LINE 命令所画折线中的每一条直线都是一个独立的实体，线条间无必然的联系。

4. 用 TRIM 命令修剪到边界

1) 功能

该命令将指定的实体部分修剪到指定的边界,如图 4.7 所示。

2) 输入命令
- 从工具栏中单击:"修剪"按钮。
- 从下拉菜单选取:"修改"→ 修剪(T)。
- 从键盘输入:TRIM。

3) 命令的操作

命令:_trim
当前设置:投影=UCS,边=无
选择剪切边…
选择对象或<全部选择>:找到 1 个(选择剪切边。剪切边就相当于是剪刀,用它来剪切其他的对象,一次可以选择多把剪刀)
选择对象:(继续选择剪切边或按 Enter 键结束选择)
选择要修剪的对象,或按住 Shift 键选择要延伸的对象,或[栏选(F)/窗交(C)/投影(P)/边(E)/删除(R)/放弃(U)]:(选择被剪切的对象,也就是要被剪刀剪掉的对象,或其他选项)

各选项的含义如下。

(1) 要修剪的对象:指定修剪对象。选择修剪对象提示将会重复,因此可以选择多个修剪对象。按 Enter 键退出命令。

(2) 按住 Shift 键选择要延伸的对象:延伸选定对象而不是修剪它们。此选项提供了一种在修剪和延伸之间切换的简便方法。

(3) 栏选(F):选择与选择栏相交的所有对象。选择栏是一系列临时线段,它们是用两个或多个栏选点指定的。选择栏不构成闭合环。

(4) 窗交(C):选择由两点定义的矩形区域内部或与之相交的对象。

(5) 投影(P):指定修剪对象时使用的投影方法。输入"T",命令行提示:

输入投影选项[无(N)/UCS(U)/视图(V)]<当前>:(输入选项或按 Enter 键)

(6) 边(E):确定对象是在另一对象的延长边处进行修剪,还是仅在三维空间中与该对象相交的对象处进行修剪。选取该选项,输入"E",继续提示:

输入隐含边延伸模式[延伸(E)/不延伸(N)]<当前>:(输入选项或按 Enter 键)

① 延伸。沿自身自然路径延伸剪切边使它与三维空间中的对象相交。
② 不延伸。指定对象只在三维空间中与其相交的剪切边处修剪,如图 4.7 所示。

(7) 删除(R):删除选定的对象。此选项提供了一种用来删除不需要的对象的简便方法,而无需退出 TRIM 命令。

(8) 放弃(U):撤销由 TRIM 命令所作的最近一次修改。

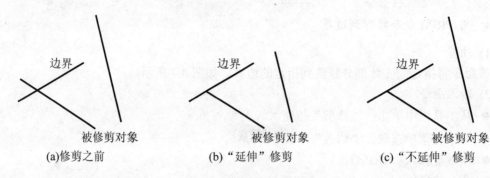

图 4.7 修剪命令的边方式

- 在"修剪"命令中选定的剪切边同时也可以作为被剪切的实体。

4.1.3 绘图步骤

用样板文件 acadiso.dwt 创建一张新的图纸。绘图的具体过程如下：
(1) 以左下角的点"1"为绘图的起点，绘制图形：

命令：_line 指定第一点：20，20↵(输入"20，20"，用绝对直角坐标指定绘图起点"1")
指定下一点或[放弃(U)]：@26<0↵(用相对极坐标的方式指定点"2")
指定下一点或[放弃(U)]：@19<59↵(指定点"3")
指定下一点或[闭合(C)/放弃(U)]：@29<-69↵(指定点"4")
指定下一点或[闭合(C)/放弃(U)]：@17<0↵(指定点"5")
指定下一点或[闭合(C)/放弃(U)]：@30<90↵(指定点"6")
指定下一点或[闭合(C)/放弃(U)]：@-14，23↵(用相对直角坐标的方式指定点"7")
指定下一点或[闭合(C)/放弃(U)]：(向左绘制一条水平直线)
指定下一点或[闭合(C)/放弃(U)]：↵(按 Enter 键结束)
命令：_line 指定第一点：20，20↵(输入"20，20"，指定左下角的起点"1")
指定下一点或[放弃(U)]：@25<90↵(指定点"8")
指定下一点或[放弃(U)]：@17<33↵(指定点"9")
指定下一点或[闭合(C)/放弃(U)]：@26<-21↵(指定点"10")
指定下一点或[闭合(C)/放弃(U)]：(向上绘制一条直线)
指定下一点或[闭合(C)/放弃(U)]：↵(按 Enter 键结束)

输入完成后，如图 4.8 所示。

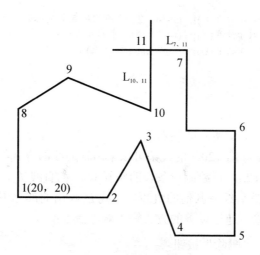

图 4.8　平面图的绘制过程

(2) 从图 4.8 可以看出，图中的存在过长的线条，需要用"剪切"命令，将多余的线条剪掉。

命令：_trim
当前设置：投影=UCS，边=无
选择剪切边…
选择对象或<全部选择>：找到 1 个(用鼠标选取直线 $L_{10、11}$)
选择对象：找到 1 个，总计 2 个(用鼠标选取直线 $L_{7、11}$)
选择对象：(按 Enter 键结束选择)
选择要修剪的对象，或按住 Shift 键选择要延伸的对象，或[栏选(F)/窗交(C)/投影(P)/边(E)/删除(R)/放弃(U)]：(用鼠标选取直线 $L_{10、11}$ 上需要去掉的部分)
选择要修剪的对象，或按住 Shift 键选择要延伸的对象，或[栏选(F)/窗交(C)/投影(P)/边(E)/删除(R)/放弃(U)]：(用鼠标选取直线 $L_{7、11}$ 上需要去掉的部分)
选择要修剪的对象，或按住 Shift 键选择要延伸的对象，或[栏选(F)/窗交(C)/投影(P)/边(E)/删除(R)/放弃(U)]：(按 Enter 键结束选择)

特别提示

在上例绘制直线的过程中，可以看出需要输入的数值较多，显得比较麻烦。所以，对于图中的水平线和铅垂线，可以采用直接指定距离的方式确定点。

具体的过程如下。

● 首先将状态栏中的正交按钮 按下。输入直线命令，命令行提示：
● 命令：_line 指定第一点：20, 20 ↵(输入"20，20"，用绝对直角坐标指定绘图起点"1")
● 指定下一点或[放弃(U)]：26 ↵(用鼠标导向，直接输入直线的长度"20"，用直接指定距离的方式确定点"2")
● 指定下一点或[放弃(U)]：@19<59 ↵(不管鼠标的位置，用相对极坐标方式指定点"3")
● 指定下一点或[闭合(C)/放弃(U)]：@29<-69 ↵(指定点"4")
● 指定下一点或[闭合(C)/放弃(U)]：17 ↵(用鼠标导向，直接输入直线的长度"17"，指定点"5")
● 指定下一点或[闭合(C)/放弃(U)]：30 ↵(同上，指定点"6")

- 指定下一点或[闭合(C)/放弃(U)]: @-14, 23 ↵(用相对直角坐标的方式指定点"7")
- 指定下一点或[闭合(C)/放弃(U)]: (向左绘制一条水平直线)
- 指定下一点或[闭合(C)/放弃(U)]: ↵(按 Enter 键结束)
- 其余的绘图过程略。

4.1.4 上机实训与指导

练习1：绘制如图 4.9 (a)所示的图形。

图 4.9 提示：此图中倾斜 120°的线条可以采用辅助线的方式绘出。具体方法是在正交状态下绘制辅助线 L_1 和 L_2，再绘制一条长的倾斜 60°的直线 L_3，两线的交点即是所求的点，如图 4.9 (b)所示。然后绘制其他的直线。直线 L_3 长出的部分用修剪命令剪掉。制辅助线 L_1 和 L_2 最后需要删除。通过以下的方式输入删除命令：

- 从工具栏单击；"删除"按钮 。
- 从键盘输入：ERASE 或 E。
- 从下拉菜单选取："修改"→ "删除(E)"。

输入命令后，命令行提示：

> 命令：_erase↵
> 选择对象：(选择需擦除的实体对象 L_1)
> 选择对象：(继续选择需擦除的实体 L_2)
> 选择对象：(按 Enter 键结束命令)

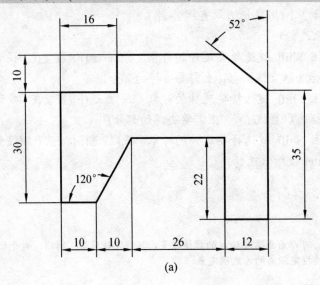
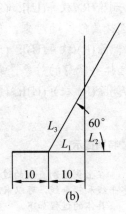

图 4.9 练习 1 图

练习2：绘制如图 4.10 所示的图形。

图 4.10 提示：首先绘制外层的图线，然后在图的左下角绘制辅助线，辅助线的起点是最左下角点，终点输入(@10, 6)，再将内部的图形绘出。最后将辅助线删除即可。

练习3：绘制如图 4.11 所示的图形。

图 4.11 提示：图中线条的角度可以经过简单的计算得到。

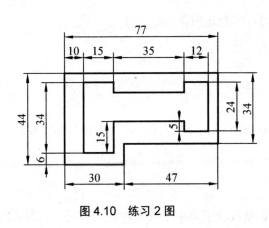

图 4.10 练习 2 图

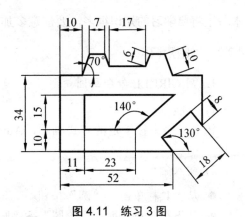

图 4.11 练习 3 图

4.2 绘制平面图实例(二)

绘制图 4.12 所示的图形。

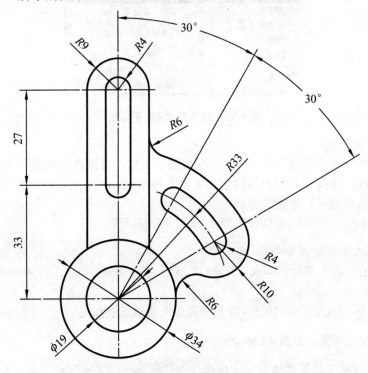

图 4.12 平面图

4.2.1 图形分析

从图 4.12 可以看出,该图既有直线还有圆和圆弧,所以需要用到直线命令、圆命令和圆弧命令。中心线的尺寸用偏移命令绘制最为方便。圆心要准确地放置在中心线的交点上,所以要用到对象捕捉。图中的线条有粗实线,还有中心线,所以本节中还要学习一下图层的知识。在图形的整理过程中,需要对中心线的长度进行调整,所以会用到打断命令。在本节里将要学习的知识很多,要注意多加练习,综合运用。

4.2.2 本题知识点

1. 用 CIRCLE 命令画圆

1) 功能

该命令用来按指定的方式画圆,AutoCAD 提供了 6 种方式,可以根据具体需要进行选择。

2) 输入命令

- 从工具栏单击:"圆"按钮。
- 从下拉菜单选取:"绘图"→"圆",从级联子菜单中选一种画圆方式,如图 4.13 所示。
- 从键盘输入:C 或 CIRCLE。

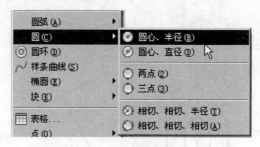

图 4.13 圆命令的级联子菜单

3) 命令的操作

从下拉菜单中选择"圆"命令后,出现级联子菜单,直接选取画圆方式,AutoCAD 会按所选方式依次出现提示,用户按提示指定出应答即可。画圆的最后一种方式只能在下拉菜单中找到,命令提示行中无此选项。

(1) 指定圆心、半径画圆(默认选项),如图 4.14(a)所示。

命令: (从工具栏输入命令)
命令: _circle 指定圆的圆心或 [三点(3P)/两点(2P)/切点、切点、半径(T)]: (用鼠标指定圆心)
指定圆的半径[直径(D)]<20>: (输入半径值或拖动鼠标指定)

(2) 三点方式画圆,如图 4.14(b)所示。

命令: (直接从下拉菜单选取:"绘图"→"圆"→"三点")
命令: _circle 指定圆的圆心或[三点(3P)/两点(2P)/切点、切点、半径(T)]: _3p 指定圆上的第一个点: (指定第"1"点)
指定圆的第二点: (指定第"2"点)
指定圆的第三点: (指定第"3"点)

(3) 两点方式画圆,如图 4.14(c)所示。

命令: (直接从下拉菜单选取:"绘图"→"圆"→"两点")

命令：_circle 指定圆的圆心或 [三点(3P)/两点(2P)/切点、切点、半径(T)]：_2p 指定圆直径的第一个端点：(指定第"1"点)

指定圆直径的第二端点：(指定第"2"点)

(4) 指定圆心、直径画圆，如图4.14(d)所示。

命令：(直接从下拉菜单中选取："绘图"→"圆"→"圆心、直径")

命令：_circle 指定圆的圆心或[三点(3P)/两点(2P)/切点、切点、半径(T)]：(指定圆心)

指定圆的半径或[直径(D)]<9.06>：_d 指定圆的直径 <18.11>：(指定直径值或拖动鼠标指定)

(5) 相切、相切、半径方式画圆，如图4.14(e)所示。

命令：(从下拉菜单中选取："绘图"→"圆"→"相切、相切、半径")

命令：_circle 指定圆的圆心或[三点(3P)/两点(2P)/切点、切点、半径(T)]：_ttr

指定对象与圆的第一个切点：(选择第一个相切实体1)

指定对象与圆的第二个切点：(选择第二个相切实体2)

指定圆的半径<9.26>：(指定公切圆半径并按 Enter 键)

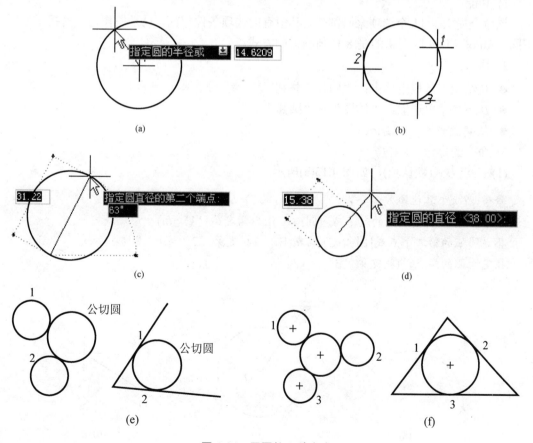

图 4.14 画圆的 6 种方式

(6) 相切、相切、相切方式画圆，如图 4.14(f)所示。

命令：(从下拉菜单中选取："绘图"→"圆"→"相切、相切、相切")
命令：_circle 指定圆的圆心或[三点(3P)/两点(2P)/切点、切点、半径(T)]：_3p
指定圆上的第一个点：_tan 到(鼠标点取相切的对象 1)
指定圆上的第二个点：_tan 到(鼠标点取相切的对象 2)
指定圆上的第三个点：_tan 到(鼠标点取相切的对象 3)

特别提示

- 画圆时可以通过键盘输入命令及选项完成操作。在使用键盘输入选项时，仅需输入选项提示中括号内的内容；当有多个选项时，默认选项可以直接操作，不必选择；非默认选项必须先选择，再进行相应操作。
- 画两实体的公切圆时，拾取点要尽量落在实体上靠近切点的位置(当然不会很精确)，切圆半径应大于两切点距离的 1/2。

2. 用 ARC 命令画圆弧

1) 功能

该命令提供了 11 个选项来画圆弧。其中有的选项条件相同，只是操作命令时提示顺序不同，AutoCAD 实际提供的是 8 种画圆弧的方式。

2) 输入命令

- 从绘图工具栏中单击："圆弧"按钮 。
- 从下拉菜单选取："绘图"→"圆弧"。
- 从键盘输入：A 或 arc。

3) 命令的操作

(1) 三点方式(默认项)，如图 4.15(a)所示。

命令：(从工具栏输入命令)
命令：_arc 指定圆弧的起点或 [圆心(C)]：(指定第"1"点)
指定圆弧的第二个点或[圆心(C)/端点(E)]：(指定第"2"点)
指定圆弧的端点：(指定第"3"点)

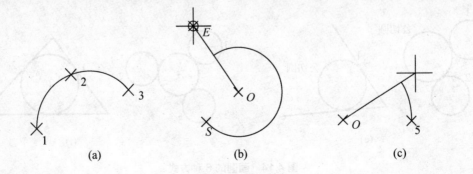

图 4.15　圆弧

(2) 起点、圆心、端点方式，如图 4.15(b)所示。

命令: (从下拉菜单选取："绘图" → "圆弧" → "起点、圆心、端点")
命令: _arc 指定圆弧的起点或[圆心(C)]: (指定起点 "S")
指定圆弧的第二个点或[圆心(C)/端点(E)]: _c 指定圆弧的圆心: (指定圆心 "O")
指定圆弧的端点或[角度(A)/弦长(L)]: (指定终点 "E"，逆时针方向画弧，圆弧的终点落在圆心与终点 "E" 的连线上)

(3) 起点、圆心、角度方式，如图 4.15(c)所示。

命令: (从下拉菜单选取："绘图" → "圆弧" → "起点、圆心、角度")
命令: _arc 指定圆弧的起点或[圆心(C)]: (指定起点 "S")
指定圆弧的第二个点或[圆心(C)/端点(E)]: _c 指定圆弧的圆心: (指定圆心 "O")
指定圆弧的端点或[角度(A)/弦长(L)]: _a 指定包含角: 30↵(输入角度的数值，角度为正时，从起点逆时针画圆弧；角度为负时，从起点顺时针画圆弧)

(4) 起点、圆心、弦长方式，如图 4.16 所示。

命令: (从下拉菜单选取："绘图" → "圆弧" → "起点、圆心、长度")
命令: _arc 指定圆弧的起点或[圆心(C)]: (指定起点 "S")
指定圆弧的第二个点或[圆心(C)/端点(E)]: _c 指定圆弧的圆心: (指定圆心 "O")
指定圆弧的端点或[角度(A)/弦长(L)]: _l 指定弦长: 40↵(输入 40，效果如图 4.16(b)所示；若输入-40，则圆弧大于半圆，效果如图 4.16(a)所示)

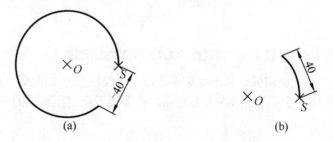

图 4.16 用起点、圆心、弦长方式画圆弧

(5) 起点、端点、角度方式，效果如图 4.17 所示。

命令: (从下拉菜单选取："绘图" → "圆弧" → "起点、端点、角度")
命令: _arc 指定圆弧的起点或 [圆心(C)]: (指定起点 "S")
指定圆弧的第二个点或[圆心(C)/端点(E)]: _e(指定终点 "E")
指定圆弧的圆心或[角度(A)/方向(D)/半径(R)]: _a 指定包含角: -120↵(指定角度，正值为顺时针圆弧；负值为逆时针圆弧)

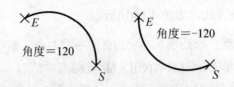

图 4.17 用起点、端点、角度方式画圆弧

(6) 起点、端点、方向方式：

命令：(从下拉菜单选取："绘图"→"圆弧"→"起点、端点、方向")
命令：_arc 指定圆弧的起点或[圆心(C)]：(指定起点"S")
指定圆弧的第二个点或[圆心(C)/端点(E)]：_e
指定圆弧的端点：(指定终点"E")
指定圆弧的圆心或[角度(A)/方向(D)/半径(R)]：_d 指定圆弧的起点切向：(指定点以确定圆弧)

(7) 起点、端点、半径方式，效果如图 4.18 所示。

命令：(从下拉菜单选取："绘图"→"圆弧"→"起点、端点、半径")
命令：_arc 指定圆弧的起点或[圆心(C)]：(指定起点"S")
指定圆弧的第二个点或[圆心(C)/端点(E)]：_e 指定圆弧的端点：(指定终点"E")
指定圆弧的圆心或[角度(A)/方向(D)/半径(R)]：_r 指定圆弧的半径：20↵(指定半径)

图 4.18 用起点、端点、半径方式画圆弧

(8) 用"连续"方式画圆弧。从下拉菜单选取："绘图"→"圆弧"→"继续"，这种方式用最后一次画的圆弧或直线的终点为起点，再按提示指定出圆弧的终点，所画圆弧将与上段线相切。

3. 用 BREAK 命令打断

1) 功能

应用该命令可以去除实体上的某一部分，也可以将一个实体分成两部分，效果如图 4.19 所示。

2) 输入命令
● 从修改工具栏中单击："打断"按钮 。
● 从下拉菜单选取："修改"→ 打断(K) 。
● 从键盘输入：BREAK。

3) 命令的操作

(1) 直接给两断点。

命令：_break 选择对象：(选择对象的同时也给定了打断点"1")

指定第二个打断点或[第一点(F)]: (指定打断点"2")

(2) 先选实体,再给两断点。

命令: BREAK 选择对象: (选择对象)
指定第二个打断点或[第一点(F)]: f↵(输入该选项后表示将要选择第一点)
指定第一个打断点: (给断开点"1")
指定第二个打断点: (给断开点"2")

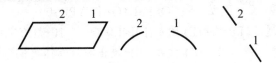

图 4.19 打断的应用

(3) 打断于点。

命令: (从工具栏单击"打断于点"按钮)
命令: _break 选择对象: (选择对象)
指定第二个打断点或[第一点(F)]: _f↵(信息行自动提示的内容)
指定第一个打断点: (给定实体上的打断点)
指定第二个打断点: @↵(信息行自动提示的内容)

特别提示

- 在该命令提示: "指定第二个打断点:"时,若输入"@",将实现"打断于点"的效果。打断后,实体外观无任何变化,但其已经是两个实体了。
- 若打断直线或圆弧,命令行提示"指定第二个打断点:"时,若在实体一端的外面点取一点,则断开点"1"与此点之间的那段实体将被删除。
- 在切断圆或矩形时,去掉的部分是从断开点"1"到断开点"2"之间逆时针旋转的部分。

4. 用 OFFSET 命令偏移

1) 功能

该命令将选中的直线、圆弧、圆及二维多段线等按指定的偏移量或通过点生成一个与原实体形状类似的新实体,如图 4.20 所示。

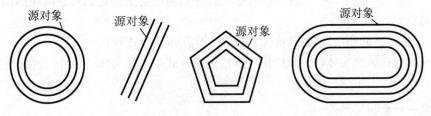

图 4.20 偏移前后的效果对比

2) 输入命令
- 从修改工具栏中单击:"偏移"按钮 。
- 从修改下拉菜单选取:"修改"→ 偏移(S)。
- 从键盘输入:OFFSET。

3) 命令的操作

(1) 给偏移距离方式(默认项):

命令: _offset
当前设置:删除源=否　图层=源　OFFSETGAPTYPE=0
指定偏移距离或[通过(T)/删除(E)/图层(L)]<1.0000>: 10↵(给定偏移距离的数值)
选择要偏移的对象,或 [退出(E)/放弃(U)]<退出>: (选择要偏移的实体)
指定要偏移的那一侧上的点,或[退出(E)/多个(M)/放弃(U)]<退出>: (指定偏移方位)
选择要偏移的对象,或[退出(E)/放弃(U)]<退出>: (再选择要偏移的实体将重复以上的操作,按 Enter 键结束命令)

特别提示

- 在给定偏移距离的时候,也可以画出一直线,直线的长度就是要偏移的距离的数值。

(2) 指定通过点方式:

命令: OFFSET
当前设置:删除源=否　图层=源　OFFSETGAPTYPE=0
指定偏移距离或[通过(T)/删除(E)/图层(L)]<通过>: t↵(选择"通过(T)"选项)
选择要偏移的对象,或[退出(E)/放弃(U)]<退出>: (选择要偏移的实体)
指定通过点或[退出(E)/多个(M)/放弃(U)]<退出>: (给定新实体的通过点)
选择要偏移的对象,或[退出(E)/放弃(U)]<退出>: (再选择要偏移的实体或按 Enter 键结束命令)

若再选择实体将重复以上操作。
选项说明如下:
① "删除(E)"选项:控制偏移源对象后是否将其删除。输入"E"选项后,系统提示:要在偏移后删除源对象吗? [是(Y)/否(N)]<当前>:(输入 y 或 n)
② "图层(L)"选项:确定将偏移对象创建在当前图层上还是源对象所在的图层上。输入"L"选项后,系统提示:
输入偏移对象的图层选项[当前(C)/源(S)]<当前>:(输入选项)
③ 该命令在选择实体时,只能用"直接点取方式"选择实体,并且一次只能选择一个实体。

5. 单一对象捕捉方式

1) 单一对象捕捉的作用

精确绘图的过程中如果要准确地找到某一点,如一条直线的端点、两直线的交点、圆心等，都必须用到对象捕捉。

2) 单一对象捕捉方式的激活
- 从"对象捕捉"工具栏单击相应捕捉模式，如图 4.21 所示。
- 在绘图区任意位置，先按住 Shift 键或 Ctrl 键，再右击，将弹出右键菜单，如图 4.22 所示，可从该菜单中选择需要的对象捕捉模式。

图 4.21 "对象捕捉"工具栏

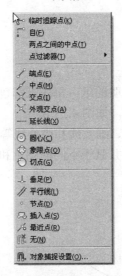

图 4.22 "对象捕捉"右键菜单

"对象捕捉"工具栏是激活单一对象捕捉常用的方式。

如果该工具栏没有显示，可将鼠标放在其他工具栏上右击，在弹出的菜单中选择 对象捕捉 选项即可。弹出后，将鼠标移到该工具栏图标的空隙处或左右两侧，使光标变成拾取图标箭头状态，此时可按住鼠标左键拖动该工具栏放在绘图区旁的适当位置上。

3) 对象捕捉的种类

利用 AutoCAD 的对象捕捉功能，可以捕捉到实体上以下特征点：

：捕捉直线或圆弧等实体的端点。

：捕捉直线段或圆弧等实体的中点。

：捕捉直线段、圆弧、圆等实体之间的交点。

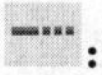

：捕捉实体延长线上的点。

：捕捉圆或圆弧的圆心。

：捕捉圆、圆弧和椭圆上 0°、90°、180°、270°位置上的点。

：捕捉所画线段与某圆或圆弧的切点。

：捕捉所画线段与某直线段、圆、圆弧或其延长线垂直的点。

：捕捉与某线平行的点。

：捕捉图块的插入点。

○：捕捉由 POINT 等命令绘制的点。

：捕捉直线、圆、圆弧等实体上最靠近光标方框中心的点。

：捕捉外观交点，用于捕捉二维图形中看上去是交点，而在三维图形中并不相交的点。

：执行 OSNAP 命令，弹出"对象捕捉设置"对话框。

：捕捉自，指定下一点作为临时的基点。

：设置临时追踪点。

：无对象捕捉。

6. 图层的应用

1) 图层的概念

图层可以理解为一张张完全透明的纸，每张纸都包含有不同的对象，把它们全部重叠在一起，就构成了一张完整的图样，如图 4.23 所示。

绘制机械图时，需要用粗实线、细实线和中心线等多种不同的线型。在 AutoCAD 中，将不同的线型置于不同的图层上，并赋予不同的颜色和线宽等特性，以达到方便区分和管理，提高绘图效率的目的。

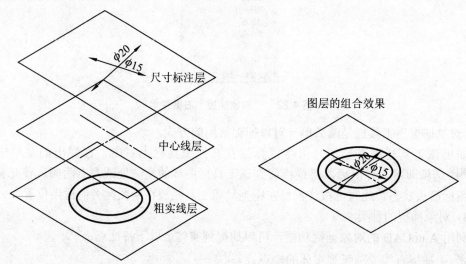

图 4.23 图层

2) 用 LAYER 命令创建与管理图层

LAYER 命令可以根据绘制机械图的需要创建新图层，并能赋予图层所需的线型、颜色和线宽。该命令还可以用来管理图层，即可以改变已有图层的线型、颜色、线宽、开关状态、控制图层的显示、删除图层及设当前图层等。

(1) 输入命令：

● 从工具栏单击：单击"图层"工具栏上的 按钮。

● 从下拉菜单选取："格式" → 图层(L)…。

● 从键盘输入：LAYER 或 DDLMODES。

输入命令后,AutoCAD 将弹出"图层特性管理器"对话框,如图 4.24 所示。

(2) 创建新图层。单击对话框中的"新建"(New)按钮 ,AutoCAD 会创建一个名称为"图层 1"的图层。连续单击"新建"按钮,AutoCAD 会依次创建名称为"图层 2"、"图层 3"等图层。

为了便于应用,图层名一般根据功能用汉字来命名,如"粗实线"、"细实线"、"中心线"、"虚线"、"尺寸标注"、"剖面线"、"文字"等。

修改图层名的方法是:首先选中该图层名,然后单击该图层名,出现文字编辑框,在文字编辑框中删除原图层名,输入新的图层名即可。输入的名字中如果有不允许的字符将弹出图 4.25 所示的提示框。

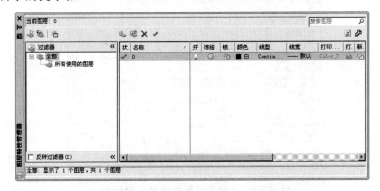

图 4.24 "图层特性管理器"对话框

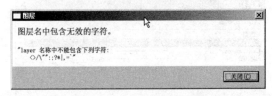

图 4.25 图层重命名提示框

(3) 改变图层线型。默认情况下,新创建图层的线型均为实线(Continuous),绘制机械图需要多种线型,所以应根据需要改变线型。AutoCAD 2009 提供了标准线型库,相应库的文件名为"acadiso.lin",用户可以从中选择线型。

单击需要修改线型的图层行中的线型名称,弹出图 4.26 所示的"选择线型"对话框。

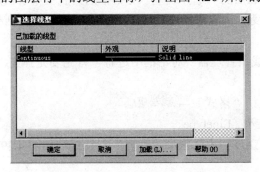

图 4.26 "选择线型"对话框

然后单击"选择线型"对话框中的 加载(L)... 按钮,弹出图 4.27 所示的"加载或重载线型"对话框,该对话框列出了线型文件"acadiso.lin"中所有的线型,选择所要装入的线型并单击"确定"按钮,就可以将线型装入到当前图形的"选择线型"对话框中。如果需要装入的线型较多,可以按住 Ctrl 键选择多个线型,选择完毕后单击"确定"按钮返回图 4.28 所示的"选择线型"对话框。

AutoCAD 2009 标准线型库提供的线型中包含有多个长短、间隔不同的虚线和点画线,只有适当地搭配它们,在同一线型比例下,才能绘制出符合制图标准的图样。绘制机械图可以选用以下的线型:实线(Continuous)、虚线(Dashed)、中心线(Center)。

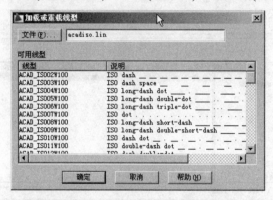

图 4.27 "加载或重载线型"对话框

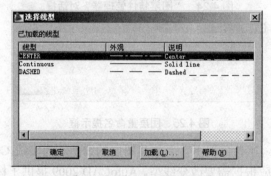

图 4.28 加载后的"选择线型"对话框

在图 4.28 所示的加载后的"选择线型"对话框的列表框中单击所需的线型名称,然后单击"确定"按钮可接受所作的选择并返回"图层特性管理器"对话框,这样就改变了图层的线型。

加载线型可也在"线型管理器"对话框中进行。首先要先弹出"线型管理器"对话框,具体设定方法如下。

● 从下拉菜单选取:"格式"→ 线型(N)...。
● 在命令提示行输入:Linetype。

输入命令后,AutoCAD 弹出"线型管理器"对话框,如图 4.29 所示。

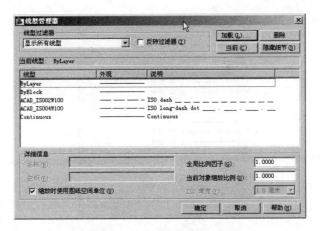

图 4.29 "线型管理器"对话框

AutoCAD 在"线型管理器"对话框中仅列出已装入当前图形中的线型。单击"线型管理器"对话框上部 加载(L)... 按钮加载所需的线型。该对话框中的"全局比例因子"和"当前对象的缩放比例"需要填写。

acadiso.lin 标准线型库中所设的点画线和虚线的线段长短和间隔长度，乘上整体线型比例值，才是图样上的实际线段长度和间隔长度。图 4.30 所示的就是在不同的线型比例下，同一图形的不同显示。"全局比例因子"是用于所有线型显示的全局缩放比例因子；"当前对象的缩放比例" 是新建对象的线型比例，且生成的线型比例是全局比例因子与该对象的比例因子的乘积。

一般可将全局线型比例值设为 0.3～0.38，图纸越大取值越大。建议 A3 取 0.32，A1 取 0.36。

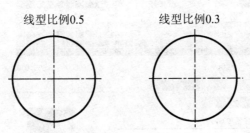

图 4.30 线型比例对图形显示的影响

在命令提示行输入 Ltscale(全局比例因子)，按 Enter 键，也可以输入新线型比例因子，系统自动重新生成图形。

(4) 改变图层线宽。一般情况下，新创建图层的线宽为"默认"。绘制机械图应根据制图标准为不同的线型赋予相应的线宽，如要改变某图层的线宽，可单击"图层特性管理器"对话框中该图层的线宽值，AutoCAD 将弹出"线宽"对话框，如图 4.31 所示。在"线宽"对话框的列表框中单击所需的线宽，然后单击"确定"按钮可按受所作的选择并返回"图层特性管理器"对话框。粗线条一般选择 0.7，细线条选择 0.35 即可。

图 4.31 "线宽"对话框

(5) 改变图层颜色。不同的线型如果具有不同的颜色,就可以在图形的缩放过程方便地加以区分,所以,应根据需要改变某些图层的颜色。

单击"图层特性管理器"对话框中该图层的颜色图标,AutoCAD 将弹出"选择颜色"对话框,如图 4.32 所示。单击"选择颜色"对话框中所需颜色的图标,然后单击 确定 按钮可接受所作的选择并返回"图层特性管理器"对话框。

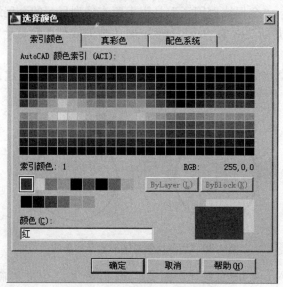

图 4.32 "选择颜色"对话框

(6) 控制图层状态。默认状态下,新创建的图层均为"打开"、"解冻"和"解锁"的状态。在绘图时可根据需要改变图层的状态,对应的状态为"关闭"、"冻结"和"加锁"。

其各项功能与差别如表 4-1 所示。

项目 4　平面图形的绘制

表 4-1　图层状态

项目与图标	功　　能	区　　别
关闭	将指定图层的图形隐藏，使之看不见	关闭与冻结图层上的实体均不可见，其区别仅在于执行速度上的快慢，后者将比前者快。当不需要观察其他图层上的图形时，可利用冻结，以增加 ZOOM、PAN 等命令的执行速度。加锁图层上的实体是可以看见的，但无法编辑
冻结	将指定图层上的全部图形予以冻结，并消失不见。注意：冻结图层上的实体在绘图仪上输出时是不会输出的。另外，当前图层是不能冻结的	
加锁	将图层加锁。在加锁的图层上，可以绘图但是无法编辑。对象捕捉可捕捉到	
打开	将已关闭的图层恢复，使图层上的图形重新显示出来	打开是针对关闭而设，解冻则是针对冻结而设，解锁是针对加锁而设
解冻	将冻结的图层解冻，使图层上的图形重新显示出来	
解锁	将加锁的图层解除锁定，以使图形可再编辑	

图层状态用图标形式显示在"图层特性管理器"对话框中的图层名后，要改变其状态只需单击对应图标。

如图 4.24 所示，图层名后第一个图标用来控制图层的打开与关闭；第二个图标用来控制图层的解冻与冻结；第三个图标用来控制图层的解锁与加锁。还可在"图层"工具栏的下拉菜单选择所需要的状态设置，如图 4.33 所示。从图 4.33 中可以看出，第 3 列的图标在图 4.24 中是在第 11 列，它表示在"当前视口中冻结或解冻"；而 表示"在所有视口中冻结或解冻"。

图 4.33　图层中设置状态

(7) 控制图层打印开关。默认状态下，新创建图层的"打印开关"均为打开状态。如果把一个图层的"打印开关"关闭，这个图层将显示但不打印。

单击"图层特性管理器"对话框中某一图层的"打印开关"图标，将关闭该图层的打印开关。

(8) 设置当前图层。在"图层特性管理器"对话框中选择某一图层名，然后单击对话框上部的 按钮，就可以将该图层设置为当前图层。直接双击图层的名称或状态也可以将之设置为当前图层。

当将一个关闭的图层设置为当前图层后，系统会弹出图 4.34 所示的对话框。如果要将图层关闭，则单击 ➡ 关闭当前图层按钮；如果将图层打开，则单击 ➡ 使当前图层保持打开状态按钮。

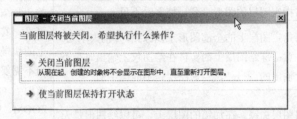

图 4.34 当前图层对话框

(9) 删除图层。要删除不使用的图层，可先从"图层特性管理器"对话框中选择一个或多个图层，然后用鼠标单击该对话框上部的 ✕ 按钮，AutoCAD 将从当前图形中删除所选的图层。如要从列表框中选择多个图层，可先按住 Ctrl 键，然后再选取。

图层 0 和 Defpoints、当前图层、依赖外部参照的图层和包含对象的图层不能被删除。

3) 图层工具栏的应用

为了使图层的管理更为方便、快捷，AutoCAD 2009 提供了一个"图层"工具栏，如图 4.35 所示。

图 4.35 "图层"工具栏

设置当前图层的方法有以下两种：

(1) 从"图层控制"下拉列表中设置。如图 4.36 所示，在该工具栏"图层控制"下拉列表中选择一个图层，该图层将被设为当前图层，并显示在工具栏该窗口上。

图 4.36 用"图层"工具栏设当前图层

(2) 用"将对象的图层置为当前"按钮设置。单击"图层"工具栏最左边的 按钮，然后选择实体，或者先选择实体，然后单击 按钮，AutoCAD 将所选实体的图层设为当前图层，并将该图层名显示在该工具栏"图层列表"窗口上。

如图 4.36 所示，在该工具栏 "图层控制"下拉列表中单击某图层控制状态的图标，可改变该图层的开与关等状态。

单击"图层"工具栏上的 图标按钮，将使上一次使用的图层设为当前图层。

单击"图层"工具栏上的 图标按钮，将激活 Layer 命令。

4) 改变对象所在图层

在实际绘图中，经常会出现实体并没有绘制在应在的图层上的情况，可选中该图形元素，并在"对象特性"工具栏的图层控制下拉列表框中选择对应的图层名，然后按 Esc 键来改变对象所在图层。

4.2.3 绘图步骤

平面图形是由线段连接而成的，这些线段之间的相对位置和连接关系靠给定的尺寸来确定。因此，画图时应充分分析尺寸的性质，确定各线段间的关系，明确图形应从何处着手绘制，以及作图顺序。其具体的绘图步骤如下：

(1) 用样板文件 acadiso.dwt 创建一张新的图纸。

(2) 从"格式"下拉菜单中选择 线型(N)... 选项，AutoCAD 弹出"线型管理器"对话框。单击"线型管理器"对话框上部 加载(L)... 按钮加载图 4.28 所示的 3 种线型。在"线型管理器"对话框中的"全局比例因子"文字编辑框中填写"0.30"。

(3) 单击"图层"工具栏上的按钮 ，AutoCAD 弹出"图层特性管理器"对话框。单击对话框中的"新建"按钮 ，AutoCAD 会创建一个名称为"图层1"的图层，输入新的图层名"粗实线"。连续单击"新建"按钮 ，AutoCAD 会依次创建名称为"图层2"、"图层3"的图层，修改图层名为"中心线"和"虚线"。

改变图层的颜色和线宽，如图 4.37 所示。

图 4.37 创建图层

(4) 输入 limits 命令，修改图形界限：

命令：limits↵
重新设置模型空间界限：
指定左下角点或[开(ON)/关(OFF)]<0.0000, 0.0000>: ↵
指定右上角点<420.0000, 297.0000>: 297, 210 (输入 A4 图纸的尺寸)

提示：如果此时选择"文件"下拉菜单下的"另存为"选项，在弹出的"图形另存为"对话框中的文件名框中输入"A4 样板文件"，在文件类型中选择"AutoCAD 图形样板 (*.dwt)"选项，将把文件保存为样板文件。以后建立新的图形时应用该样板文件，便于应用已经建立的图层。

(5) 设置"中心线"图层为当前图层。用直线命令绘制图 4.38 所示的中心线。

(6) 从修改工具栏中单击"偏移"按钮 ，偏移出中心线，如图 4.39 所示。

命令行提示：

```
命令：_offset↵
当前设置：删除源=否  图层=源  OFFSETGAPTYPE=0
指定偏移距离或[通过(T)/删除(E)/图层(L)]<通过>: 33↵
选择要偏移的对象，或[退出(E)/放弃(U)]<退出>(选择直线 L₁)
指定要偏移的那一侧上的点，或[退出(E)/多个(M)/放弃(U)]<退出>: (在 L₁上方单击)
选择要偏移的对象，或[退出(E)/放弃(U)]<退出>: (按 Enter 键退出命令)
命令：offset↵
当前设置：删除源=否  图层=源  OFFSETGAPTYPE=0
指定偏移距离或[通过(T)/删除(E)/图层(L)]<33.0000>: 27↵
选择要偏移的对象，或[退出(E)/放弃(U)]<退出>: (选择直线 L₂)
指定要偏移的那一侧上的点，或[退出(E)/多个(M)/放弃(U)]<退出>: (在 L₂上方单击)
选择要偏移的对象，或[退出(E)/放弃(U)]<退出>: *取消*(按 Esc 键退出)
```

图 4.38 绘制中心线 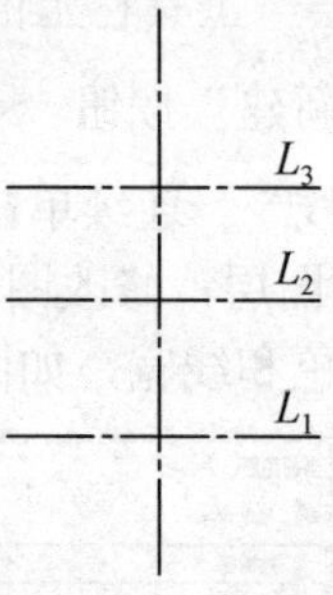   图 4.39 偏移出中心线

(7) 运用直线命令和单一对象捕捉绘制中心线 L_4 和 L_5，如图 4.40 所示。

```
命令：_line 指定第一点：_int 于(单击"直线"按钮    ，再单击对象捕捉工具条上的
"捕捉到交点"图标    ，然后在"O"点上单击)
指定下一点或[放弃(U)]: @55<30↵(输入相对极坐标数值)
指定下一点或[放弃(U)]: (按 Enter 键退出命令，绘制出直线 L₄)
```

用同样的方法绘出直线 L_5。

(8) 单击"圆"命令图标   ，绘制 R33 的中心线圆，如图 4.41 所示。

```
命令：_circle 指定圆的圆心或[三点(3P)/两点(2P)/切点、
切点、半径(T)]:_int(单击"圆"按钮图标    ，再单击对象
捕捉工具条上的"捕捉到交点"图标    ，然后在"O"点上
单击)
指定圆的半径或[直径(D)]<26.1122>: 33↵(输入半径
值，绘出整圆)
```

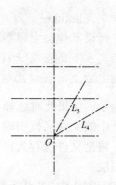

图 4.40 用直线命令绘制中心线

(9) 从"修改"工具栏中单击"打断"按钮   ，然后

在所留圆弧的端点处单击,修剪得到圆弧,如图4.42所示。

命令: _break 选择对象: (在点"1"处选择对象)
指定第二个打断点或[第一点(F)]: (在点"2"处选择单击)

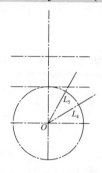

图4.41 绘制中心线圆

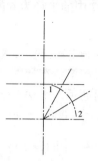

图4.42 绘制中心线圆圆弧

(10) 设置"粗实线"图层为当前图层,绘制图中的圆(或包含所需圆弧的圆):

命令: _circle 指定圆的圆心或[三点(3P)/两点(2P)/切点、切点、半径(T)]: _int 于(单击"圆"按钮⊙,再单击"对象捕捉"工具条上的"捕捉到交点"图标✕,然后在"O"点上单击)
指定圆的半径或[直径(D)]<9.5000>: d↵
指定圆的直径<19.0000>: 34↵(绘出图中的最大圆)
使用同样的方法绘制图4.43中的其他圆。

(11) 单击"正交"按钮▭,单击"直线"按钮╱,再单击"对象捕捉"工具条上的"捕捉到交点"图标✕,绘制直线:

命令: _line 指定第一点: _int 于(指定点"3")
指定下一点或[放弃(U)]: _int 于(指定点"4")
指定下一点或[放弃(U)]: (按Enter键结束命令,绘出直线$L_{3,4}$)

其他的直线用同样的方法绘出,如图4.44所示。

(12) 用"修剪"命令修剪图4.44中的多余线条,得到图4.45。

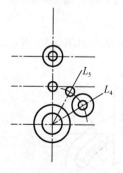

图4.43 画圆

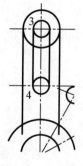

图4.44 画线

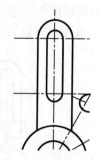

图4.45 修剪后的图形

(13) 从"绘图"工具栏中单击"圆弧"按钮╱,画圆弧,如图4.46所示。

命令: _arc 指定圆弧的起点或[圆心(C)]: _int 于(捕捉到直线L_4与圆的交点)

指定圆弧的第二个点或[圆心(C)/端点(E)]: c↵
指定圆弧的圆心: _int 于(捕捉点"O")
指定圆弧的端点或[角度(A)/弦长(L)]: <正交 关>(指定圆弧的端点)

(14) 画图 4.47 中的半径为 6 的圆。从下拉菜单中选取："绘图"→"圆"→"相切、相切、半径"。

命令: _circle 指定圆的圆心或 [三点(3P)/两点(2P)/切点、切点、半径(T)]: _ttr↵
指定对象与圆的第一个切点: (选择第一个切点)
指定对象与圆的第二个切点: (选择第二个切点)
指定圆的半径<33.0000>: 6↵

(15) 修剪图 4.47 中的多余线条,得到图 4.48。

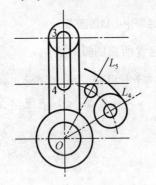
图 4.46 用"圆弧"命令画圆弧

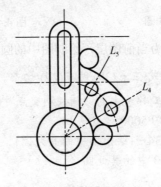
图 4.47 画半径为 6 的圆

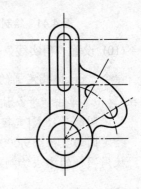
图 4.48 修剪后的图形

(16) 用"圆弧"命令画圆弧,如图 4.49 所示。

命令: _arc 指定圆弧的起点或[圆心(C)]: _endp 于(单击"圆弧"按钮，再单击"捕捉到端点"图标，单击点"5")
指定圆弧的第二个点或[圆心(C)/端点(E)]: c↵
指定圆弧的圆心: _endp 于(捕捉到"O"点)
指定圆弧的端点或[角度(A)/弦长(L)]: _endp 于(捕捉到点"6")

使用同样的办法绘出另一圆弧。

(17) 从图中可以看出,中心线的长度不恰当,需要进行整理,如图 4.50 所示。

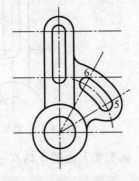
图 4.49 画圆弧

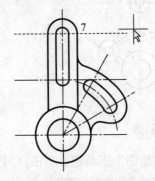
图 4.50 修剪图形

命令: _break 选择对象: (在点"7"处选择对象,点"7"距离轮廓大约 2mm)
指定第二个打断点或[第一点(F)]: (在直线的右侧外部单击)

使用同样的方法调整其他中心线的长度,整理后得到图 4.12。

4.2.4 上机实训与指导

练习 1: 绘制如图 4.51 所示的图形。

提示: 图 4.51 中的直线 L_1、L_2、L_3 均由中心线 L 偏移得到,如图 4.52 所示。具体操作步骤如下:

首先将"粗实线"图层设为当前图层。然后输入"偏移"命令。命令行提示:

命令: _offset↵
当前设置: 删除源=否 图层=源 OFFSETGAPTYPE=0
指定偏移距离或[通过(T)/删除(E)/图层(L)]<通过>: L↵
输入偏移对象的图层选项[当前(C)/源(S)]<源>: C↵
指定偏移距离或[通过(T)/删除(E)/图层(L)]<通过>: 4↵
选择要偏移的对象,或[退出(E)/放弃(U)]<退出>: (选择直线 L)
指定要偏移的那一侧上的点,或[退出(E)/多个(M)/放弃(U)]<退出>(在下方单击)
选择要偏移的对象,或[退出(E)/放弃(U)]<退出>: (得到直线 L_1)
指定要偏移的那一侧上的点,或[退出(E)/多个(M)/放弃(U)]<退出>(按 Enter 键退出)

使用同样的方法绘出直线 L_2、L_3 和 L_5。

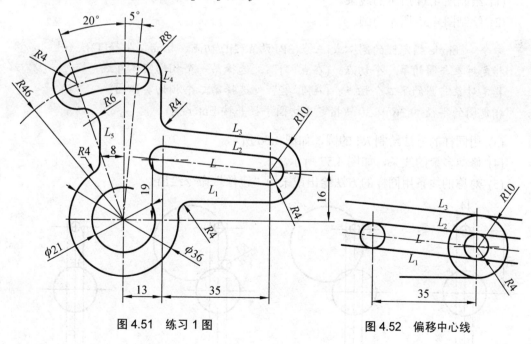

图 4.51 练习 1 图   图 4.52 偏移中心线

练习2：绘制如图4.53所示的图形。

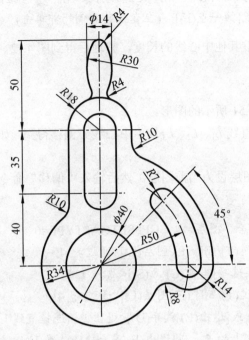

图4.53 练习2图

提示：从图4.53中可以看出，该图的下半部分与前面讲过的例题很相似，这里不再重复，关键是如何将上半部分绘出。绘图过程如下：

(1) 绘制图4.54所示的线条。
(2) 绘制图4.55所示的圆。

命令： _circle 指定圆的圆心或[三点(3P)/两点(2P)/切点、切点、半径(T)]: t↵
指定对象与圆的第一个切点: (在点"1"处选择第一个相切实体直线)
指定对象与圆的第二个切点: (在点"2"处选择第二个相切实体圆)
指定圆的半径<9.26>: 30↵(指定公切圆半径并按Enter键)

(3) 用同样的方法绘制R4的圆，如图4.56所示。
(4) 修剪多余的线条，如图4.57所示。
(5) 对称的线条用同样的方法绘出或采用"镜像"命令绘出。

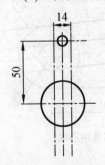 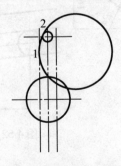 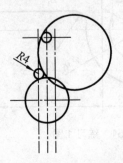 

图4.54 偏移中心线　　图4.55 绘制R30的圆　　图4.56 绘制R4的圆　　图4.57 修剪多余的线条

练习 3：绘制如图 4.58 所示的图形。

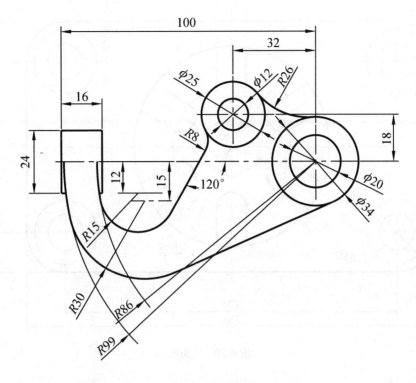

图 4.58　练习 3 图

图 4.58 提示：图中 R30 的圆弧，圆心在距离水平中心线为 15 的线上，而且与 R99 的圆弧相内切，所以首先画出距离为 15 的直线；再以 R99 的圆心为圆心，以 69(99-30)为半径，画出圆；直线与圆的交点就是 R30 的圆心。

图中 R15 的圆弧用同样的方法绘出。与该圆弧相切的直线的绘制如下：

命令：_line 指定第一点：_tan 到(单击"直线"按钮后，单击"捕捉到切点"按钮，然后在该圆弧上单击)

指定下一点或[放弃(U)]：　@60<60↵(输入任意的长度值，输入倾斜角度值)

指定下一点或[放弃(U)]：　(按 Enter 键)

4.3　绘制平面图实例(三)

绘制图 4.59 所示的图形。

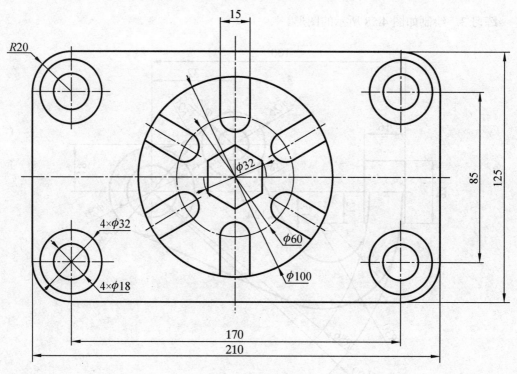

图 4.59 平面图

4.3.1 图形分析

从图 4.59 可以看出,该中最大的轮廓是一个带有圆角的矩形,所以需要用到矩形命令;正中有一正六边形,所以会用到多边形命令。图中的同心圆的分布是规则的,$\phi 100$ 圆上的标注为 15 的槽分布也是规则的,用阵列命令可以实现。另外,从对 4.2 节的学习可以知道,对象的单一捕捉操作起来是很麻烦的,每次都要单击命令按钮才可起作用,本节中将要学习使用操作较为简单的固定对象捕捉。

4.3.2 本题知识点

1. 用 RECTANG 命令画矩形

1) 功能

使用 RECTANG 可创建矩形形状的闭合多段线,可以通过指定长度、宽度、面积和旋转参数来确定其尺寸和放置方式,还可以控制矩形上角点的类型(圆角、倒角或直角)。

2) 输入命令
- 从工具栏中单击:"矩形"按钮 ▭。
- 从下拉菜单选取:"绘图"→"矩形"。
- 从键盘输入:RECTANG。

3) 命令的操作

(1) 画矩形(默认项)。该选项将按指定的两对角点及当前线宽绘制一个矩形,如图 4.60(a)所示。

其操作如下:

命令: _rectang
指定第一个角点或[倒角(C)/标高(E)/圆角(F)/厚度(T)/宽度(W)]: (给第"1"点)
指定另一个角点或[面积(A)/尺寸(D)/旋转(R)]: @20,15↵(给第"2"点)

(2) 画有斜角的矩形。该选项将按给定的倒角距离,画出一个四角有相同斜角的矩形,如图4.60(b)所示。

其操作如下:

命令: _rectang↵
指定第一个角点或[倒角(C)/标高(E)/圆角(F)/厚度(T)/宽度(W)]: c↵
指定矩形的第一个倒角距离<0.0000>: 3↵(给第一倒角距离)
指定矩形的第二个倒角距离<3.0000>: ↵(给第二倒角距离)
指定第一个角点或[倒角(C)/标高(E)/圆角(F)/厚度(T)/宽度(W)]: (给矩形第"1"对角点)
指定另一个角点或[面积(A)/尺寸(D)/旋转(R)]: (给矩形第"2"对角点)

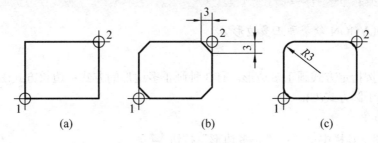

图 4.60 画矩形示例

(3) 画有圆角的矩形。该选项将按指定的圆角半径,画出一个四角有相同圆角的矩形,如图4.60(c)所示。其操作如下:

命令: _rectang↵
当前矩形模式: 倒角=3.0000 × 3.0000
指定第一个角点或[倒角(C)/标高(E)/圆角(F)/厚度(T)/宽度(W)]: f↵
指定矩形的圆角半径<3.0000>: ↵(给圆角半径)
指定第一个角点或[倒角(C)/标高(E)/圆角(F)/厚度(T)/宽度(W)]: (给矩形第"1"对角点)
指定另一个角点或[面积(A)/尺寸(D)/旋转(R)]: (给矩形第"2"对角点)

说明:

① 命令行提示"指定第一个角点或[倒角(C) / 标高(E) / 圆角(F) / 厚度(T) / 宽度(W)]"时,选择 W 选项,AutoCAD 将可重新指定线宽画出一个矩形。"标高"选项用于设置 3D 矩形离地平面的高度,"厚度"选项用于设置矩形的 3D 厚度。

② 命令操作时所设选项内容将作为当前设置,用于以后矩的绘制,直至重新设置新值。

③ 在输入第一点后,命令行提示:

指定另一个角点或[面积(A)/尺寸(D)/旋转(R)]:

- 如果输入"A"选项，则提示：

输入以当前单位计算的矩形面积<100>：（输入一个正值）
计算矩形标注时依据[长度(L)/宽度(W)]<长度>：（输入 L 或 W）
输入矩形长度<10>：（输入一个非零值）

- 如果输入"D"选项，则提示：

指定矩形的长度<0.0000>：（输入一个非零值的长度）
指定矩形的宽度<0.0000>：（输入一个非零值的宽度）
指定另一个角点或[面积(A)/标注(D)/旋转(R)]：（移动光标以显示矩形可能位于的四个位置之一并在期望的位置单击）

- 如果输入"R"选项(按指定的旋转角度创建矩形)，则提示：

指定旋转角度或[点(P)]<0>：（通过输入值、指定点或输入 P 并指定两个点来指定角度）
指定另一个角点或[面积(A)/标注(D)/旋转(R)]：（移动光标以显示矩形可能位于的四个位置之一，然后在需要的位置单击确定）

2. 用 POLYGON 命令画正多边形

1) 功能

该命令可按指定方式画正多边形。有 3 种画正多边形的方式：边长方式(E)、内接于圆方式(I)和外切于圆方式(C)。

2) 输入命令

- 从绘图工具栏中单击："正多边形"按钮 ⬠。
- 从下拉菜单选取："绘图"→ ⬠ 正多边形(Y)。
- 从键盘输入：POLYGON。

3) 命令的操作

(1) 边长方式，如图 4.61(a)所示。

命令：_polygon 输入边的数目<4>：6 ↵
指定正多边形的中心点或[边(E)]：e ↵
指定边的第一个端点：（给边上端点"1"）
指定边的第二个端点：（给边上端点"2"，多边形是按逆时针方向画出的）

(2) 内接于圆方式，如图 4.61(b)所示。

命令：_polygon 输入边的数目<5>：6 ↵
指定正多边形的中心点或[边(E)]：（指定中心点）
输入选项[内接于圆(I)/外切于圆(C)]<I>：↵
指定圆的半径：10.5 ↵

(3) 外切于圆方式，如图 4.61(c)所示。

命令：_polygon 输入边的数目<6>：6 ↵
指定正多边形的中心点或[边(E)]：（指定中心点）

输入选项[内接于圆(I)/外切于圆(C)]<I>: C ↵
指定圆的半径: 10.5 ↵

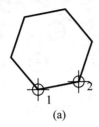 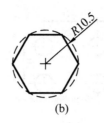 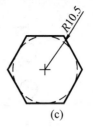

(a)   (b)   (c)

图 4.61 画多边形示例

特别提示

- 用"I"和"C"方式画多边形时圆并不画出，也就是说图 4.61 中的虚线圆并不绘出。当提示"指定圆的半径"时，可以用光标拖动或输入相对坐标值，这样能够控制多边形的方向。
- 使用假想圆绘制多边形时，在"指定圆的半径："的提示下，如果使用键盘仅输入半径值，则多边形至少有一条边是水平放置的。

3. 用 ARRAY 命令阵列

1) 功能

该命令可以按指定的行数、列数、行间距和列间距进行矩形阵列；也可以按指定的阵列中心、阵列个数和包含角度进行环形阵列。

2) 输入命令

- 从工具栏中单击："阵列"按钮 。
- 从下拉菜单选取："修改" → 阵列(A)…。
- 从键盘输入：ARRAY。

3) 命令的操作

(1) 矩形阵列。输入命令后，弹出如图 4.62 所示的对话框。

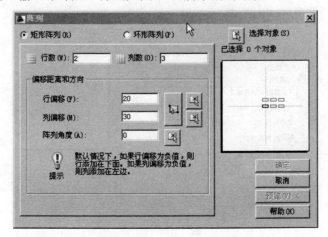

图 4.62 "矩形阵列"对话框

在对话框中选择 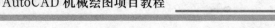 选项,其他各项按照图中填写,效果如图 4.63(b)所示。

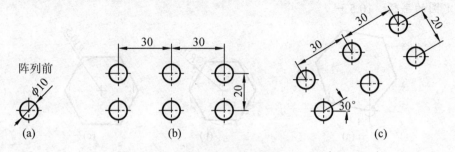

图 4.63 矩形阵列

特别提示

- 如图 4.62 中的提示所讲,阵列中列间距为正值向右阵列,为负值向左阵列;行间距为正值向上阵列,为负值向下阵列。
- 单击"行偏移"或"列偏移"后的按钮 ![], 可在作图区域指定两点作为行或列的间距,两点在 X 轴或 Y 轴上的投影方向代表阵列的方向。
- 可以在  后面的文字编辑框内输入阵列的角度,也可单击后面的小按钮 ![], 在绘图区中画一条直线,直线与 X 轴的夹角就是阵列的角度。在图 4.62 中输入"阵列角度"为"30", 其他不变,则效果如图 4.63(c)所示。

(2) 环形阵列。输入命令后,弹出如图 4.64 所示的对话框。

选择 ⊙环形阵列(P) 选项,然后单击 [选择对象(S)] 按钮选择需要阵列的对象。单击 中心点: X:311.8132 Y:140.1653 后面的点选按钮 ![] 选择阵列中心点。单击"方法"后面的下拉三角 ![], 可以选择控制方式。如图 4.64 所示,输入阵列中项目总数"6", 该数值包括原实体在内。指定填充角度(带"+"号表示按逆时针阵列;带"一"号表示按顺时针阵列), 360 是默认值。如果单击后面的 ![] 按钮,将需指定一条直线,该线与 X 轴的正方向之间的夹角就是填充角度。

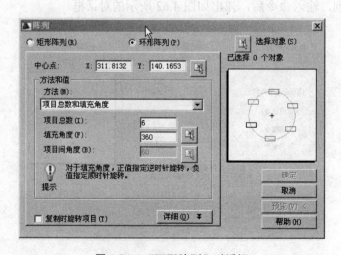

图 4.64 "环形阵列"对话框

对话框的最后一行 ☑复制时旋转项目(T)，表示在阵列的过程中是否将对象作旋转，效果如图 4.65 所示。在环形阵列中，若启用该复选框，则原实体随环形阵列作相应旋转，如图 4.65(b)所示；若不启用该复选框，原实体在环形阵列时只作平移，如图 4.65(c)所示。

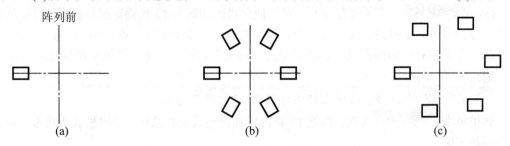

图 4.65 环形阵列的效果

4. 固定对象捕捉方式

固定对象捕捉方式是设定一种或数种对象捕捉模式，打开它可自动执行所设置的捕捉模式，直至关闭它。固定对象捕捉方式即是执行 OSNAP 命令。也可通过单击状态行上"对象捕捉"按钮 或用 F3 功能键或 Ctrl+F 组合键来打开或关闭"固定对象捕捉方式"。

绘图时，一般将常用的几种对象捕捉模式设成固定对象捕捉，对不常用的对象捕捉模式采用单一对象捕捉。两种捕捉方式相互补充，灵活运用，才能达到快速绘图的目的。

1) 固定对象捕捉模式的设定

固定对象捕捉模式的设定是通过显示"对象捕捉"选项卡的"草图设置"对话框来完成的。可用下列方法之一输入命令弹出对话框。

- 右击状态栏上的"对象捕捉"按钮 ，从弹出的右键菜单中选择要选定的对象捕捉模式或单击"设置"选项。
- 从下拉菜单中选取："工具"→"草图设置"。
- 从键盘输入：OSNAP。

输入命令后，AutoCAD 将弹出显示"对象捕捉"选项卡的"草图设置"对话框，如图 4.66 所示。

图 4.66 显示"对象捕捉"选项卡的"草图设置"对话框

对话框中各项内容及操作如下：

(1) ☑ 启用对象捕捉 (F3)(O)。该开关控制固定捕捉的打开与关闭。

(2) ☐ 启用对象捕捉追踪 (F11)(K)。该开关控制追踪捕捉的打开与关闭。

(3) 对象捕捉模式。该区内有与单一对象捕捉模式相同的 13 种固定捕捉模式。可以从中选择一种或多种对象捕捉模式形成一个固定模式，一般选择如图 4.66 所示的"端点"、"圆心"和"交点" 3 种捕捉模式。选择后单击"确定"按钮。如果需要其他的捕捉模式，用单一捕捉方式作为补充即可。

如要清除掉所有选择，可单击对话框中的 全部清除 按钮。

如果单击 全部选择 按钮，将把 13 种固定捕捉模式全部选中。此种模式不可取，会影响绘图的速度。

(4) 选项(T)... 按钮。单击 选项(T)... 按钮将弹出显示"草图"选项卡的"选项"对话框，该对话框左侧为"自动捕捉设置"区，如图 4.67 所示。

可根据需要进行设定，各项含义如下：

☑ 标记(M)：该开关用来控制固定对象捕捉标记的打开或关闭，一定要打开。

☑ 磁吸(G)：该开关用来控制固定对象捕捉磁吸的打开或关闭。打开捕捉磁吸将把靶框锁定在所设的固定对象捕捉点上。就像打开栅格后，光标只能在栅格点上移动一样。

☑ 显示自动捕捉工具提示(T)：该开关用来控制固定对象捕捉提示的打开或关闭。捕捉提示是系统自动捕捉到一个捕捉点后，显示出该捕捉的文字说明。

☐ 显示自动捕捉靶框(D)：该开关用来打开或关闭靶框。

颜色(C)...：显示固定对象捕捉标记的当前颜色。如要改变标记的颜色，只需单击该按钮，弹出"图形窗口颜色"对话框，如图 4.68 所示，单击右上角颜色后的下拉三角，从中选定一种颜色即可。

自动捕捉标记大小(S)：控制固定对象捕捉标记的大小。拖动滑块可改变标记的大小。

标记图例：实时显示出标记的颜色和大小。

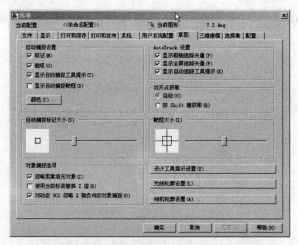

图 4.67　显示自动捕捉设置的"选项"对话框

项目 4　平面图形的绘制

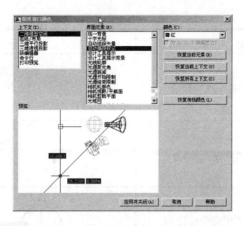

图 4.68　设定固定对象捕捉标记的颜色

2) 对象捕捉标记

在 AutoCAD 中打开对象捕捉时，把捕捉框放在一个实体上，AutoCAD 不仅会自动捕捉该实体上符合已设置的选择条件的几何特征点，而且还显示相应的标记。此功能可通过图 4.67 所示对话框中的"标记"开关来打开或关闭。

对象捕捉标记的形状与捕捉工具栏上的图标并不同，而是与图 4.66 所示"对象捕捉模式"区内的各捕捉模式的图形相一致，详见表 4-2。

表 4-2　对象捕捉标记

标　记	含　义	示　例
□	捕捉"端点"标记	
△	捕捉"中点"标记	
○	捕捉"圆心"标记	
⊠	捕捉"节点"标记	
◇	捕捉"象限点"标记	
×	捕捉"交点"标记	
…	捕捉"延伸"标记	

81

续表

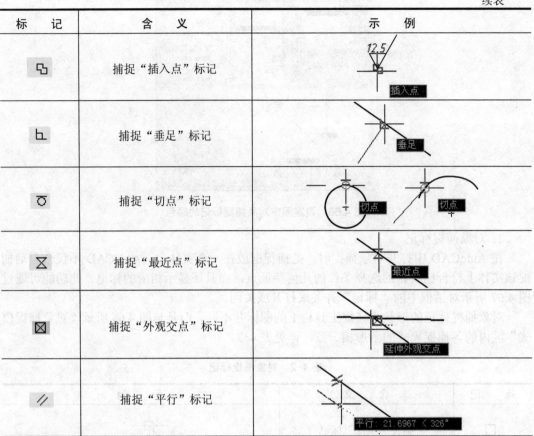

4.3.3 绘图步骤

绘图的过程可以是先确定定位尺寸，然后绘出图形。具体的绘图步骤如下：

(1) 用样板文件"A4 样板文件"创建一张新的图纸。

(2) 设置"中心线"图层为当前图层。打开"正交"，如图 4.66 设置"端点"、"圆心"和"交点"3 种捕捉模式，并将"固定对象捕捉"打开。用"直线"命令绘制如图 4.69 所示的中心线。

(3) 设置"粗实线"图层为当前图层，用 RECTANG 命令绘制矩形，如图 4.70 所示。

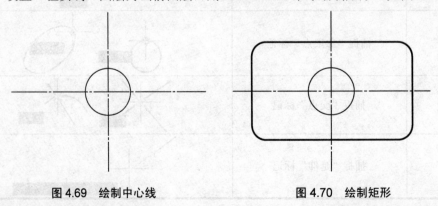

图 4.69　绘制中心线　　　　　　　　图 4.70　绘制矩形

命令: RECTANG↵
指定第一个角点或[倒角(C)/标高(E)/圆角(F)/厚度(T)/宽度(W)]: f↵
指定矩形的圆角半径<0.0000>: 20↵
指定第一个角点或[倒角(C)/标高(E)/圆角(F)/厚度(T)/宽度(W)]: _from 基点: (命令行提示指定第一点时,需要首先单击对象捕捉工具条上的"捕捉自"按钮,然后在对象捕捉下捕捉到圆心或中心线的交点,单击该点)
<偏移>: @-105,-62.5↵(输入从圆心偏移的数值,指定矩形的左下角点)
指定另一个角点或[面积(A)/尺寸(D)/旋转(R)]: @210,125↵(指定右上角的点)

特别提示

● 对象捕捉工具条上的"捕捉自"按钮很有用,可以减少辅助线的使用,方便绘图。

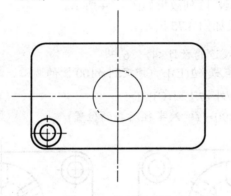

图 4.71 绘制同心圆

(4) 绘制左下角的小圆及其中心线,并将过长的中心线修剪,效果如图 4.71 所示。可以采用"偏移"命令绘制中心线。

(5) 阵列同心圆,效果如图 4.72 所示。

输入"阵列"命令,在弹出的对话框中输入"行数"为"2","列数"为"2","行间距"为"85","列间距"为"170"。

(6) 绘制图 4.72 所示其他的部分。注意图中直线的起点应该是"象限点",在"正交"状态下绘制,终点稍长出 $\phi100$ 的圆一点即可。

(7) 修剪图 4.72 中的线条,得到图 4.73,并且一定完成以下操作:

命令: _break 选择对象: (选择竖直中心线)
指定第二个打断点或[第一点(F)]: _f↵
指定第一个打断点: (在关闭"对象捕捉"的状态下,单击图中的点"1")
指定第二个打断点: @
使用同样的方法在点"2"处将中心线打断。

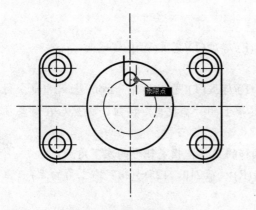

图 4.72 绘制中间图形　　　　　图 4.73 修剪中间图形

(8) 环形阵列槽。注意选择对象时一定将直线"1、2"选定,启用对话框最后一行的 ☑复制时旋转项目(T) 复选框,阵列效果如图 4.74 所示。

(9) 绘制六边形,效果如图 4.75 所示。

```
命令:POLYGON 输入边的数目<4>: 6↵
指定正多边形的中心点或[边(E)]: (捕捉到 ϕ100 圆的圆心,单击)
输入选项[内接于圆(I)/外切于圆(C)]<I>: ↵
指定圆的半径: @16<90↵(输入半径所在的位置)
```

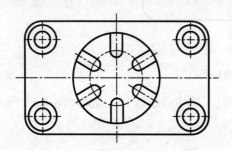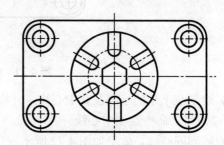

图 4.74 环形阵列槽　　　　　图 4.75 绘制六边形

(10) 修剪中心线,整理图形,保存文件。

4.3.4 上机实训与指导

练习 1:绘制图 4.76 所示的图形。

图 4.76 练习 1 图

图 4.76 提示：
① 绘制 $\phi 22$ 的圆。
② 绘制圆的内接三角形：

命令：POLYGON 输入边的数目<6>：3↵
指定正多边形的中心点或[边(E)]：(捕捉到圆心后，单击)
输入选项[内接于圆(I)/外切于圆(C)]<I>：↵
指定圆的半径：11↵

③ 绘制外切正六边形：

命令：_polygon 输入边的数目<3>：6↵
指定正多边形的中心点或[边(E)]：(捕捉到圆心后，单击)
输入选项[内接于圆(I)/外切于圆(C)]<I>：c↵
指定圆的半径：@11<0↵(直接指定出水平切点的坐标"@11<0")

④ 以六边形的每一条边为"边"绘制正五边形。注意用边长方式画正五边形时，多边形是按逆时针方向画出的。最后绘制大圆和它的外切四边形。

练习 2：绘制图 4.77 所示的图形。

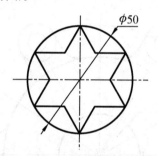

图 4.77 练习 2 图

图 4.77 的提示如图 4.78(a)~(d)所示。

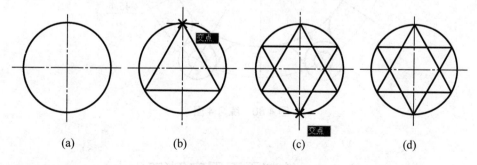

图 4.78 练习 2 提示

练习 3：绘制图 4.79 所示的图形。

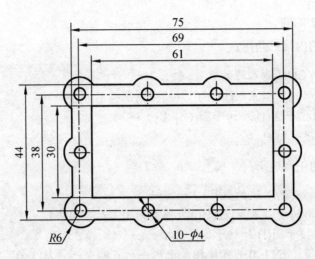

图 4.79　练习 3 图

图 4.79 提示：此图中的圆弧可以先绘制出圆，再"阵列"圆，最后修剪得到图形。

练习 4：绘制图 4.80 所示的图形。

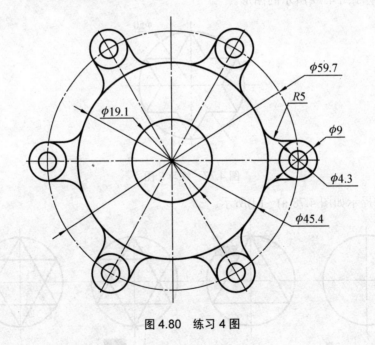

图 4.80　练习 4 图

4.4　绘制平面图实例(四)

绘制图 4.81 所示的图形。

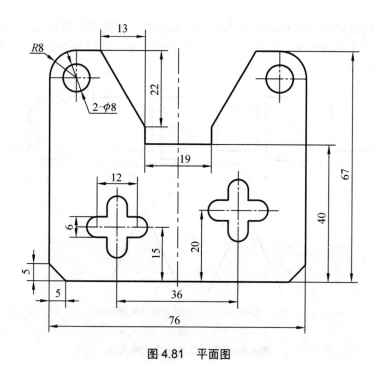

图 4.81 平面图

4.4.1 图形分析

从图 4.81 可以看出，该图中最大的轮廓是一个带有圆角和倒角的矩形，所以需要学习"圆角"和"倒角"命令；整个的图形大体上是左右对称的，所以会用到"镜像"命令；在图形的修改过程中还会用到"移动"和"复制"命令。

4.4.2 本题知识点

1. 用 CHAMFER 命令倒角

1) 功能

该命令可按指定的距离或角度在一对直线上倒角，也可对多段线、多边形、矩形等各直线交点处同时进行倒角。

2) 输入命令

- 从修改工具栏中单击："倒角"按钮。
- 从下拉菜单选取："修改"→倒角(C)
- 从键盘输入：CHAMFER。

3) 命令的操作

输入命令后，命令行提示：

命令：_chamfer↵
("修剪"模式)当前倒角距离 1=5.0000，距离 2 =5.0000
选择第一条直线或[放弃(U)/多段线(P)/距离(D)/角度(A)/修剪(T)/方式(E)/多个(M)]:

(1) 距离(D)。当进行倒角时，首先要注意查看信息行中当前倒角的距离，如不符合要求，应首先输入倒角大小。

该选项是用指定两个倒角距离来确定倒角大小的,两倒角距离可相等,也可不相等,还可为零,如图 4.82(a)所示。当倒角距离值为 0 时,还可将原本不相连的两条直线连接起来,如图 4.82(b)所示。

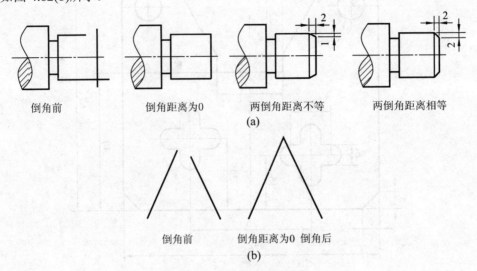

图 4.82 用距离选项定倒角大小

其操作如下:

命令: _chamfer↵
("修剪"模式)当前倒角距离 1=10.0000,距离 2=10.0000
选择第一条直线或 [放弃(U)/多段线(P)/距离(D)/角度(A)/修剪(T)/方式(E)/多个(M)]: d↵ (选择距离选项)
指定第一个倒角距离<10.0000>: 2↵ (输入倒角距离)
指定第二个倒角距离<2.0000>: 2↵ (输入倒角距离或直接按 Enter 键)
选择第一条直线或[放弃(U)/多段线(P)/距离(D)/角度(A)/修剪(T)/方式(E)/多个(M)]: (选取第一条直线)
选择第二条直线,或按住 Shift 键选择要应用角点的直线: (选取第二条直线)

(2) 角度(A)。该选项是用指定第一条线上的倒角距离和该线与斜线间的夹角来确定倒角大小的,如图 4.83 所示。

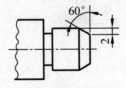

图 4.83 用角度选项确定倒角的大小

具体操作如下:

命令: _chamfer↵
("修剪"模式)当前倒角距离 1= 10.0000,距离 2=10.0000
选择第一条直线或[放弃(U)/多段线(P)/距离(D)/角度(A)/修剪(T)/方式(E)/多个(M)]: a↵

指定第一条直线的倒角长度<20.0000>: 2↵(给第一倒角线上的倒角长度)
指定第一条直线的倒角角度<0>: 60↵(给角度)
选择第一条直线或[放弃(U)/多段线(P)/距离(D)/角度(A)/修剪(T)/方式(E)/多个(M)]: (选取第一条直线)
选择第二条直线, 或按住Shift键选择要应用角点的直线: (选取第二条直线)

(3) 修剪(T)。"修剪(T)"选项控制是否保留倒角后原有的线条。有"修剪"和"不修剪"两个选项, 如图4.84所示。

其操作如下:

命令: CHAMFER↵
("修剪"模式)当前倒角距离 1=1.0000, 距离 2=1.0000
选择第一条直线或[放弃(U)/多段线(P)/距离(D)/角度(A)/修剪(T)/方式(E)/多个(M)]: t↵(选择"T"选项)
输入修剪模式选项[修剪(T)/不修剪(N)]<修剪>: (直接按Enter键将选择"修剪"模式)
选择第一条直线或[放弃(U)/多段线(P)/距离(D)/角度(A)/修剪(T)/方式(E)/多个(M)]: (选取第一条线)
选择第二条直线, 或按住Shift键选择要应用角点的直线: (选取第二条线)

"不修剪"方式的选择过程与"修剪"方式相同, 两种方式之间必须重新设置后才能相互转换。

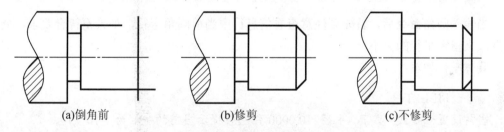

(a)倒角前   (b)修剪   (c)不修剪

图4.84 倒角命令中的修剪选项

(4) 多段线(P)。以图4.85所示为例, 命令的执行过程如下:

命令: CHAMFER↵
("修剪"模式)当前倒角距离 1=20.0000, 距离 2=20.0000
选择第一条直线或[放弃(U)/多段线(P)/距离(D)/角度(A)/修剪(T)/方式(E)/多个(M)]: p↵
选择二维多段线: (选取多段线)

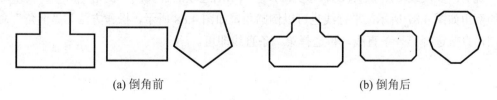

(a)倒角前   (b)倒角后

图4.85 多段线倒角

(5) 放弃(U)。恢复在命令中执行的上一个操作。

(6) 方式(E)。控制 CHAMFER 使用两个距离还是一个距离一个角度来创建倒角。

(7) 多个。为多组对象的边倒角。CHAMFER 将重复显示主提示和"选择第二个对象"提示，直到用户按 Enter 键结束命令。

2. 用 FILLET 命令倒圆角

1) 功能

该命令可用一条指定半径的圆弧光滑连接两直线、圆弧或圆等实体，还可用该圆弧对封闭的二维多段线中的各线段交点倒圆角。

2) 输入命令

- 从工具栏中单击："圆角"按钮 ⌐。
- 从下拉菜单选取："修改"→ 圆角(F)。
- 从键盘输入：FILLET。

3) 命令的操作

输入命令后，命令行提示：

```
命令: _fillet↵
当前设置：模式=修剪，半径=20.0000
选择第一个对象或[放弃(U)/多段线(P)/半径(R)/修剪(T)/多个(M)]:
```

当输入圆角命令后，首先要注意查看信息行中当前圆角半径，如果不符合要求，要通过选项来指定半径的大小。

具体操作如下：

```
命令: FILLET↵
当前设置：模式=修剪，半径=10.0000(信息行提示当前的半径为"10")
选择第一个对象或[放弃(U)/多段线(P)/半径(R)/修剪(T)/多个(M)]: r↵
指定圆角半径<10.0000>: 8↵(给圆角半径)
选择第一个对象或[放弃(U)/多段线(P)/半径(R)/修剪(T)/多个(M)]: (选择第一条线)
选择第二个对象，或按住 Shift 键选择要应用角点的对象: (选择第二条线)
```

确定圆角半径后倒圆角，效果如图 4.86 所示。

所给圆角半径将一直沿用，直到改变它。

说明：多段线(P)、放弃(U)、修剪(T)、多个(M)选项的含义同"倒角"命令。其中多段线的倒角如图 4.87 所示。平行线也可以倒圆角，如图 4.88 所示，操作方法与"倒角"命令相同，直接选择第一条直线，再选择第二条直线即可。

(a) 圆角前

图 4.86 单个倒圆角的示例

(a) 倒圆角前 (b) 倒圆角后

图 4.87 多段线倒圆角

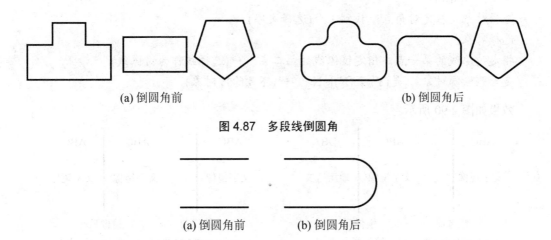

(a) 倒圆角前 (b) 倒圆角后

图 4.88 平行线倒圆角

3. 用 MIRROR 命令镜像

1) 功能

该命令将选中的实体按指定的镜像位置作镜像,如图 4.89 所示。

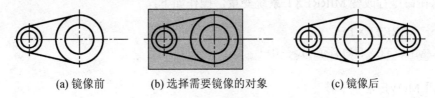

(a) 镜像前 (b) 选择需要镜像的对象 (c) 镜像后

图 4.89 镜像

2) 输入命令

- 从工具栏中单击:"镜像"按钮 。
- 从下拉菜单选取:"修改"→ 镜像(I)。
- 从键盘输入:MIRROR。

3) 命令的操作

(1) 图形镜像。以图 4.89 为例,输入命令后,命令行提示如下:

命令: _mirror↵

选择对象：找到5个(选择需要镜像的实体。该例题中最好是用框选取的方式，首先指定左边的点，再指定右边的点)
选择对象：↵(按回车终止选择)
指定镜像线的第一点：指定镜像线的第二点：(选择对称中心线的两个端点，把该线作为镜像线。该直线不需要真实存在)
是否删除源对象？[是(Y)/否(N)]<N>：(不将源对象删除)

注意：按 Enter 键即选"N"，不删除原来的实体；若输入"Y"，将删除原来的实体。
(2) 文字镜像。命令行提示如下：

命令：_mirror↵
选择对象：指定对角点：找到1个(选择文字)
选择对象：↵
指定镜像线的第一点：指定镜像线的第二点：↵(选择线作为镜像线)
是否删除源对象？[是(Y)/否(N)]<N>：↵(不删除源对象)

效果如图4.90所示。

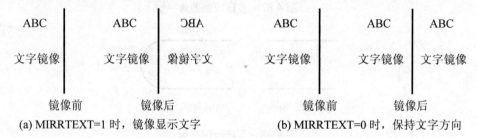

(a) MIRRTEXT=1 时，镜像显示文字　　　　(b) MIRRTEXT=0 时，保持文字方向

图 4.90　镜像

系统变量 MIRRTEXT 控制 MIRROR 执行后文字的方向。MIRRTEXT=0 时保持文字方向，MIRRTEXT=1 时镜像显示文字。

可以在命令行改变 MIRREXT 系统变量，操作如下：

命令：MIRRTEXT↵
输入 MIRRTEXT 的新值<1>：0↵

4. 用 MOVE 命令平移

1) 功能

该命令将选中的实体平行移动到指定的位置。

2) 输入命令

- 从工具栏中单击："移动"按钮。
- 从下拉菜单选取："修改"→移动(V)。
- 从键盘输入：Move 或 M。

3) 命令的操作

(1) 基点。以图4.91(a)为例，说明指定基点的操作过程。基点是确定新位置的参考点，也就是位移的第一点。

命令：_move↵
选择对象：找到 1 个(选定圆)
选择对象：(按↵键终止选择)
指定基点或[位移(D)]<位移>：指定第二个点或 <使用第一个点作为位移>：(首先指定点"1"作为基点，然后指定点"2"作为目标点。)

注意：命令行提示："指定第二个点或<使用第一个点作为位移>:"时，可以直接用鼠标指定点；还可以用相对坐标的形式确定移动的终点；也可以利用光标确定方向，在命令行内输入移动的距离数值来完成移动。

(2) 位移。以图 4.91(b)为例，说明指定位移的操作过程。

命令：_move↵
选择对象：找到 1 个(选定圆)
指定基点或[位移(D)]<位移>：(直接按↵键，选择"位移"选项)
指定位移<0.0000, 0.0000, 0.0000>：30, 30 ↵(沿 X 轴正向移动 30，沿 Y 轴正向移动 30)

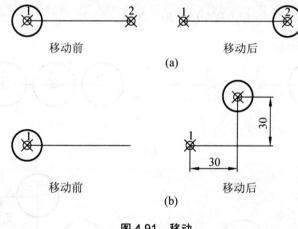

图 4.91 移动

5. 用 COPY 命令复制

1) 功能

COPY 命令将选中的实体复制到指定的位置。

选择实体后，一般要先定基点，基点是确定新复制实体位置的参考点，也就是位移的第一点。绘图时，必须按图中所给尺寸合理地选择基点。

2) 输入命令

● 从工具栏中单击："复制"按钮。
● 从下拉菜单选取："修改" → 复制(Y)。
● 从键盘输入：COPY。

3) 命令的操作

输入命令，命令行提示如下：

```
命令：COPY↵
选择对象：找到 1 个(选取要复制的对象小圆)
选择对象：(连续选取对象或者按 Enter 键结束选择)
当前设置：复制模式=多个(当前的复制模式是多重复制)
指定基点或[位移(D)/模式(O)]<位移>：(指定基点或输入选项)
```

(1) 指定基点。指定基点，命令行提示：

```
指定基点或[位移(D)/模式(O)]<位移>：(单击小圆的圆心"O"作为基点)
指定第二个点或<使用第一个点作为位移>：(指定点"1"作为位移的终点)
指定第二个点或[退出(E)/放弃(U)]<退出>：(指定点"2")
指定第二个点或[退出(E)/放弃(U)]<退出>：(按 Enter 键结束复制，或者连续指定点以复制出多个对象)
```

效果如图 4.92(a)所示。
如果选择"放弃(U)"选项，将把最后复制的对象删除掉。
(2) 位移。"位移"选项是指输入位移的矢量。选择该选项后，命令行提示：

```
指定位移<5.9270，2.2560，0.0000>：20，20↵
```

效果如图 4.92(b)所示：

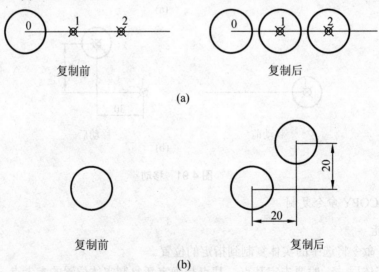

图 4.92 复制

(3) 模式。选择该选项后，命令行提示：

```
输入复制模式选项[单个(S)/多个(M)]<多个>：(选择一次复制实体的个数是单个还是多个)
```

4.4.3 绘图步骤

具体绘图步骤如下：

(1) 用样板文件"A4样板文件"创建一张新的图纸。

(2) 设置"中心线"图层为当前图层。打开"正交",设置"端点"、"圆心"和"交点"3种固定捕捉模式,并将"固定对象捕捉"打开。用"直线"命令绘制中心线。

(3) 将"粗实线"图层设为当前图层,用"直线"命令绘制图4.93所示的图形。

> 命令:_line 指定第一点:_nea 到(指定第一点时,首先单击捕捉工具条上的"最近点"按钮,然后单击点"1")
>
> 指定下一点或[放弃(U)]:<正交 开>38.5↵(鼠标导向,输入直线的长度值)
>
> 指定下一点或[放弃(U)]:67↵(同上)
>
> 指定下一点或[闭合(C)/放弃(U)]:(在超过中心线的任意点单击即可)
>
> 指定下一点或[闭合(C)/放弃(U)]:↵按Enter键

(4) 用"偏移"命令绘制图4.94所示的图形:

> 命令:OFFSET↵
>
> 当前设置:删除源=否 图层=源 OFFSETGAPTYPE=0
>
> 指定偏移距离或[通过(T)/删除(E)/图层(L)]<40.0000>:L↵
>
> 输入偏移对象的图层选项[当前(C)/源(S)]<源>:c↵
>
> 指定偏移距离或[通过(T)/删除(E)/图层(L)]<40.0000>:10↵
>
> 选择要偏移的对象,或[退出(E)/放弃(U)]<退出>:(单击直线L_0)
>
> 指定要偏移的那一侧上的点,或[退出(E)/多个(M)/放弃(U)]<退出>(在左侧单击,得到直线L_4)
>
> 选择要偏移的对象,或[退出(E)/放弃(U)]<退出>:↵

使用同样的方法偏移得到直线L_5。

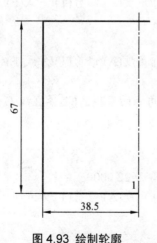

图4.93 绘制轮廓

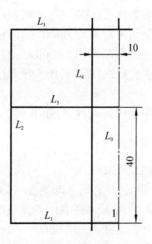

图4.94 偏移轮廓线

(5) 用"倒角"命令绘制图4.95所示的图形:

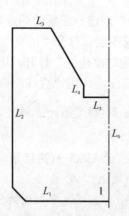

图 4.95 "倒角"命令的应用

命令：CHAMFER↵
("修剪"模式)当前倒角距离 1=1.0000，距离 2=1.0000
选择第一条直线或[放弃(U)/多段线(P)/距离(D)/角度(A)/修剪(T)/方式(E)/多个(M)]: d↵
指定第一个倒角距离<1.0000>: 5↵
指定第二个倒角距离<5.0000>: ↵
选择第一条直线或[放弃(U)/多段线(P)/距离(D)/角度(A)/修剪(T)/方式(E)/多个(M)]: (选择直线 L_1)
选择第二条直线，或按住 Shift 键选择要应用角点的直线: (选择直线 L_2)

按空格键重复命令：

命令：_chamfer↵
("修剪"模式)当前倒角距离 1=5.0000，距离 2=5.0000
选择第一条直线或[放弃(U)/多段线(P)/距离(D)/角度(A)/修剪(T)/方式(E)/多个(M)]: d↵
指定第一个倒角距离<5.0000>: 13↵
指定第二个倒角距离<13.0000>: 22↵
选择第一条直线或[放弃(U)/多段线(P)/距离(D)/角度(A)/修剪(T)/方式(E)/多个(M)]: (选择直线 L_3)
选择第二条直线，或按住 Shift 键选择要应用角点的直线: (选择直线 L_4)

按空格键重复命令：

命令：CHAMFER↵
("修剪"模式)当前倒角距离 1=13.0000，距离 2=22.0000
选择第一条直线或[放弃(U)/多段线(P)/距离(D)/角度(A)/修剪(T)/方式(E)/多个(M)]: d
指定第一个倒角距离<13.0000>: 0↵
指定第二个倒角距离<0.0000>: ↵
选择第一条直线或[放弃(U)/多段线(P)/距离(D)/角度(A)/修剪(T)/方式(E)/多个(M)]: (选择直线 L_4)
选择第二条直线，或按住 Shift 键选择要应用角点的直线: (选择直线 L_5)

(6) 用"圆角"命令绘制图 4.96 所示的图形：

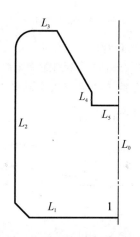

图 4.96 "圆角"命令的应用

命令：FILLET↵
当前设置：模式=修剪，半径=1.0000
选择第一个对象或[放弃(U)/多段线(P)/半径(R)/修剪(T)/多个(M)]：r↵
指定圆角半径<1.0000>：8↵
选择第一个对象或[放弃(U)/多段线(P)/半径(R)/修剪(T)/多个(M)]：(选择直线L_2)
选择第二个对象，或按住 Shift 键选择要应用角点的对象：(选择直线L_3)

(7) $R8$ 的圆弧和 $\phi 8$ 的圆同心，在对象捕捉状态下绘制图 4.97。

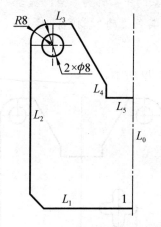

图 4.97 绘制 $\phi 8$ 的圆

(8) 在任意的位置，绘制图 4.98：
① 将"中心线"设为当前图层，绘制中心线，如图 4.98(a)所示。
② 将"粗实线"设为当前图层，绘制直线，如图 4.98(b)所示。
命令：_line 指定第一点：_from 基点：<偏移>：@3,3↵(单击中心线的交点设为"捕捉自"的起点，然后输入相对坐标值)
指定下一点或[放弃(U)]：3↵(鼠标导向输入长度)
指定下一点或[放弃(U)]：(按 Enter 键)
③ "镜像"直线，如图 4.98(c)所示。
④ "圆角"操作，如图 4.98(d)所示。

命令：_fillet↵
当前设置：模式=修剪，半径=8.0000
选择第一个对象或[放弃(U)/多段线(P)/半径(R)/修剪(T)/多个(M)]：(选择第一条直线)
选择第二个对象，或按住 Shift 键选择要应用角点的对象：(选择第二条直线)

⑤ "环形阵列"图形，如图 4.98(e)所示。

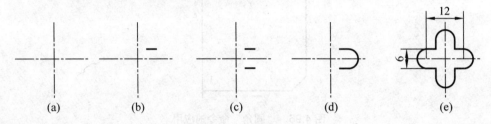

图 4.98　绘图过程

(9) 移动图 4.98 所示的图形到图中。

命令：_move
选择对象：指定对角点：找到 14 个(选择所有的对象)
选择对象：(按 Enter 键结束选择)
指定基点或[位移(D)]<位移>：指定第二个点或<使用第一个点作为位移>：_from 基点：<偏移>：@-18,16↵(以移动对象的中心作为基点；提示"指定第二个点或<使用第一个点作为位移>"时，单击对象捕捉工具条上的"捕捉自"按钮，单击点"1"，然后输入"@-18,16"）

(10) "镜像"图形，如图 4.99 所示。

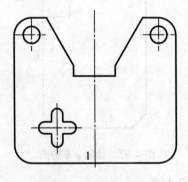

图 4.99　"镜像"图形

(11) 复制不完全对称的图形，如图 4.100 所示。

命令：_copy
选择对象：指定对角点：找到 14 个
选择对象：↵(按 Enter 键)
当前设置：复制模式=多个
指定基点或[位移(D)/模式(O)]<位移>：指定第二个点或<使用第一个点作为位移>：(以左侧图形中心为基点)

指定第二个点或<使用第一个点作为位移>：@36，5↵
指定第二个点或[退出(E)/放弃(U)]<退出>：（按 Enter 键）

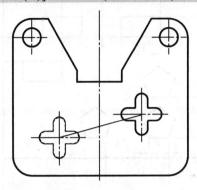

图 4.100 "移动"图形

(12) 整理图形，保存文件。

4.4.4 上机实训与指导

练习 1：用倒角、圆角和镜像命令绘制图 4.101 所示的图形。

练习 2：用倒角和圆角命令绘制图 4.102 所示的图形。

图 4.102 提示：图中的连接圆弧，如 $R24$、$R36$、$R2$，可以用"圆角"命令绘出。

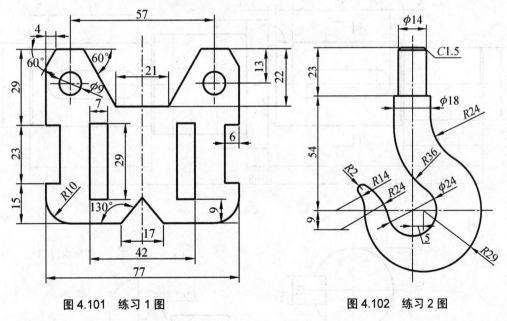

图 4.101 练习 1 图　　　　　　　图 4.102 练习 2 图

练习 3：用复制和移动命令绘制图 4.103 所示的图形。

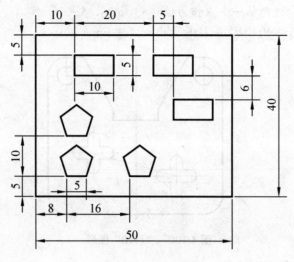

图 4.103 练习 3 图

4.5 绘制平面图实例(五)

绘制图 4.104 所示的图形。

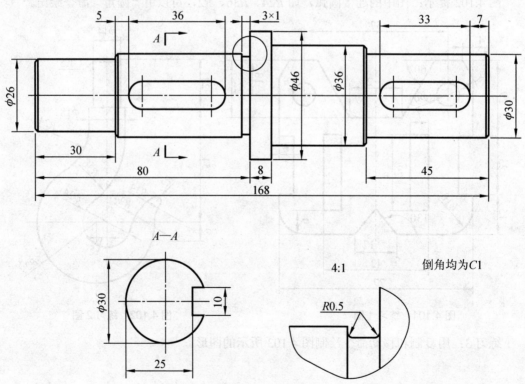

图 4.104 平面图

4.5.1 图形分析

这是一张轴的零件图。从图 4.104 可以看出，主视图具有对称的特点，所以绘图的过程中仅将一半绘出后镜像即可。图中的局部放大图可以采用缩放命令实现，波浪线用样条曲线绘制，必要时还可以对曲线进行编辑。图中的键槽宽度相同，但是长度不同，所以会用到拉伸命令。绘图中还会用到延伸到边界命令。

4.5.2 本题知识点

1. 用 EXTEND 命令延伸到边界

1) 功能

该命令将选中的实体延伸到指定的边界。

2) 输入命令

- 从工具栏中单击："延伸"按钮 --/ 。
- 从下拉菜单选取："修改" → --/ 延伸(D)。
- 从键盘输入：EXTEND。

3) 命令的操作

> 命令：_extend↵
> 当前设置：投影=UCS，边=无
> 选择边界的边...
> 选择对象或<全部选择>：找到 1 个(选择延伸边界)
> 选择对象：(结束边界选择)
> 选择要延伸的对象，或按住 Shift 键选择要修剪的对象，或[栏选(F)/窗交(C)/投影(P)/边(E)/放弃(U)]：(选择要延伸的对象或直接按 Enter 键结束命令。)

各选项的含义如下：

(1) 边界对象的选择。选择对象，该对象作为其他对象延伸到的边界。

(2) 栏选(F)。选择与选择栏相交的所有对象。选择栏是以两个或多个栏选点指定的一系列临时直线段。选择栏不能构成闭合的环。

(3) 窗交(C)。选择由两点定义的矩形区域内部或与之相交的对象。

(4) 投影(P)。指定延伸对象时使用的投影方法。

(5) 边(E)。将对象延伸到另一个对象的隐含边，或仅延伸到三维空间中与其实际相交的对象，如图 4.105 所示。选取该选项，输入"E"，继续提示：

输入隐含边延伸模式[延伸(E)/不延伸(N)]<当前>：(输入选项或按 Enter 键)

① 延伸。沿其自然路径延伸边界对象以和三维空间中另一对象或其隐含边相交。

② 不延伸。指定对象只延伸到在三维空间中与其实际相交的边界对象。

(6) 放弃(U)。放弃最近由 EXTEND 所作的修改。

(a)延伸之前　　　　　　(b)延伸　　　　　　(c)不延伸

图 4.105　延伸命令的边方式

2. 用 SCALE 命令缩放

1) 功能

该命令将选中的实体相对于基点按比例进行放大或缩小。所给比例值大于 1，放大实体；所给比例值小于 1，缩小实体。比例值不能为负。

2) 输入命令
- 从工具栏中单击："比例"按钮。
- 从下拉菜单选取："修改"→ 缩放(L)。
- 从键盘输入：SCALE 或 SC。

3) 命令的操作

(1) 给比例值方式(默认项)。以图 4.106 所示为例。

```
命令：_scale↵
选择对象：指定对角点：找到 9 个(框选要缩放的全部实体)
选择对象：↵(按 Enter 键结束选择)
指定基点：(给定基点"O")
指定比例因子或[复制(C)/参照(R)]<1.0000>：0.5↵(给比例值 0.5)
```

该方式直接给比例值"0.5"，选中的实体将相对于基点"O"，按比例缩小为原实体的 1/2。

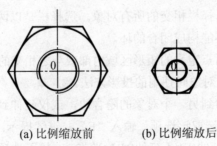

(a) 比例缩放前　　　　(b) 比例缩放后

图 4.106　给定比例值缩放

(2) 参照方式。以图 4.107 所示为例。

　　　　(a) 比例缩放前　　　　　　(b) 比例缩放后

图 4.107　参照方式缩放

命令：_scale↵
选择对象：指定对角点：找到 9 个(框选要缩放的全部实体)
选择对象：↵(按 Enter 键结束选择)
指定基点：(给基点"O")
指定比例因子或[复制(C)/参照(R)]<1.0000>：r↵(选参照方式)
指定参照长度<1.0000>：20↵(给原实体的任一个尺寸)
指定新的长度或[点(P)]<1.0000>：8.5↵(给缩放后实体一尺寸的大小)

说明如下：

① 如果选择"点"选项，可以画出一直线，直线的长度就是新的长度。

② 用参照方式进行比例缩放，所给出的新长度与原长度之比即为缩放的比例值。缩放一组实体时，只要知道其中任意一个尺寸的原长和缩放后的长，就可用参照方式而不必计算缩放比例，该方式在绘图时非常实用。

(3) 复制方式。以图 4.108 所示为例。

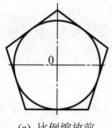 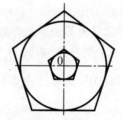

　　　　(a) 比例缩放前　　　　　　(b) 比例缩放后

图 4.108　复制方式缩放示例

命令：_scale↵
选择对象：指定对角点：找到 2 个(选择圆和五边形)
选择对象：↵(按 Enter 键结束选择)
指定基点：(给基点"O")
指定比例因子或[复制(C)/参照(R)]<1.0000>：c↵(选择复制方式)
缩放一组选定对象。
指定比例因子或[复制(C)/参照(R)]<1.0000>：0.3↵(输入比例系数)

3. 用 STRETCH 命令拉压

1) 功能

该命令将选中的实体拉长或压缩到给定的位置。在操作该命令时，必须用"C"交叉窗口方式来选择实体（先指定窗口的右侧的点，再指定左侧的点）。若用"W"窗口形式选取或点选取对象，则不能拉伸，而只能移动选定的对象。

2) 输入命令

- 从工具栏中单击："拉伸"按钮 。
- 从下拉菜单选取："修改"→ 拉伸(H)。
- 从键盘输入：STRETCH。

3) 命令的操作

以图 4.109 所示为例说明"拉伸"命令的基本使用。

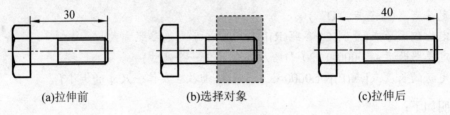

(a)拉伸前　　　　　　　(b)选择对象　　　　　　　(c)拉伸后

图 4.109　拉伸示例

命令：_stretch
以交叉窗口或交叉多边形选择要拉伸的对象...
选择对象：指定对角点：找到 9 个(用"C"交叉窗口方式选择实体)
选择对象：↵(按 Enter 键结束选择)
指定基点或[位移(D)]<位移>：(给定任意点作为基点)
指定第二个点或<使用第一个点作为位移>：(在正交模式下，用鼠标导向直接给距离 10。如果鼠标的导向向左，则对象缩短。)

如果选择"位移(D)"选项，命令行提示：

指定位移<0.0000，0.0000，0.0000>：10，0↵(输入位移数值"10，0"，实现的效果同前面的操作)

4. 用 SPLINE 命令画样条曲线

1) 功能

该命令用来绘制通过或接近所给的一系列点的光滑曲线，机械制图中用来绘制波浪线。

2) 输入命令

- 工具栏中单击："样条曲线"按钮 。
- 下拉菜单选取："绘图"→"样条曲线"。
- 键盘输入：SPLINE。

3) 命令的操作

如图 4.110 所示，其操作过程如下：

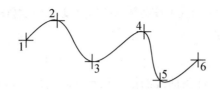

图 4.110　画样条曲线

```
命令：_spline↵
指定第一个点或[对象(O)]：(给第"1"点)
指定下一点：(给第"2"点)
指定下一点或[闭合(C)/拟合公差(F)]<起点切向>：(给第"3"点)
指定下一点或[闭合(C)/拟合公差(F)]<起点切向>：(给第"4"点)
指定下一点或[闭合(C)/拟合公差(F)]<起点切向>：(给第"5"点)
指定下一点或[闭合(C)/拟合公差(F)]<起点切向>：(给第"6"点)
指定下一点或[闭合(C)/拟合公差(F)]<起点切向>：↵
指定起点切向：↵
指定端点切向：↵
```

 特别提示

- 输入该命令后，首次出现的提示行中"对象"选项，将二维或三维的二次或三次样条拟合多段线转换成等价的样条曲线，系统变量 DELOBJ 控制是否将原对象删除。当 DELOBJ 为 1 时，删除原来的对象；当 DELOBJ 为 0 时，不删除原来的对象。
- 给第 3 点时所出现的提示行中"闭合"选项，使曲线首尾闭合，闭合后出现提示行让指定终点的切线方向。
- 给第 3 点时所出现的提示行中"拟合公差(F)"选项，用来指定拟合公差，拟合公差决定了所画的曲线与指定点的接近程度。拟合公差越大，离指定点越远，拟合公差为 0，将通过指定点(默认值为 0)。

5. 编辑样条曲线

1) 功能

该命令用于编辑样条曲线或样条曲线拟合多段线。

2) 输入命令

- "修改 II"工具栏：
- "修改"菜单："对象" → 样条曲线(S)。
- 快捷菜单：选择要编辑的样条曲线，在绘图区域中右击，然后选择 样条曲线(S) 选项。

3) 命令的操作

输入命令，命令行提示如下：

```
命令：_splinedit↵
选择样条曲线：
```

输入选项[拟合数据(F)/闭合(C)/移动顶点(M)/精度(R)/反转(E)/放弃(U)]:
选择样条曲线:

- 闭合/打开:如果选定的样条曲线为闭合,则"闭合"选项将由"打开"选项替换。
- 移动顶点:重新定位样条曲线的控制顶点并且清理拟合点。
- 精度:精密调整样条曲线定义。
- 反转:反转样条曲线的方向。此选项主要适用于第三方应用程序。
- 放弃:取消上一编辑操作。
- 退出:结束操作。

4.5.3 绘图步骤

具体绘图步骤如下:

(1) 用样板文件"A4样板文件"创建一张新的图纸。

(2) 设置"中心线"图层为当前图层。打开"正交",设置"端点"、"圆心"和"交点"3种固定捕捉模式,并将"固定对象捕捉"打开。

(3) 将"中心线"图层设为当前图层,用"直线"命令绘制中心线,长度为172。

(4) 将"粗实线"图层设为当前图层,用"直线"命令绘制图4.111所示的图形。

命令: _line 指定第一点: _nea 到(输入"直线"命令后,按住 Shift 键右击,在弹出的快捷菜单中选择 最近点(R) 选项。然后在中心线左侧距离端点大约为 2mm 处单击确定轮廓线的起点)
指定下一点或[放弃(U)]: 13↵ (26/2=13,鼠标导向,然后输入直线的长度,以下同)
指定下一点或[放弃(U)]: 30↵
指定下一点或[闭合(C)/放弃(U)]: 2↵ ((30−26)/2=2)
指定下一点或[闭合(C)/放弃(U)]: 50↵ (80−30=50)
指定下一点或[闭合(C)/放弃(U)]: 8↵ ((46−30)/2=8)
指定下一点或[闭合(C)/放弃(U)]: 8↵
指定下一点或[闭合(C)/放弃(U)]: 5↵ ((46−36)/2=5)
指定下一点或[闭合(C)/放弃(U)]: 35↵ (168−80−8−45=35)
指定下一点或[闭合(C)/放弃(U)]: 3↵ ((36−30)/2=3)
指定下一点或[闭合(C)/放弃(U)]: 45↵
指定下一点或[闭合(C)/放弃(U)]: 15↵
指定下一点或[闭合(C)/放弃(U)]: ↵(按 Enter 键结束)

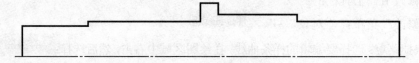

图 4.111 绘制大体的轮廓

(5) 单击"倒角"命令按钮 ⌐ 倒角,如图4.112所示。

命令: CHAMFER↵

("修剪"模式)当前倒角距离 1=0.0000,距离 2=0.0000
选择第一条直线或[放弃(U)/多段线(P)/距离(D)/角度(A)/修剪(T)/方式(E)/多个(M)]: d↵
指定第一个倒角距离<0.0000>: 1↵(输入倒角的距离)
指定第二个倒角距离<1.0000>: ↵
选择第一条直线或[放弃(U)/多段线(P)/距离(D)/角度(A)/修剪(T)/方式(E)/多个(M)]: m↵
(选择倒角的方式为"多个")
选择第一条直线或[放弃(U)/多段线(P)/距离(D)/角度(A)/修剪(T)/方式(E)/多个(M)]:
选择第二条直线,或按住 Shift 键选择要应用角点的直线: (顺次倒角即可)

特别提示

● 如果在倒角时发现图形较小,选择对象不方便,则可以滚动鼠标的滚轮放大图形。

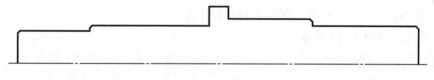

图 4.112 倒角

(6) 延伸对象,如图 4.113 所示。

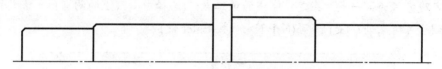

图 4.113 延伸直线

命令: _extend↵
当前设置: 投影=UCS,边=延伸
选择边界的边...
选择对象或<全部选择>: 找到 1 个(选择中心线)
选择对象: (按 Enter 键)
选择要延伸的对象,或按住 Shift 键选择要修剪的对象,或[栏选(F)/窗交(C)/投影(P)/边(E)/放弃(U)]: (选择需要延伸到的对象)

特别提示

● 延伸时会发现图形较小,选择对象不方便,此时滚动滚轮放大图形。放大后按住滚轮平移视图,顺次选择需要延伸的对象。

(7) 绘制退刀槽,如图 4.114 所示。

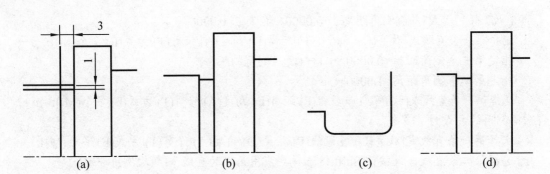

图 4.114 绘制退刀槽

偏移直线，如图 4.114(a)所示。

修剪多余的线条，如图 4.114(b)所示。

局部放大后倒圆角 $R0.5$，如图 4.114(c)所示。

延伸直线到中心线的位置，如图 4.114(d)所示。

(8) 镜像，如图 4.115 所示。

```
命令: _mirror↵
选择对象: 指定对角点: 找到 19 个(按图 4.115 所示交叉选取对象)
选择对象: (按 Enter 键结束选择)
指定镜像线的第一点: 指定镜像线的第二点: (选择中心线上的两点)
要删除源对象吗? [是(Y)/否(N)]<N>: (按 Enter 键)
```

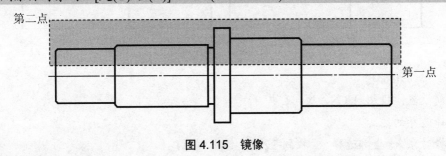

图 4.115 镜像

(9) 绘制倒角处的直线，如图 4.116 所示。

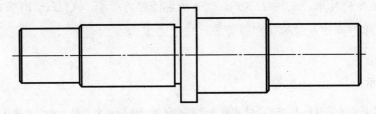

图 4.116 绘制倒角处的直线

(10) 绘制主视图中的键槽，绘图过程如图 4.117 所示。

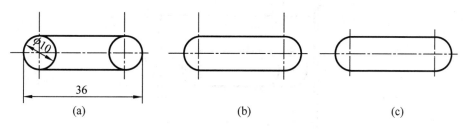

图 4.117 绘制键槽

在适当的位置绘制图形,如图 4.117(a)所示。

用"修剪"命令剪掉多余的线条,如图 4.117(b)所示。

用"打断"命令修剪中心线,如图 4.117(c)所示。

复制、移动键槽,如图 4.118 所示。

```
命令: _copy↵
选择对象: 指定对角点: 找到 5 个
选择对象: 找到 1 个, 总计 6 个
选择对象: (按 Enter 键结束选择。注意不要选择水平的中心线)
当前设置: 复制模式=多个
指定基点或[位移(D)/模式(O)]<位移>: 指定第二个点或<使用第一个点作为位移>: _tt
指定临时对象追踪点: (基点是点"0"; 在指定第二点时,首先在右键菜单中选择
 临时追踪点(K) 选项,然后单击点"1")
指定第二个点或<使用第一个点作为位移>: 5↵(在正交状态下输入距离的数值"5")
指定第二个点或[退出(E)/放弃(U)]<退出>: (按 Enter 键)
```

采用类似的方法将键槽移动到第二个的位置。但是键槽的尺寸并不合适,如图 4.119 所示,将键槽拉伸即可。

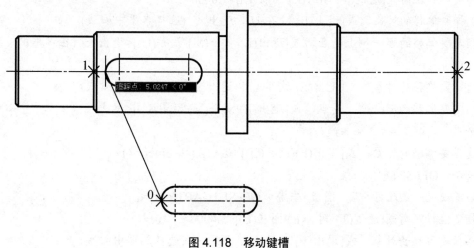

图 4.118 移动键槽

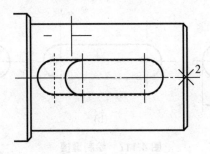

图 4.119　拉伸键槽

(11) 绘制断面图，如图 4.120 所示。

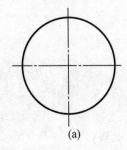 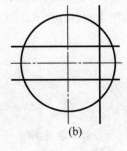 

(a)　　　　　　　　(b)　　　　　　　　(c)

图 4.120　绘制键槽

绘制图 4.120(a)所示的图形。

将"粗实线"图层设为当前图层，偏移中心线，如图 4.120(b)所示，操作的过程如下：

命令：OFFSET↵

当前设置：删除源=否　图层=源　OFFSETGAPTYPE=0

指定偏移距离或[通过(T)/删除(E)/图层(L)]<1.0000>：L↵

输入偏移对象的图层选项[当前(C)/源(S)]<源>：c↵

指定偏移距离或[通过(T)/删除(E)/图层(L)]<1.0000>：5↵

选择要偏移的对象，或[退出(E)/放弃(U)]<退出>：(选择水平中心线)

指定要偏移的那一侧上的点，或[退出(E)/多个(M)/放弃(U)]<退出>：(在水平中心线上方点击)

选择要偏移的对象，或[退出(E)/放弃(U)]<退出>：(选择水平中心线)

指定要偏移的那一侧上的点，或[退出(E)/多个(M)/放弃(U)]<退出>：(在水平中心线下方点击)

选择要偏移的对象，或[退出(E)/放弃(U)]<退出>：(按 Enter 键)

命令：OFFSET↵

当前设置：删除源=否　图层=当前　OFFSETGAPTYPE=0

指定偏移距离或[通过(T)/删除(E)/图层(L)]<5.0000>：10↵

选择要偏移的对象，或[退出(E)/放弃(U)]<退出>：(选择铅垂中心线)

指定要偏移的那一侧上的点，或[退出(E)/多个(M)/放弃(U)]<退出>：(在铅垂中心线右侧点击)

选择要偏移的对象，或[退出(E)/放弃(U)]<退出>：(按 Enter 键)

修剪多余的线条，如图 4.120(c)所示。

(12) 绘制局部放大图的过程(见图 4.121)：

复制需要放大的线条，将它们放置于恰当的位置上。

单击"缩放"图标按钮，将所有需要放大的线条放大 4 倍，如图 4.121(a)所示。

绘制波浪线，如图 4.121(b)所示。如果样条曲线的样子不合乎要求，可以用 splinedit 命令进行编辑。

修剪多余的线条，如图 4.121(c)所示。

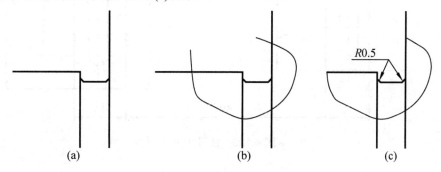

图 4.121　绘制局部放大图

(13) 用"移动"命令调整视图的位置；整理图形；保存文件。

4.5.4　上机实训与指导

练习 1：绘制图 4.122 所示的图形。

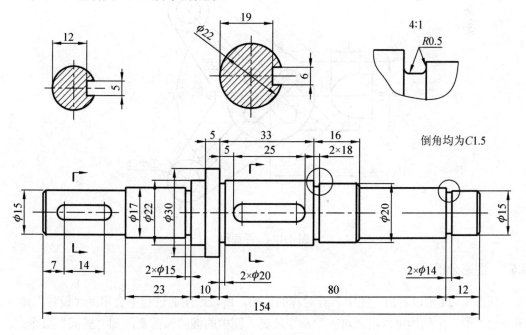

图 4.122　练习 1 图

练习2：用拉伸命令绘制图4.123所示的图形。

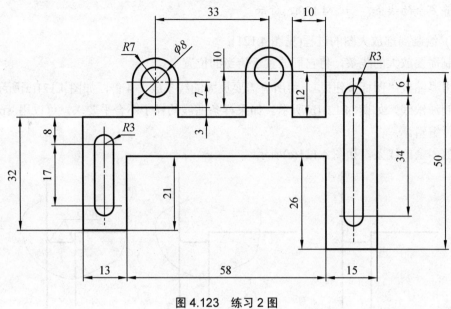

图4.123 练习2图

4.6 绘制平面图实例(六)

绘制图4.124所示的图形。

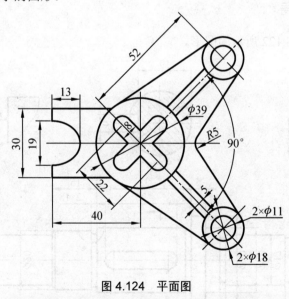

图4.124 平面图

4.6.1 图形分析

从图4.124可以看出，图中具有对称的结构，所以绘图的过程中会用到"镜像"命令。图中的"十"字结构可以用"对齐"命令放置。图中的椭圆弧需要用到"椭圆"命令。

4.6.2 本题知识点

1. 用 ROTATE 命令旋转

1) 功能

该命令将选中的实体绕指定的基点(即旋转中心)进行旋转。

2) 输入命令

- 从工具栏中单击："旋转"按钮 。
- 从下拉菜单选取："修改"→ 旋转(R) 。
- 从键盘输入：ROTATE。

3) 命令的操作

(1) 给旋转角方式(默认项)：以图 4.125 所示为例。

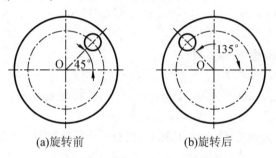

(a)旋转前   (b)旋转后

图 4.125 给旋转角方式旋转示例

命令：_rotate↵
UCS 当前的正角方向：ANGDIR=逆时针　ANGBASE=0
选择对象：找到 1 个(选择中心线)
选择对象：找到 1 个,总计 2 个(选择圆)
选择对象：↵(按 Enter 键结束选择)
指定基点：(给基点"O")
指定旋转角度,或[复制(C)/参照(R)]<30>：90↵(给旋转角度后,选中的实体将绕基点"O"按指定旋转角度旋转)

(2) 参照方式：以图 4.126 所示为例。

命令：_rotate↵
UCS 当前的正角方向：ANGDIR=逆时针　ANGBASE=0
选择对象：找到 1 个(选择圆)
选择对象：↵(按 Enter 键结束选择)
指定基点：(给基点"O")
指定旋转角度,或[复制(C)/参照(R)]<45>：r↵(选参照方式)
指定参照角<45>：指定第二点：(先指定点"O",然后指定点"2")
指定新角度或[点(P)]<90>：(指定点"1")
输入参考角度及新角度后,选中的实体即绕基点"O"旋转到点"1"确定的新位置。

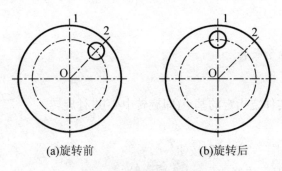

图 4.126　参照方式旋转

(3) 复制方式：以图 4.127 所示为例。

命令：_rotate↵
UCS 当前的正角方向：ANGDIR=逆时针　ANGBASE=0
选择对象：找到 1 个(选择圆)
选择对象：(按 Enter 键结束选择)
指定基点：(给基点"O")
指定旋转角度，或[复制(C)/参照(R)]<30>：C↵(选择复制方式)
旋转一组选定对象。
指定旋转角度，或[复制(C)/参照(R)]<30>：135↵(旋转到 135°的位置，并且保留原对象)

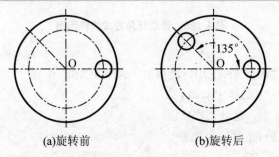

图 4.127　复制方式旋转

2. 对齐

1) 功能

该命令用作在二维和三维空间中将对象与其他对象对齐。

2) 输入命令

命令行输入：align

3) 命令的操作

下面以图 4.128 为例说明对齐命令的应用。输入命令，命令行提示：

命令：align↵
选择对象：(选定矩形)
选择对象：(按 Enter 键结束选择)

指定第一个源点：<对象捕捉 开>(指定点"1")
指定第一个目标点：(指定点"3")
指定第二个源点：(指定点"2")
指定第二个目标点：(指定点"4")
指定第三个源点：按 Enter 键
根据对齐点缩放对象[是(Y)/否(N)]<否>：(输入"y"或按 Enter 键)

(a)原对象　　　　　　(b)缩放对象　　　　　　(c)不缩放对象

图 4.128　对齐

3. 用 ELLIPSE 命令画椭圆

1) 功能

该命令可按指定方式创建椭圆或椭圆弧。AutoCAD 提供了 3 种画椭圆的方式，即轴端点方式、椭圆心方式和旋转角方式。

2) 输入命令
- 从"绘图"工具栏中单击："椭圆"按钮。
- 从下拉菜单选取："绘图"→ 椭圆(E)。
- 从键盘输入：ELLIPSE。

3) 命令的操作

(1) 轴端点方式(默认项)。该方式用定义椭圆的一个轴和另一条半轴长度画一个椭圆。以图 4.129 为例，其操作如下：

命令：_ellipse
指定椭圆的轴端点或[圆弧(A)/中心点(C)]：(给第"1"点)
指定轴的另一个端点：(给该轴上第"2"点)
指定另一条半轴长度或[旋转(R)]：(给第"3"点定另一半轴长或者直接输入数值)

(2) 椭圆心方式。该方式用指定椭圆心和椭圆两半轴的长度画一个椭圆。以图 4.130 为例，其操作如下：

命令：_ellipse
指定椭圆的轴端点或[圆弧(A)/中心点(C)]：C
指定椭圆的中心点：(给椭圆心"O")
指定轴的端点：(给轴端点"1"或其半轴长)
指定另一条半轴长度或[旋转(R)]：(给轴端点"2"或其半轴长)

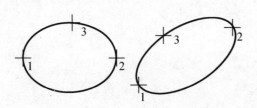

图 4.129　用轴端点方式画椭圆　　　　图 4.130　用椭圆心方式画椭圆

(3) 旋转角方式。该方式是先定义椭圆一个轴的两个端点，然后指定一个旋转角度来画椭圆。在绕长轴旋转时，旋转的角度就定义了椭圆长轴与短轴的比例。旋转角度值越大，长轴与短轴的比值越大。如果旋转角度为"0"，则 AutoCAD 只画一个圆。以图 4.131 为例，其操作如下：

> 命令：_ellipse↵
> 指定椭圆的轴端点或[圆弧(A)/中心点(C)]：(给第"1"点)
> 指定轴的另一个端点：(给该轴上第"2"点)
> 指定另一条半轴长度或[旋转(R)]：R↵
> 指定绕长轴旋转的角度：30↵(给旋转角 30°或 60°)

(4) 按以上方式之一画出椭圆并取其一部分。以图 4.132 为例，其操作如下：

> 命令：_ellipse↵
> 指定椭圆的轴端点或 [圆弧(A)/中心点(C)]：_a↵(或从"绘图"工具栏中单击"椭圆弧"按钮)
> 指定椭圆弧的轴端点或[中心点(C)]：(给"1"点)
> 指定轴的另一个端点：(给"2"点)
> 指定另一条半轴长度或[旋转(R)]：(给"3"点)
> 指定起始角度或[参数(P)]：(给"4"点)
> 指定终止角度或[参数(P)/包含角度(I)]：(给"5"点。椭圆弧从起点到端点按逆时针方向绘制。)

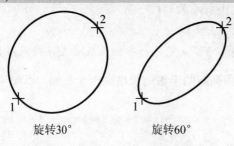

图 4.131　用旋转角方式画椭圆　　　　图 4.132　用圆弧选项画部分椭圆示例

4. 用 LENGTHEN 命令拉长

该命令可将选中的实体按指定的方式拉长或缩短到给定的长度。在操作该命令时，只能用直接点取方式来选择实体，且一次只能选择一个实体。

1) 输入命令
- 从工具栏中单击:"拉长"按钮 。
- 从下拉菜单选取:"修改"→"拉长"。
- 从键盘输入:LENGTHEN。

2) 命令的操作

输入命令后,命令行提示:

命令: _lengthen↵
选择对象或[增量(DE)/百分数(P)/全部(T)/动态(DY)]:

各选项的含义如下。

(1) 对象选择。显示对象的长度和包含角(如果对象有包含角)。

(2) 增量(DE)。以指定的增量修改对象的长度或角度,该增量从距离选择点最近的端点处开始测量。正值扩展对象,负值修剪对象。输入"DE",命令行提示:

输入长度增量或[角度(A)]<当前>: (指定距离、输入 a 或按 Enter 键)

① 长度增量。
以指定的增量修改对象的长度。
② 角度。
以指定的角度修改选定圆弧的包含角。

(3) 百分数(P)。通过指定对象总长度的百分数设置对象长度。输入"P",命令行提示:

输入长度百分数<当前>: (输入非零正值或按 Enter 键)
选择要修改的对象或[放弃(U)]: (选择一个对象或输入 u)

提示将一直重复,直到按 Enter 键结束命令。变长或变短的效果总是产生在靠近选择对象时选择点的位置。

(4) 全部(T)。通过指定从固定端点测量的总长度(或角度)的绝对值来设置选定对象的长度。输入"T",命令行提示:

指定总长度或[角度(A)]<当前值>: (指定距离,输入非零正值,输入 a 或按 Enter 键)

① 总长度。将对象从离选择点最近的端点拉长(或压缩)到指定值。
② 角度。设置选定圆弧的包含角。

(5) 动态(DY)。打开动态拖动模式。通过拖动选定对象的端点之一来改变其长度。其他端点保持不变。输入"DY",命令行提示:

选择要修改的对象或[放弃(U)]: (选择一个对象或输入 u)

提示将一直重复,直到按 Enter 键结束命令。

绘制机械图时,要求中心线要比轮廓超出 2~5mm。下面以图 4.133 所示拉长圆的中心线为例,看该命令的常用操作过程。

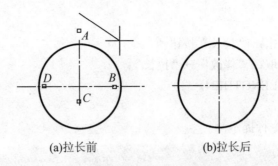

(a)拉长前　　　　　(b)拉长后

图 4.133　拉长的示例

```
命令：_lengthen↵
选择对象或[增量(DE)/百分数(P)/全部(T)/动态(DY)]：dy↵
选择要修改的对象或[放弃(U)]：(单击中心线要拉长的"A"端)
指定新端点：(拖动鼠标，观察所选实体的长度是否达到要求，当长度恰当时，单击鼠标确定)
选择要修改的对象或[放弃(U)]：(单击中心线要拉长的"B"端)
指定新端点：(拖动鼠标，修改长度)
选择要修改的对象或[放弃(U)]：(单击中心线要拉长的"C"端)
指定新端点：(拖动鼠标，修改长度)
选择要修改的对象或[放弃(U)]：(单击中心线要拉长的"D"端)
指定新端点：(拖动鼠标，修改长度)
选择要修改的对象或[放弃(U)]：*取消*
```

4.6.3　绘图步骤

具体的绘图步骤如下：

(1) 用样板文件"A4 样板文件"创建一张新的图纸。

(2) 设置"中心线"图层为当前图层。打开"正交"，设置"端点"、"圆心"和"交点"3 种固定捕捉模式，并将"固定对象捕捉"打开。

(3) 将"中心线"图层设为当前图层，用"直线"命令绘制中心线，如图 4.134 所示。

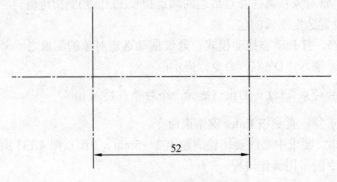

图 4.134　绘制中心线

(4) 将"粗实线"图层设为当前图层，绘制图 4.135 所示的圆。

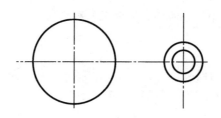

图 4.135　绘制圆

(5) 将鼠标放在状态栏的 ▢ 按钮上，右击，在弹出的菜单中选择 ⊙ 切点 选项，将"捕捉到切点"设为"固定对象捕捉"。注意：此时还需要将 ⊙ 圆心 关闭。

① 用"直线"命令绘制两圆的切线，如图 4.136 所示。

② 用"偏移"命令绘制图 4.136 所示的直线，具体操作如下：

命令：_offset↵
当前设置：删除源=否　图层=源　OFFSETGAPTYPE=0
指定偏移距离或[通过(T)/删除(E)/图层(L)]<52.0000>：L↵
输入偏移对象的图层选项[当前(C)/源(S)]<源>：c↵
指定偏移距离或[通过(T)/删除(E)/图层(L)]<52.0000>：2.5↵
选择要偏移的对象，或[退出(E)/放弃(U)]<退出>：(选取中心线)
指定要偏移的那一侧上的点，或[退出(E)/多个(M)/放弃(U)]<退出>：(在中心线上方单击)
选择要偏移的对象，或[退出(E)/放弃(U)]<退出>：(选取中心线)
指定要偏移的那一侧上的点，或[退出(E)/多个(M)/放弃(U)]<退出>：(在中心线下方单击)
选择要偏移的对象，或[退出(E)/放弃(U)]<退出>：(按 Enter 键)

(6) 用"修剪"命令剪切图 4.136 中的偏移出来的直线，修剪后如图 4.137 所示。

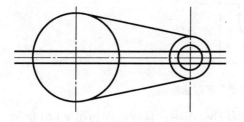

图 4.136　直线的绘制

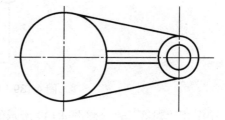

图 4.137　修剪后

(7) 旋转操作：

命令：_rotate↵
UCS 当前的正角方向：ANGDIR=逆时针　ANGBASE=0
选择对象：指定对角点：找到 8 个(如图 4.138(a)所示选择对象)
选择对象：↵
指定基点：(指定大圆的圆心)
指定旋转角度，或[复制(C)/参照(R)]<0>：-45↵(输入角度，效果如图 4.138(b)所示)
命令：_rotate (按空格键重复命令)
UCS 当前的正角方向：ANGDIR=逆时针　ANGBASE=0

选择对象：p↵(输入"p"，选择上次选定的对象)
找到 8 个
选择对象：↵
指定基点：(指定大圆的圆心)
指定旋转角度，或[复制(C)/参照(R)]<315>：c↵
旋转一组选定对象。
指定旋转角度，或[复制(C)/参照(R)]<315>：90↵(输入角度，效果如图 4.138(c)所示)

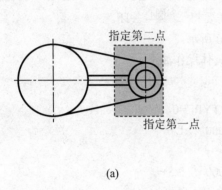
(a)

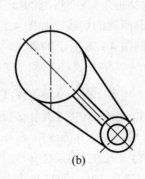
(b)

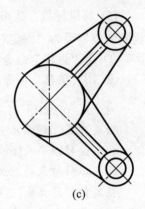
(c)

图 4.138　旋转

(8) 在任意的位置绘制如图 4.139 所示的图形。

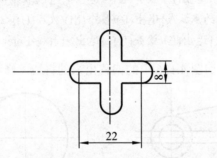

图 4.139　绘制"十"字形结构

(9) 用"对齐"命令将图 4.139 所示的图形移动到图中，具体过程如图 4.140 所示。

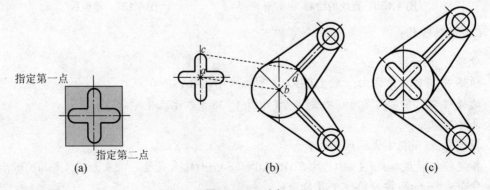

图 4.140　对齐

```
命令: align↵
选择对象: 指定对角点: 找到 12 个(如图 4.140(a)所示选择对象)
选择对象: ↵(按 Enter 键结束选择)
指定第一个源点: (选择点"a",如图 4.140(b)所示)
指定第一个目标点: (选择点"b")
指定第二个源点: (选择点"c")
指定第二个目标点: (选择点"d")
指定第三个源点或<继续>: ↵
是否基于对齐点缩放对象? [是(Y)/否(N)<否>: ↵(效果如图 4.140(a)所示)
```

(10) 绘制中心线,用"偏移"命令绘制图 4.141 所示的线条。

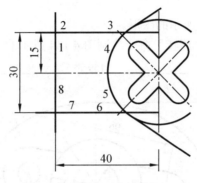

图 4.141 绘制轮廓线

(11) 倒半径为"0"的圆角。

```
命令: FILLET↵
当前设置: 模式=修剪,半径=5.0000
选择第一个对象或[放弃(U)/多段线(P)/半径(R)/修剪(T)/多个(M)]: r↵
指定圆角半径<5.0000>: 0↵(输入"0")
选择第一个对象或[放弃(U)/多段线(P)/半径(R)/修剪(T)/多个(M)]: m↵
选择第一个对象或[放弃(U)/多段线(P)/半径(R)/修剪(T)/多个(M)]: (单击点"1")
选择第二个对象,或按住 Shift 键选择要应用角点的对象: (单击点"2")
顺次单击点"3"、"4"、"5"、"6"、"7"和"8"。
```

(12) 用 ⌒ 命令绘制椭圆弧,如图 4.142 所示。

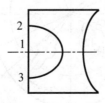

图 4.142 绘制椭圆弧

```
命令: _ellipse↵
指定椭圆的轴端点或[圆弧(A)/中心点(C)]: _a
```

```
指定椭圆弧的轴端点或[中心点(C)]: c↵
指定椭圆弧的中心点: (指定点"1")
指定轴的端点: 13↵(用鼠标指定方向后,输入"13")
指定另一条半轴长度或[旋转(R)]: 9.5↵
指定起始角度或[参数(P)]: (指定点"3")
指定终止角度或[参数(P)/包含角度(I)]: (指定点"2")
```

(13) 修剪图 4.142 中多余的线条;倒 $R5$ 的圆角。

(14) 用"拉长"命令(建议用"动态"选项)调整中心线的长度。

(15) 整理图形,保存文件。

4.6.4 上机实训与指导

练习 1:绘制如图 4.143 所示的图形。

练习 2:用"对齐"、"旋转"命令绘制图 4.144 所示的图形。

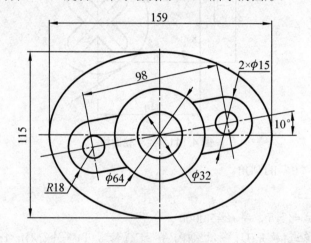

图 4.143 练习 1 图

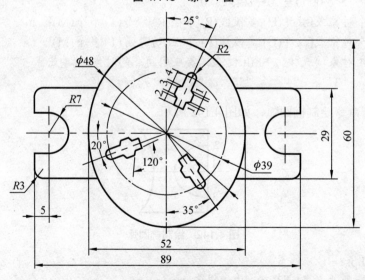

图 4.144 练习 2 图

4.7 绘制平面图实例(七)

绘制如图 4.145 所示的图形。

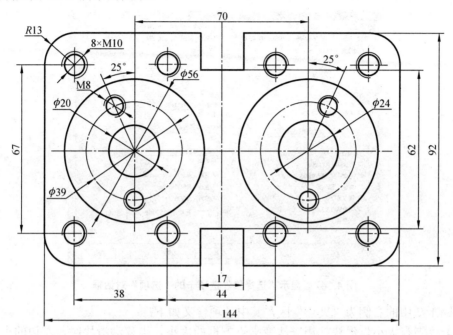

图 4.145 平面图

4.7.1 图形分析

从图 4.145 可以看出，图中除 $\phi 20$ 和 $\phi 24$ 的圆外，其他都是对称的结构。本例主要是运用夹点编辑的方式进行绘图，进而掌握夹点的应用。

4.7.2 本题知识点

1. 夹点的概念

夹点是一种集成的编辑模式，使用夹点可以对实体进行拉伸、移动、旋转、缩放及镜像操作。

默认情况下，AutoCAD 的夹点编辑方式是打开的。当用户选择实体后，一些小方框出现在实体的特定点上，这些小方框就实体的夹点，这些夹点是实体本身的一些特征点，也可以称为关键点，如图 4.146 所示。

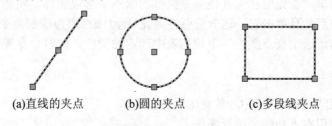

图 4.146 实体的夹点

如果对夹点进行相关的设置，可以用以下方式打开"选项"对话框中的"选择集"选项卡，然后进行相关的设置，如图 4.147 所示。
- 从键盘输入：Ddgrips。
- 从下拉菜单选取："工具"→"选项"(然后选择"选择集"选项卡)。

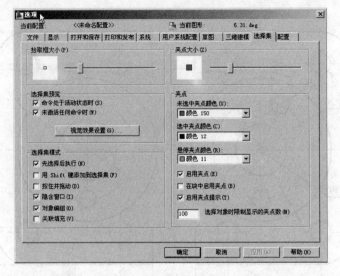

图 4.147　显示"选择集"选项卡的"选项"对话框

图 4.147 中的右侧为"夹点"区，其中各项含义如下：

(1)"夹点大小"滑块：用来改变夹点方框的大小。当移动滑块时，左边的小图标会显示当前夹点方框的大小。

(2)"未选中夹点颜色"下拉列表：用来改变夹点的颜色。

(3)"选中夹点颜色"下拉列表：用来改变夹点中基点(选中后的基点)的颜色。

(4)"悬停夹点颜色"下拉列表：用来改变光标移至某夹点上，但未确定时夹点的颜色。

(5)"启用夹点"开关：控制夹点的显示。如打开，将显示夹点，即打开夹点功能；如关闭，将不显示夹点，一般打开它。

(6)"在块中启用夹点"开关：控制图块中实体上夹点的显示。如打开，图块中所有实体的夹点都显示；如关闭，只有图块的插入点上的夹点显示，一般关闭它。

(7)"启用夹点提示"开关：控制使用夹点时相应文字提示的打开与关闭。

要关闭实体上显示的夹点，可按 Esc 键退出夹点编辑，也可从工具栏上单击其他命令按钮使其消失。

2. 夹点的功能

要使用夹点编辑，首先应在无其他命令执行的状态下选取实体，实体显示夹点，然后将光标对准任一夹点并且单击它，这个夹点将高亮显示(该点即为控制命令中的"基点")，该点的颜色显示为"选中夹点颜色"下拉列表中选定的颜色，同时命令提示行弹出一条控制命令与提示：

** 拉伸 **

指定拉伸点或[基点(B)/复制(C)/放弃(U)/退出(X)]:

此时就可以使用夹点功能来进行操作了。

进入夹点功能编辑的第一条控制命令是"拉伸"命令，若不进行此操作，可单击鼠标右键，弹出一个快捷菜单，从中选取所需要的控制命令，如图 4.148 所示。也可以直接按 Enter 键，AutoCAD 将弹出下一条控制命令，连续按 Enter 键，将依次弹出下列控制命令。

```
命令：
** 拉伸 **
指定拉伸点或[基点(B)/复制(C)/放弃(U)/退出(X)]: ↵
** 移动 **
指定移动点或[基点(B)/复制(C)/放弃(U)/退出(X)]: ↵
** 旋转 **
指定旋转角度或[基点(B)/复制(C)/放弃(U)/参照(R)/退出(X)]: ↵
** 比例缩放 **
指定比例因子或[基点(B)/复制(C)/放弃(U)/参照(R)/退出(X)]: ↵
** 镜像 **
指定第二点或[基点(B)/复制(C)/放弃(U)/退出(X)]:
```

- 选择"基点"后，用右键菜单选项操作更简便。

图 4.148 "夹点"功能右键快捷菜单

以上 5 个命令的运用，与前边所述的相同编辑命令的操作基本相同。不同的是每个控制命令的提示行中又多了几个共有的选项，其含义如下：

- "B"选项：设定新基点的位置。
- "U"选项：用来撤销该命令中最后一次的操作。
- "X"选项：命令结束。
- "C"选项：使选中的控制命令在提示行中重复出现，可对同一选中的实体实现多次复制性控制操作。

4.7.3 绘图步骤

具体的绘图步骤如下：

(1) 用样板文件"A4 样板文件"创建一张新的图纸。

(2) 设置"中心线"图层为当前图层。打开"正交",设置"端点"、"圆心"和"交点"3 种固定捕捉模式,并将"固定对象捕捉"打开。

(3) 将"中心线"图层设为当前图层,用"直线"命令绘制中心线,如图 4.149 所示。

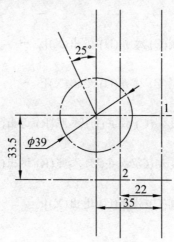

图 4.149　绘制中心线

(4) 将"粗实线"图层设为当前图层,用"直线"命令绘制图 4.150 所示轮廓线。

命令: _line 指定第一点: _from 基点: <偏移>: 31↵(单击"直线"命令按钮，然后同时按住 Shift 键和右击,在弹出的菜单中选择 自(F)选项,再单击点"1",在正交状态下用鼠标导向向下,输入距离数值"31")

指定下一点或[放弃(U)]: 8.5↵(在正交状态下用鼠标导向向左,输入距离数值"8.5")

指定下一点或[放弃(U)]: 15↵(在正交状态下用鼠标导向向下,输入距离数值"15")

指定下一点或[闭合(C)/放弃(U)]: _from 基点: 8.5↵(按住 Shift 键和右击,在弹出的菜单中选择 自(F)选项,在正交状态下用鼠标导向向右,输入距离数值"8.5")

<偏移>: 72↵(在正交状态下用鼠标导向向左,输入距离数值"72")

指定下一点或[闭合(C)/放弃(U)]: 46↵(在正交状态下用鼠标导向向上,输入距离数值"46")

指定下一点或[闭合(C)/放弃(U)]: ↵(按 Enter 键结束命令)

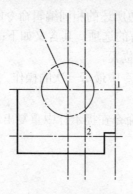

图 4.150　绘制轮廓线

(5) 将图 4.150 所示轮廓线倒 R13 的圆角，绘制 M10 的螺纹孔，如图 4.151 所示。

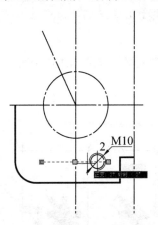

图 4.151 绘制螺纹孔

(6) 单击螺纹孔的水平中心线，显示其夹点，如图 4.151 所示，单击左边的的点使其作为基点，命令提示区出现提示行：

** 拉伸 **
指定拉伸点或[基点(B)/复制(C)/放弃(U)/退出(X)]：

此时，在正交状态下，将鼠标在距离螺纹孔的轮廓线 2～5mm 处单击，从而修改中心线的长度。另一中心线的修改方式相同。修改完成后，按 Esc 键退出夹点编辑。

(7) 复制螺纹孔：

① 在"命令："状态下选取图 4.151 所示的螺纹孔，如图 4.152(a)所示。

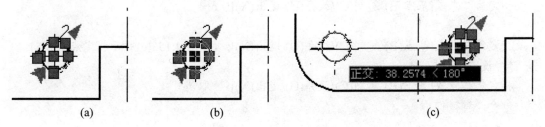

图 4.152 夹点复制操作

② 选取一点作为"基点"，如图 4.152(b)所示。
此时命令行提示：

** 拉伸 **
指定拉伸点或[基点(B)/复制(C)/放弃(U)/退出(X)]：↵(按 Enter 键)
** 移动 **
指定移动点或[基点(B)/复制(C)/放弃(U)/退出(X)]：c↵(选择复制方式)
** 移动 (多重) **
指定移动点或[基点(B)/复制(C)/放弃(U)/退出(X)]：38↵(正交状态下鼠标导向向左，输入距离"38"，如图 4.152(c)所示)
** 移动 (多重) **

指定移动点或[基点(B)/复制(C)/放弃(U)/退出(X)]: *取消*
命令: *取消*(按 Esc 键两次退出夹点编辑)

(8) 夹点镜像操作:
① 在"命令:"状态下选取对象,如图 4.153(a)所示。

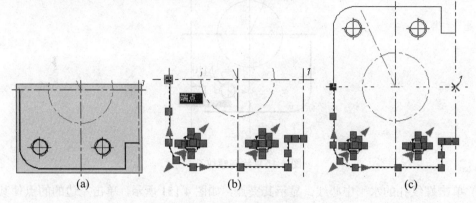

图 4.153　夹点复制操作

② 选取一点作为"基点",如图 4.153(b)所示。
此时命令行提示:

** 拉伸 **
指定拉伸点或[基点(B)/复制(C)/放弃(U)/退出(X)]: _mirror(从右键菜单中选择"镜像"选项)
** 镜像 **
指定第二点或[基点(B)/复制(C)/放弃(U)/退出(X)]: c↵
** 镜像 (多重) **
指定第二点或[基点(B)/复制(C)/放弃(U)/退出(X)]: (如图 4.153(c)所示指定点"1")
** 镜像 (多重) **
指定第二点或[基点(B)/复制(C)/放弃(U)/退出(X)]: *取消*
命令: *取消*

(9) 绘制 M8 的螺纹孔:
① 复制。单击 M10 螺纹孔的整圆和 3/4 圆弧,单击圆心作为基点,此时命令行提示:

** 拉伸 **
指定拉伸点或[基点(B)/复制(C)/放弃(U)/退出(X)]: c↵(输入 c)
** 拉伸 (多重) **
指定拉伸点或[基点(B)/复制(C)/放弃(U)/退出(X)]: (对象捕捉 M8 的圆心位置)
** 拉伸 (多重) **
指定拉伸点或[基点(B)/复制(C)/放弃(U)/退出(X)]: *取消*(复制出来后,按 Esc 键退出)

② 缩放。在"命令:"状态下选取对象,如图 4.154(a)所示。选取一点作为"基点",如图 4.154(b)所示。

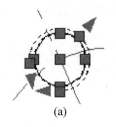 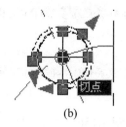 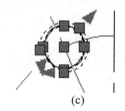

(a)　　　　　　　　　　(b)　　　　　　　　　　(c)

图 4.154　夹点缩放操作

此时命令行提示：

命令：
** 拉伸 **
指定拉伸点或[基点(B)/复制(C)/放弃(U)/退出(X)]：_scale(从右键菜单中选择"缩放"选项)
** 比例缩放 **
指定比例因子或[基点(B)/复制(C)/放弃(U)/参照(R)/退出(X)]：0.8↵
命令：*取消*

(10) 旋转复制 M8 的螺纹孔：

① 在"命令："状态下选取对象，如图 4.155(a)所示。
② 选取一点作为"基点"，如图 4.155(b)所示。

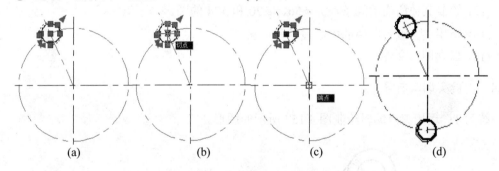

(a)　　　　　(b)　　　　　(c)　　　　　(d)

图 4.155　旋转复制 M8 的螺纹孔

此时命令行提示：

命令：
** 拉伸 **
指定拉伸点或[基点(B)/复制(C)/放弃(U)/退出(X)]：_rotate↵(从右键菜单中选择"旋转"选项)
** 旋转 **
指定旋转角度或[基点(B)/复制(C)/放弃(U)/参照(R)/退出(X)]：b↵(改变基点的位置)
指定基点：(如图 4.155(c)所示选择圆心为新的基点)
** 旋转 **
指定旋转角度或[基点(B)/复制(C)/放弃(U)/参照(R)/退出(X)]：c↵
** 旋转 (多重) **

指定旋转角度或[基点(B)/复制(C)/放弃(U)/参照(R)/退出(X)]: 155↵(实现旋转复制,如图 4.155(d)所示)

** 旋转 (多重) **

指定旋转角度或[基点(B)/复制(C)/放弃(U)/参照(R)/退出(X)]: *取消*

命令: *取消*

(11) 运用夹点镜像图形,过程如图 4.156 所示。具体步骤如下:

① 在"命令:"状态下选取对象,如图 4.156(a)所示。

② 选取点作为"基点",如图 4.156(b)所示。

③ 镜像实体,如图 4.156(c)所示。

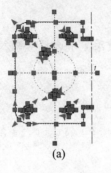 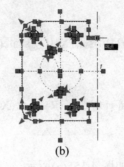 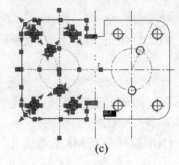

(a) (b) (c)

图 4.156 镜像图形

(12) 绘制其他所需的线条,如 $\phi 56$、$\phi 20$ 和 $\phi 24$ 的圆。

(13) 运用夹点编辑图中的中心线的长度。

(14) 保存图形文件。

4.7.4 上机实训与指导

练习 1:运用夹点编辑绘制图 4.157 所示的图形。

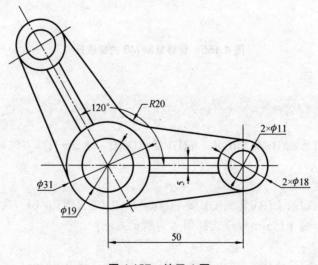

图 4.157 练习 1 图

练习 2：运用夹点编辑绘制如图 4.158 所示的图形。

图 4.158 提示：圆弧 R5、R20 和 R10，均要用"倒圆"命令绘出。

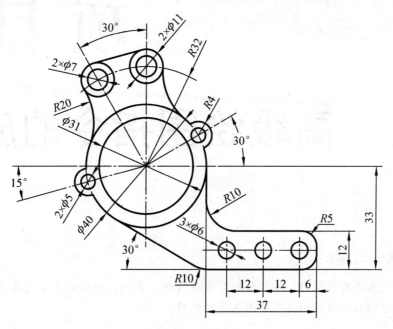

图 4.158　练习 2 图

项 目 小 结

本项目以 7 个平面图形的绘制为例，详细地讲述了平面图形绘制的一般过程和绘图时用到的绘图、编辑、图层等功能。三视图是由平面图形构成的，所以本章是学习绘制机械图形的重点。学习过程中，要通过多绘图，多做练习，不断地熟悉和掌握平面图形绘制的技巧，最终达到灵活运用的目的，提高绘图的速度。还要提示的一点是，绘图前，一定要对图形的尺寸进行分析，以确定绘图的先后顺序，最终达到精确、灵活地绘制图形。

项目 5

高级绘图指令的应用

学习目标

通过本项目的学习,学生能够掌握多段线、多线、面域和布尔运算等命令,它们会起到补充绘图和提高绘图速度的作用。

学习要求

① 熟练掌握用 PLINE 命令画多段线及其编辑。
② 掌握圆环的绘制。
③ 掌握面域的应用,包括面域的概念、面域的布尔运算。了解面域的数据提取。
④ 了解点命令、用 MLINE 命令画多线及其编辑、修订云线和绘制等宽线。

项目导读

高级绘图指令主要包括多段线、样条曲线、剖面线、多线、修订云线以及表格等机械制图中比较常见的命令。相对于一般的绘图指令来说,高级绘图指令绘制的实体较为复杂。在本项目中,将学习其中的几个,其余的将在其他的相关项目中学习。

项目 5 高级绘图指令的应用

5.1 图案设计实例

绘制图 5.1 所示的图形。通过该图案的绘制,掌握多段线的应用。

5.1.1 图形分析

从图 5.1 可以看出,该图案是由带有宽度的圆弧组成的,用"圆弧"命令是不够的,必须用到"多段线"命令。具体的做法是画出一个花瓣的一半后镜像得到一个完整的花瓣,然后阵列即可。

图 5.1 花瓣图案

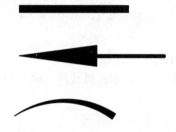

图 5.2 用 PLINE 命令画线示例

5.1.2 本题知识点

用 PLINE 命令画多段线。

1. 功能

在 AutoCAD 中,"多段线"是一种非常有用的线段对象,它是由多段直线段或圆弧段组成的一个组合体,既可以一起编辑,也可以分别编辑,还可以具有不同的宽度。在三维实体造型中应用最多,效果如图 5.2 所示。

2. 输入命令

- 从工具栏中单击:"多段线"按钮 。
- 从下拉菜单选取:"绘图"→"多段线"。
- 从键盘输入:PL。

3. 命令的操作

命令:_pline↵
指定起点:(指定一个点作为起点)
当前线宽为 0.0000
指定下一个点或[圆弧(A)/半宽(H)/长度(L)/放弃(U)/宽度(W)]:(指定点)
指定下一点或[圆弧(A)/闭合(C)/半宽(H)/长度(L)/放弃(U)/宽度(W)]:(指定点或选项)

注:上行称为直线方式提示行。
(1) 直线方式提示行各选项含义:
- 给点(默认项):所给点是直线的另一端点,给点后仍出现直线方式提示行,可继续给点画直线或按 Enter 键结束命令。与 LINE 命令操作类似。
- "C"选项:同 LINE 命令的同类选项,使终点与起点相连并结束命令。
- "W"选项:可改变当前线宽。

133

- 输入"W"选项后，出现提示行：

指定起始线宽<0.00>: (给起始线宽)
指定终点线宽<1.00>: (给终点线宽)

给线宽后仍出现直线方式提示行。

如起始线宽与终点线宽相同，画等宽线；如起始线宽与终点线宽不同，所画第一条线为不等宽线，后续线段将按终点线宽画等宽线。
- "H"选项：按线宽的一半指定当前线宽(同"W"操作)。
- "U"选项：在命令中擦去最后画出的那条线。
- "L"选项：可输入一个长度值，按指定长度延长上一条直线。
- "A"选项：使 PLINE 命令转入画圆弧方式。

输入"A"选项后，出现圆弧方式提示行：

指定圆弧的端点或[角度(A)/圆心(CE)/闭合(CL)/方向(D)/半宽(H)/直线(L)/半径(R)/第二个点(S)/放弃(U)/宽度(W)]: (给点或选项)

(2) 圆弧方式提示行各选项含义：
- 给点(默认项)：所给点是圆弧的终点。弧线段与多段线的上一段相切。
- "A"选项：输入所画圆弧的包含角。输入正数将按逆时针方向创建弧线段。输入负数将按顺时针方向创建弧线段。
- "CE"选项：可指定所画圆弧的圆心。
- "CL"选项：从指定的最后一点到起点绘制弧线段，从而创建闭合的多段线。
- "D"选项：指定所画圆弧起点的切线方向。
- "L"选项：返回画直线方式，出现直线方式提示行。
- "R"选项：指定所画圆弧的半径。
- "S"选项：指定按三点方式画弧的第二个点。

特别提示

- 用 PLINE 命令画圆弧与 ARC 命令画圆弧思路相同，可根据需要从提示中选定 3 个条件(包括起始点)即可画出一段圆弧。
- 在执行同一次 PLINE 命令中所画各线段是一个实体。
- 当多段线的宽度大于 0 时，若要封闭图形，需要选择"闭合"选项。否则，即使输入的数值与起点重合，画出的图形也有出口，效果如图 5.3 所示。
- 有一定线宽的多段线内部的填充方式取决于 FILL 命令的当前设置，效果如图 5.3 所示。
- 在命令行输入 FILL 命令：

输入模式[开(ON)/关(OFF)]<关>: (输入 on 或 off，或按 Enter 键。输入 on 表示将要填充多段线；输入 off 表示将不填充多段线。)

 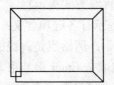

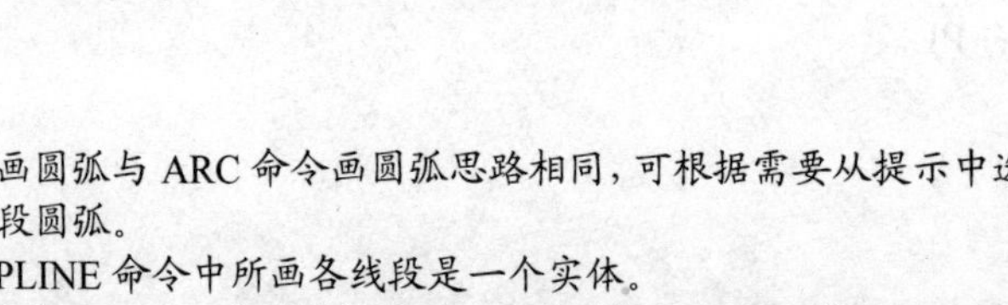

(a)用闭合选项画的矩形(on)　　　(b)用尺寸画出的矩形(off)

图 5.3　多段线不同封闭方法的区别

5.1.3 绘图步骤

具体的绘图步骤如下：

(1) 用样板文件"A4样板文件"创建一张新的图纸。

(2) 设置"中心线"图层为当前图层。打开"正交"，设置"端点"、"圆心"和"交点"3种固定捕捉模式，并将"固定对象捕捉"打开。用"直线"命令绘制中心线。

(3) 将"粗实线"图层设为当前图层，绘制第一个花瓣。其步骤如下：

① 输入多段线命令，命令行提示：

命令：_pline↵
指定起点：(指定中心线的交点为起点)
当前线宽为 0.0000
指定下一个点或[圆弧(A)/半宽(H)/长度(L)/放弃(U)/宽度(W)]：w↵(改变线宽)
指定起点宽度<5.0000>：0↵
指定端点宽度<0.0000>：7↵
指定下一个点或[圆弧(A)/半宽(H)/长度(L)/放弃(U)/宽度(W)]：a↵(画圆弧)
指定圆弧的端点或[角度(A)/圆心(CE)/方向(D)/半宽(H)/直线(L)/半径(R)/第二个点(S)/放弃(U)/宽度(W)]：d↵
指定圆弧的起点切向：45↵
指定圆弧的端点：@75<0↵
指定圆弧的端点或[角度(A)/圆心(CE)/闭合(CL)/方向(D)/半宽(H)/直线(L)/半径(R)/第二个点(S)/放弃(U)/宽度(W)]： ↵(按Enter键)

结果如图 5.4 所示。

② 选择多段线圆弧相对于水平线做镜像。选择"镜像"，命令行的显示如下。

命令：_mirror↵
选择对象：找到 1 个(选取多段线圆弧)
选择对象：指定镜像线的第一点：指定镜像线的第二点：(选择中心线的上的两个点)
要删除源对象吗？[是(Y)/否(N)]<N>： ↵

结果如图 5.5 所示。

(4) 使用阵列命令进行多个对象的复制。选择下拉菜单"阵列"命令，在打开的"阵列"对话框中选择"环形阵列"选项，单击"中心点"按钮，回到屏幕单击中心线的交点；单击"选择对象"按钮，选择两半圆弧；在"方法和值"选项区中，选取"项目总数"为6，选取"填充角度"为360；启用"复制时旋转项目"复选框，单击"确定"按钮。结果如图 5.6 所示。

(5) 删除中心线，保存图形文件。

图 5.4 绘制多段线圆弧

图 5.5 镜像得出一个花瓣

图 5.6 阵列花瓣

5.1.4 上机实训与指导

练习 1：绘制图 5.7 所示的图形。

图 5.7 提示：该图是三菱汽车的标志，可以用多段线绘出。具体操作步骤如下。

输入"多段线"命令，命令行提示：

```
命令：_pline↵
指定起点：(指定起点)
当前线宽为 0.0000
指定下一个点或[圆弧(A)/半宽(H)/长度(L)/放弃(U)/宽度(W)]：w↵
指定起点宽度<0.0000>：↵
指定端点宽度<0.0000>：20↵
指定下一个点或[圆弧(A)/半宽(H)/长度(L)/放弃(U)/宽度(W)]：@17.32<-30↵
指定下一点或[圆弧(A)/闭合(C)/半宽(H)/长度(L)/放弃(U)/宽度(W)]：w↵
指定起点宽度<20.0000>：↵
指定端点宽度<20.0000>：0↵
指定下一点或[圆弧(A)/闭合(C)/半宽(H)/长度(L)/放弃(U)/宽度(W)]：@17.32<-30↵
指定下一点或[圆弧(A)/闭合(C)/半宽(H)/长度(L)/放弃(U)/宽度(W)]：↵
```

此时效果如图 5.8 所示，然后阵列即可。

图 5.7 练习 1 图   图 5.8 绘制一个菱形

练习 2：绘制图 5.9 所示的图形。

项目 5 高级绘图指令的应用

(a)照片

(b)平面图

图 5.9 练习 2 图

图 5.9 提示：该图是奔驰汽车的标志。绘图时不仅要用到"多段线"命令，还会用到"圆环"命令，可以通过以下方式输入"圆环"命令：
- 从下拉菜单选取："绘图"→ 圆环(D)。
- 命令行：donut。

圆环内部的填充方式取决于 FILL 命令的当前设置。

具体的绘图步骤如下。

① 绘制圆环。

命令：_donut↵
指定圆环的内径<53.0000>: 54↵
指定圆环的外径<60.0000>: ↵
指定圆环的中心点或<退出>: (指定一点作为中心)
指定圆环的中心点或<退出>: ↵

② 绘制多段线。

命令：_pline↵
指定起点: (捕捉到圆环中心)
当前线宽为 0.0000
指定下一个点或[圆弧(A)/半宽(H)/长度(L)/放弃(U)/宽度(W)]: w↵
指定起点宽度<0.0000>: 6↵
指定端点宽度<6.0000>: 0↵
指定下一个点或[圆弧(A)/半宽(H)/长度(L)/放弃(U)/宽度(W)]: @28.5<90↵
指定下一点或[圆弧(A)/闭合(C)/半宽(H)/长度(L)/放弃(U)/宽度(W)]: ↵

③ 阵列图形。

5.2 绘制平面图实例(一)

绘制图 5.10 所示的图形。通过该图案的绘制，掌握多段线的编辑。

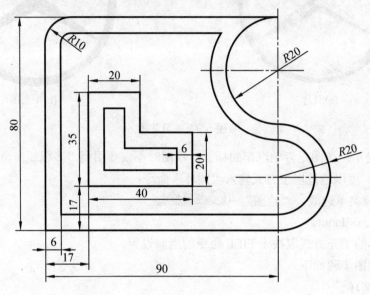

图 5.10 平面图

5.2.1 图形分析

从图 5.10 可以看出，该图是由直线和圆弧组成的，用学过的命令完全可以画出来，但是如果用新的编辑命令绘制，可以更简单、方便地绘出。

5.2.2 本题知识点

用 PEDIT 命令编辑多段线。

1. 功能

该命令可用来编辑多段线，并执行几种特殊的编辑功能以处理多段线的特殊属性。

2. 输入命令

- 从下拉菜单选取："修改"→"对象"→ 多段线(P)。
- 从键盘输入：PEDIT。

3. 命令的操作

命令: _pedit 选择多段线或[多条(M)]:
输入选项
[闭合(C)/合并(J)/宽度(W)/编辑顶点(E)/拟合(F)/样条曲线(S)/非曲线化(D)/线型生成(L)/放弃(U)]:
各选项的含义如下。

- "C"选项：创建多段线的闭合线段，连接最后一条线段与第一条线段。
- "J"选项：将头尾相连的直线、圆弧或多段线连成一条多段线。
- "W"选项：改变多段线线宽。
- "E"选项：针对多段线某一顶点作编辑。
- "F"选项：将多段线修成通过顶点的平滑曲线。
- "S"选项：使用选定多段线的顶点作为近似B样条曲线的曲线控制点或控制框架。
- "D"选项：删除由拟合曲线或样条曲线插入的多余顶点，拉直多段线的所有线段。
- "L"选项：生成经过多段线顶点的连续图案线型。
- "U"选项：还原操作，可一直返回到PEDIT任务开始时的状态。

5.2.3 绘图步骤

具体的绘图步骤如下：

(1) 用样板文件"A4样板文件"创建一张新的图纸。

(2) 设置"中心线"图层为当前图层。打开"正交"，设置"端点"、"圆心"和"交点"3种固定捕捉模式，并将"固定对象捕捉"打开。用"直线"命令绘制中心线，如图5.11所示。

(3) 将"粗实线"图层设为当前图层，绘制外轮廓。其步骤如下：

① 输入"直线"命令，命令行提示：

命令：_line 指定第一点：(捕捉到点"1")

指定下一点或[放弃(U)]：90↵(在正交状态下用鼠标导向，输入距离"90")

指定下一点或[放弃(U)]：80↵(同上)

指定下一点或[闭合(C)/放弃(U)]：90↵(同上)

指定下一点或[闭合(C)/放弃(U)]：↵

效果如图5.12所示。

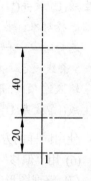

图5.11 绘制中心线

② 画圆，如图5.13所示。

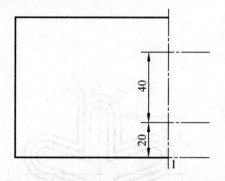

图5.12 绘制外轮廓线

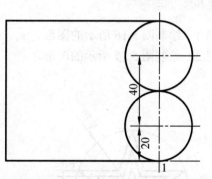

图5.13 绘制圆

③ 修剪多余的线条，并倒R10的圆角，效果如图5.14所示。

(4) 将"粗实线"图层设为当前图层，绘制内轮廓，效果如图5.15所示。

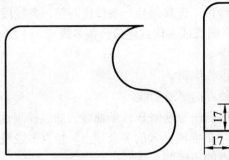
图 5.14 修剪外轮廓线

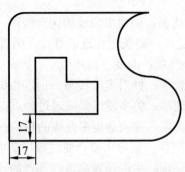
图 5.15 绘制内轮廓线

(5) 用 PEDIT 命令编辑多段线。

输入命令，命令行提示：

> 命令：_pedit↵(选择任一外轮廓线，然后输入命令)
> 选定的对象不是多段线
> 是否将其转换为多段线？<Y>↵
> 输入选项[闭合(C)/合并(J)/宽度(W)/编辑顶点(E)/拟合(F)/样条曲线(S)/非曲线化(D)/线型生成(L)/放弃(U)]：j↵
> 选择对象：找到 1 个，总计 5 个(逐一选择外轮廓对象)
> 选择对象：↵(按 Enter 键结束)
> 5 条线段已添加到多段线
> 输入选项[打开(O)/合并(J)/宽度(W)/编辑顶点(E)/拟合(F)/样条曲线(S)/非曲线化(D)/线型生成(L)/放弃(U)]：↵(按 Enter 键退出，此时外轮廓就变成多段线了)

使用同样的方法将内轮廓变为多段线。

(6) 用"偏移"命令将内、外轮廓线偏移距离"6"，就可得到所需图形，如图 5.10 所示。

(7) 整理图形，保存图形文件。

5.2.4 上机实训与指导

练习 1：绘制图 5.16 所示的图形。
练习 2：绘制图 5.17 所示的图形。

图 5.16 练习 1 图

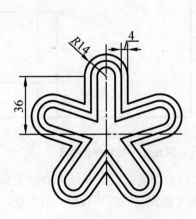
图 5.17 练习 2 图

图 5.17 的作图步骤提示如下：

① 绘制中心线，如图 5.18 所示。

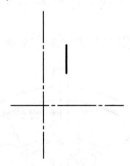

图 5.18　绘制中心线

② 绘制图 5.18 中的粗实线。将"粗实线"图层置为当前图层，输入"直线"命令。

命令：_line 指定第一点：_from 基点：<偏移>：@14,36↵(输入"直线"命令后，按住 Shift 键同时右击，在快捷菜单中选择 自(F) 选项，然后单击中心线的交点。然后输入"@14,36"绘出直线的上方的点)

指定下一点或[放弃(U)]：(正交状态下，鼠标向下指定任意点的位置即可)

指定下一点或[放弃(U)]：↵

③ 镜像图 5.18 中的粗实线，如图 5.19(a)所示。

将图 5.19(a)中的两粗实线倒圆角，如图 5.19(b)所示。

将图 5.19(b)中的粗实线阵列，如图 5.19(c)所示。

将图 5.19(c)中的粗实线倒 R0 的圆角，如图 5.19(d)所示。

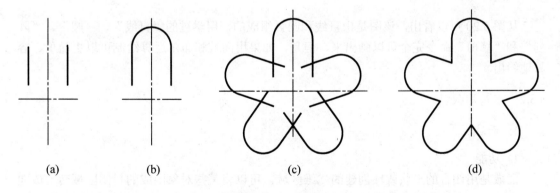

(a)　　　　(b)　　　　(c)　　　　(d)

图 5.19　绘制轮廓线

④ 修改图形的线条为多段线；偏移多段线。

5.3 绘制平面图实例(二)

绘制图 5.20 所示的图形。通过该图案的绘制,掌握面域和布尔运算。

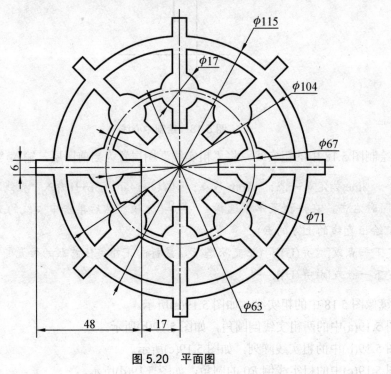

图 5.20 平面图

5.3.1 图形分析

从图 5.20 可以看出,该图是由直线和圆弧组成的,用学过的"直线"、"圆"、"阵列"和"修剪"命令完全可以画出来,但是,如果用面域和布尔运算绘制可以更简单、容易地绘出。

5.3.2 本题知识点

1. 面域

1) 功能

面域是用闭合的形状或环创建的二维区域。可以将某些对象围成的封闭区域转变成面域,这些封闭区域可以是由圆弧、圆、椭圆弧、椭圆、样条曲线、多段线、直线等围成的。该命令将包含封闭区域的对象转换为面域对象。

2) 输入命令
- 从下拉菜单选取:"绘图"→ 面域(N)。
- 从键盘输入:region。
- "绘图"工具栏中单击: 按钮。

3) 命令的操作

命令：_region
选择对象：指定对角点：找到 4 个(选取 4 个构成封闭区域的对象)
选择对象：(按 Enter 键结束选择)
已提取 1 个环。
已创建 1 个面域。

2. 面域的布尔运算

布尔运算包括并集、交集和差集。它是数学上的一种逻辑运算，在 AutoCAD 绘图中，能够极大地提高绘图的速度。需要注意的是，布尔运算的对象只包括实体和共面的面域，对于普通的线条对象不能运算。

1) 输入命令
- 从下拉菜单选取："修改"→"实体编辑"→ 并集(U)、差集(S)或交集(I)。
- 从键盘输入：union、subtract 或 intersect。

2) 命令的操作
以图 5.21 为例说明布尔运算的运用。

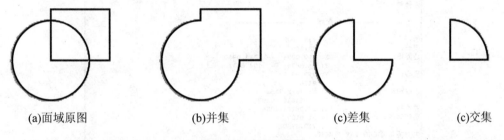

(a)面域原图　　(b)并集　　(c)差集　　(c)交集

图 5.21　布尔运算

命令：_union(并集)
选择对象：找到 1 个(选择圆)
选择对象：找到 1 个，总计 2 个(选择矩形)
选择对象：(按 Enter 键结束选择)
命令：_subtract 选择要从中减去的实体或面域...(差集)
选择对象：找到 1 个(选择圆)
选择对象：(按 Enter 键结束选择)
选择要减去的实体或面域...
选择对象：找到 1 个(选择矩形)
选择对象：(按 Enter 键结束选择)
命令：_intersect(并集)
选择对象：找到 1 个(选择圆)
选择对象：找到 1 个，总计 2 个(选择矩形)
选择对象：(按 Enter 键结束选择)

3. 面域的数据提取

面域除了具有一般图形对象的属性外,还具有作为面对象所具有的属性,其中一个重要的属性就是质量特性。可以通过相关的操作提取面域的有关数据。

1) 输入命令
- 从下拉菜单选取:"工具"→"查询"→ 面域/质量特性(M)。
- 从键盘输入:massprop。

2) 命令的操作

命令:_massprop↵
选择对象:找到 1 个
选择对象:(按 Enter 键结束选择)

选择对象后,系统自动切换到文本窗口,显示对象面域的质量特性数据。图 5.22 所示就是图 5.21 中"交集"图形的面域特性数据。还可以将分析结果写入文本文件保存起来。

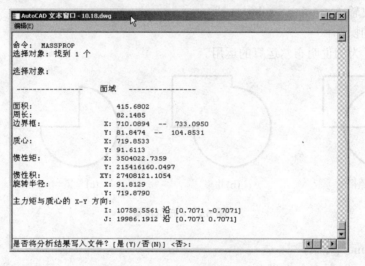

图 5.22 文本窗口

5.3.3 绘图步骤

具体的绘图步骤如下:

(1) 用样板文件"A4 样板文件"创建一张新的图纸。

(2) 设置"中心线"图层为当前图层。打开"正交",设置"端点"、"圆心"和"交点"3 种固定捕捉模式,并将"固定对象捕捉"打开。用"直线"命令绘制中心线,如图 5.23 所示。

(3) 将"粗实线"图层设为当前图层,绘制 4 个圆,如图 5.24 所示。

(4) 运用"偏移"命令和"圆"命令绘制图 5.25。

输入偏移命令后,命令行提示:

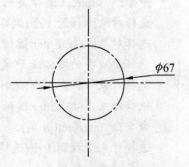

图 5.23 绘制中心线

命令：_offset↵
当前设置：删除源=否　图层=源　OFFSETGAPTYPE=0
指定偏移距离或[通过(T)/删除(E)/图层(L)]<4.5992>: L↵(选择图层选项)
输入偏移对象的图层选项[当前(C)/源(S)]<源>: c↵(选择"当前"选项，否则偏移出来的对象将是中心线的样式)

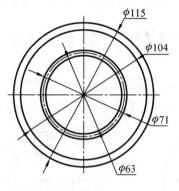

图 5.24　绘制圆

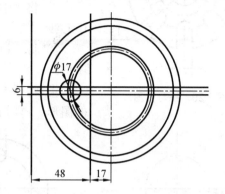

图 5.25　绘制矩形和圆

(5) 修剪图 5.25 中的多余线条，得到图 5.26。

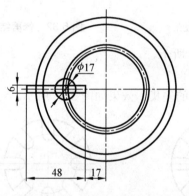

图 5.26　修剪后的图形

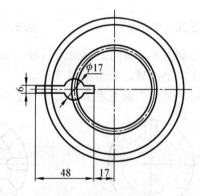

图 5.27　布尔运算之后

(6) 单击"绘图"工具栏中的"面域"按钮，将图中的 5 个粗实线圆转变为面域，将图中的矩形转变为面域。

(7) 对图 5.26 中的矩形和 ϕ17 的圆作并集运算；
将 ϕ115 的圆和 ϕ104 的圆作差集运算；
将 ϕ71 的圆和 ϕ63 的圆作差集运算。
效果如图 5.27 所示。

(8) 阵列图形，效果如图 5.28 所示。

(9) 将图 5.28 中的所有面域进行并集运算。

(10) 整理图形；保存文件。

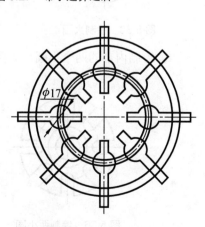

图 5.28　阵列

5.3.4 上机实训与指导

练习1：应用布尔运算绘制如图 5.29 所示的图形。

绘图步骤如下：

① 按照相关的内容创建图层。

② 将"中心线"设为当前图层，绘制如图 5.30 所示的中心线。

③ 将"粗实线"设为当前图层，绘制如图 5.31 所示的图形。

④ 将图 5.31 所示的图形进行修剪，得到如图 5.32 所示的图形。再用 region 命令，将上部的图形转变成面域。

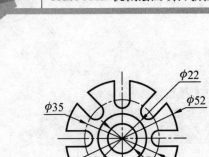

图 5.29 练习 1 图

图 5.30 中心线

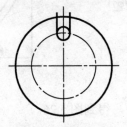

图 5.31 绘制图形

图 5.32 修剪结果

⑤ 绘制大圆，并将之转变为面域，如图 5.33 所示。

⑥ 阵列小面域，如图 5.34 所示。

⑦ 用"差集"命令求大圆面域与 8 个小面域的差集，效果如图 5.35 所示。

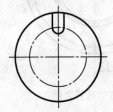

图 5.33 绘制大圆

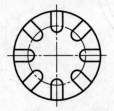

图 5.34 阵列小面域

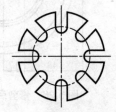

图 5.35 求差集

⑧ 绘制内部的两个小圆，如图 5.36 所示。

图 5.36 绘制两小圆

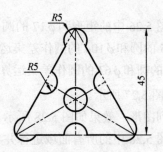

图 5.37 练习 2 图

练习2：应用布尔运算绘制图 5.37 所示的图形。

5.4 点、云线、等宽线和多线

5.4.1 用 POINT 命令画点

1. 功能

该命令可按设定的点样式在指定位置画点。

2. 设定点样式

点样式决定所画点的形状和大小。执行"点"命令之前,应先设定点样式。可以通过以下方式之一弹出图 5.38 所示的"点样式"对话框。

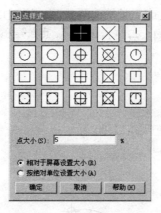

图 5.38 "点样式"对话框

- 从下拉菜单选取:"格式"→"点样式"。
- 从键盘输入:DDPTYPE。

"点样式"对话框用来设置点的样式,具体操作如下:

① 单击对话框上部点的形状图例,来设定点的形状。点样式存储在 PDMODE 系统变量中。

② 在"点大小"文字编辑框中指定所画点的大小。点的显示大小存储在 PDSIZE 系统变量中。

③ 选中"按绝对单位设置大小"选项确定给点的尺寸方式。

④ 单击"确定"按钮完成点样式设置。

说明:

① 相对于屏幕设置大小:按屏幕尺寸的百分比设置点的显示大小。当进行缩放时,点的显示大小并不改变。

② 按绝对单位设置大小:按照"点大小"文本框中指定的实际单位设置点显示的大小。当进行缩放时,AutoCAD 显示的点的大小随之改变。

3. 在指定的位置画点

设置所需的点样式后,可用 POINT 命令来画点,该命令可从以下方式之一输入。

- 从工具栏中单击:"点"按钮 。
- 从下拉菜单选取:"绘图"→"点"→"多点"或"单点"。
- 从键盘输入:POINT。

输入命令后,命令行提示:

命令:_point↵
当前点模式:PDMODE=2 PDSIZE=0.0000
指定点:(指定点的位置画出一个点)
指定点:(可继续画点或按 Esc 键结束命令,此时按 Enter 键不能结束命令。)

4. 用 DIVIDE 命令按等分画线段的等分点

将点对象或块沿对象的长度或周长等间隔排列。通过以下方式之一输入命令。

- 从下拉菜单选取:"绘图"→"点"→ 定数等分(D)。
- 从键盘输入:DIVIDE。

输入命令后,命令行提示:

命令:DIVIDE↵
选择要定数等分的对象:(直线或圆弧)
输入线段数目或[块(B)]:5↵

效果如图 5.39 所示。

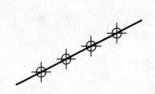
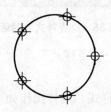
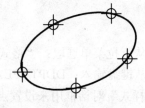

图 5.39 按指定的分数画线段的等分点

如果需要在对象上插入块来标记相等线段,需先创建要插入的块。

5. 用 MEASURE 命令按等距画线段的等分点

设置样式后,可用 MEASURE 命令按指定的距离测量画线段的等分点。系统将从选择实体时靠近的一段开始测量。通过以下方式之一输入命令。

从下拉菜单中选取:"绘图"→"点"→ 定距等分(M)。
- 从键盘输入:MEASURE。
- 输入命令后,命令行提示:

命令:_measure↵
选择要定距等分的对象:(选择对象)
指定线段长度或[块(B)]:20↵(输入线段的长度,对于圆弧来讲是弧长)

效果如图 5.40 所示。

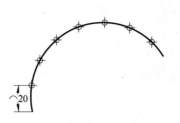

图 5.40　按指定的距离画线段的等分点

5.4.2　修订云线

1. 功能

创建由连续圆弧组成的多段线以构成云线形。

2. 输入命令

- "绘图"工具栏：按钮。
- 命令行：revcloud。
- 下拉菜单："绘图"→修订云线(V)。

3. 命令的操作

输入命令后，提示：

> 命令：_revcloud↵
> 最小弧长：15　最大弧长：15　样式：普通
> 指定起点或[弧长(A)/对象(O)/样式(S)]<对象>：(通过拖动鼠标绘制修订云线，或输入选项，或按 Enter 键退出命令)

沿云线路径引导十字光标即可绘出云线。生成的对象是多段线。

(1) 弧长(A)，指定云线中弧线的长度。最大弧长不能大于最小弧长的 3 倍。

(2) 对象(O)，指定要转换为云线的对象。

(3) 样式(S)，指定修订云线的样式。

输入选项后，命令行提示：

选择圆弧样式[普通(N)/手绘(C)]<默认/上一个>：(选择修订云线的样式)

具体的效果如图 5.41 所示。

(a)普通样式时绘制的云线　　(b)将圆转换成的云线　　(c)手绘样式时绘制的云线

图 5.41　云线

5.4.3 绘制等宽线

1. 功能

绘制指定宽度的线。

2. 输入命令

命令行：TRACE。

3. 命令的操作

命令：TRACE↵
指定宽线宽度<1.0000>：2(指定所绘制的线的宽度值)
指定起点：(指定线的起点)
指定下一点：(指定端点)
指定下一点：(指定端点或按 Enter 键)

特别提示

● 等宽线是否填充由系统变量 FILLMODE 或者 FILL 控制。宽线宽度的显示与线宽显示的模式无关。

5.4.4 用 MLINE 命令画多线

1. 功能

该命令按当前多线样式指定的线型、条数、比例及端口形式绘制多条平行线段。最外侧两线的间距可在该命令中重新指定。用 MLINE 命令画建筑平面图非常方便。

2. 输入命令

● 从下拉菜单选取："绘图"→"多线"。
● 从键盘输入：ML。

3. 命令的操作

1) 常用的操作

以采用默认多线样式"STANDARD"为例。

命令：_mline↵
当前设置：对正=上，比例=20.00，样式=STANDARD
指定起点或[对正(J)/比例(S)/样式(ST)]：s↵
输入多线比例<20.00>：5↵
当前设置：对正=上，比例=5.00，样式=STANDARD
指定起点或[对正(J)/比例(S)/样式(ST)]：(给起点"1")
指定下一点：(给第"2"点)

指定下一点或[放弃(U)]：(给第"3"点)
指定下一点或[闭合(C)/放弃(U)]：(给第"4"点)
指定下一点或[闭合(C)/放弃(U)]：(给第"5"点)
指定下一点或[闭合(C)/放弃(U)]：(给第"6"点)
指定下一点或[闭合(C)/放弃(U)]：↵

效果如图 5.42 所示，两线之间的距离为 5。

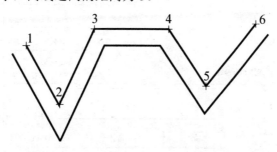

图 5.42　画多线示例

2)"样式"选项

在"指定起点或[对正(J)/比例(S)/样式(ST)]："提示行上，选择 ST 选项，可按提示给出一个已有的多线样式的名字，确定后 AutoCAD 将其设为当前多线样式。

3)"对正"选项

在"指定起点或[对正(J)/比例(S)/样式(ST)]："提示行上，选择 J 选项，可指定画多线时拾取点与多线之间的关系。

4)"比例"选项

在"指定起点或[对正(J)/比例(S)/样式(ST)]："提示行上，选择 S 选项，可指定多线之间的距离。

4. 定义多线线型样式

多线中平行线间的距离、各线线型、两端是否封口、以什么形式封口等均由画多线时的当前多线样式决定。如果需要新的多线样式，可用 MLSTYLE 命令来创建样式。

通过下列方式之一输入命令：

● 从下拉菜单选取："格式"→ 多线样式(M)...。
● 从键盘输入：MLSTYLE。

输入命令后，将弹出如图 5.43 所示的对话框。

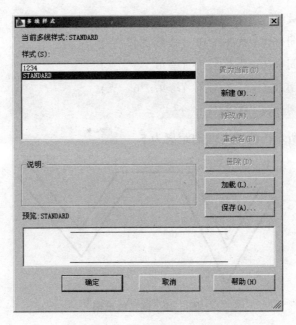

图 5.43 "多线样式"对话框

单击"新建"按钮后,就可以逐步建立一种新的多线样式。

5. 编辑多线

该命令用于多线的编辑。可用以下的方式之一输入命令:
- 从下拉菜单选取:"修改"→"对象"→"多线"。
- 从键盘输入:mledit。

输入命令后,将弹出如图 5.44 所示的"多线编辑工具"对话框。选择相应的工具按钮进行多线的编辑操作。

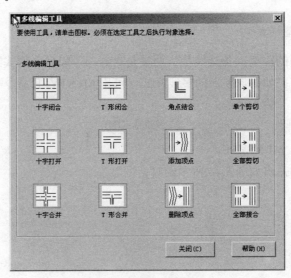

图 5.44 "多线编辑工具"对话框

项 目 小 结

本项目的内容主要是多段线的绘制和编辑、面域的应用。通过该部分知识的学习，能够设计简单的图案，达到提高绘图效率的效果。其中多段线将在实体绘制过程起到重要的作用；面域的应用在特定的图形绘制中大大简化了绘图的过程。点、云线、等宽线和多线等命令作一下简单的了解即可。

项目 6

三视图的绘制

> **学习目标**

通过本项目的学习,学生能够熟练地运用对象追踪和辅助线绘制三视图,并对剖视图进行填充,正确地表达机件。

> **学习要求**

① 掌握用 RAY 命令绘制射线。
② 掌握用 XLINE 命令画构造线。
③ 熟练掌握"对象捕捉追踪"的应用。
④ 熟练掌握图案的填充和编辑。

> **项目导读**

前面学习了"绘图"命令和"编辑"命令,所以绘制平面图形已经不成问题了。但是机械图形的表达主要采用的是三视图。三视图的绘制需要注意以下的问题。

(1) 视图配置关系。以主视图为主;俯视图在主视图的正下方;左视图在主视图的正右方。

(2) 物体的长、宽、高在三视图上的"三等"关系。主、俯视图——长对正;主、左视图——高平齐;俯、左视图——宽相等。

"长对正、高平齐、宽相等"的投影对应关系是三视图的重要特性,也是画图和读图的依据。并且这个特性不仅适用于物体整体的投影,也适用于物体上局部结构的投影。

6.1 三视图的绘制实例(一)

绘制图 6.1 所示螺母的三视图。通过该图案的绘制,掌握射线和构造线的应用。

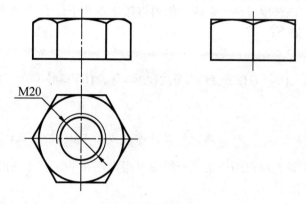

图 6.1 螺母 M20

6.1.1 图形分析

从图 6.1 可以看出,绘制该三视图需要用到"圆"、"直线"和"多边形"命令。为了保证"长对正、高平齐、宽相等"的投影对应关系,需要学习射线和构造线的绘制、对象追踪的应用。

6.1.2 本题知识点

1. 用 XLINE 命令画构造线

1) 功能

该命令在绘制机械图中可作辅助线,其可按指定的方式和距离画一条或一组无穷长直线,使用"修剪"或者"打断"命令可以使它变成线段或射线。

2) 输入命令

- 从工具栏单击:"构造线"按钮 。
- 下拉菜单选取:"绘图"→"构造线"。
- 键盘输入:XL。

3) 命令的操作

输入命令,命令行提示:

命令:_xline 指定点或[水平(H)/垂直(V)/角度(A)/二等分(B)/偏移(O)]:

各选项的操作如下:

(1) 指定两点画线(默认项)。该选项可画一条或一组通过起点和各通过点的无穷长直线,如图 6.2(a)所示。其操作如下:

命令: xl↵

XLINE 指定点或[水平(H)／垂直(V)／角度(A)／二等分(B)／偏移(O)]：(给定一个通过点"1")

指定通过点：(给定另一个通过点"2"，画出一条线)

指定通过点：(指定点"3"，再画一条线或按 Enter 键结束)

(2) 画水平线。该选项可画一条或一组通过指定点并平行于 X 轴的无穷长直线，如图 6.2(b)所示。其操作如下：

命令：xl↵
XLINE 指定点或[水平(H)/垂直(V)/角度(A)/二等分(B)/偏移(O)]：H↵(也可从右键菜单中选择该选项)
指定通过点：(指定点"4"，画出一条水平线)
指定通过点：(指定点"5"，再画一条水平线或按 Enter 键结束)

(3) 画垂直线。该选项可画一条或一组通过指定点并平行于 Y 轴的无穷长直线，如图 6.2(c)所示。其操作如下：

命令：xl↵
XLINE 指定点或[水平(H)/垂直(V)/角度(A)/二等分(B)/偏移(O)]：V↵(可从右键菜单中选择该选项)
指定通过点：(指定点"6"，画出一条水平线)
指定通过点：(指定点"7"，再画一条水平线或按 Enter 键结束)

(4) 指定角度画线。该选项可画一条或一组指定角度的无穷长直线，如图 6.12(d)所示。其操作如下：

命令：xl↵
XLINE 指定点或[水平(H)/垂直(V)/角度(A)/二等分(B)/偏移(O)]：A↵(可从右键菜单中选择该选项)
输入参照线角度(0)或[参照(R)]：30↵(输入所绘线的倾斜角度30)
指定通过点：(指定点"8"，画出一条倾斜30度的斜线)
指定通过点：(指定点"9"，再画一条倾斜30度的斜线或按 Enter 键结束)

(5) 指定三点画角平分线。该选项可通过给三点画一条无穷长直线，该直线通过第"10"点，平分以第"10"点为顶点，与第"11"点和第"12"点所组成的夹角，如图6.2(e)所示。其操作如下：

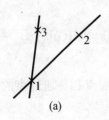
(a)
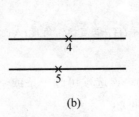
(b)

(c)

图 6.2 画构造线

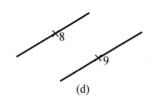 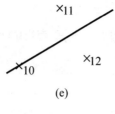 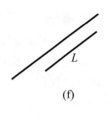

　　　(d)　　　　　　　　　　　(e)　　　　　　　　　　　(f)

图 6.2(续)

命令：xl↵
XLINE 指定点或[水平(H)／垂直(V)／角度(A)／二等分(B)／偏移(O)]：B↵(可从右键菜单中选择该选项)
指定角的顶点：(给第"10"点)
指定角的起点：(给第"11"点)
指定角的端点：(给第"12"点)
指定角的端点：(给点再画一条与"10"和"11"点组成的角平分线或按 Enter 键结束)

(6) 画所选直线的平行线。该选项可选择一条任意方向的直线来画一条或一组与所选直线平行的无穷长直线，如图 6.1(f)所示。其操作如下：

命令：xl↵
XLINE 指定点或[水平(H)/垂直(V)/角度(A)/二等分(B)/偏移(O)]：O↵(可从右键菜单中选择该选项)
指定偏移距离或[通过(T)]<20>：10↵(给定偏移距离 10)
选择直线对象：(选择一条直线 L)
指定要偏移的边：(指定向哪侧偏移)
选择直线对象：(可同上操作再画一条线，也可按 Enter 键结束该命令)

特别提示

- 如上面"(6)画所选直线的平行线"时，提示行显示"指定偏移距离或[通过(T)]<20>："，选 T 选项，提示行继续提示。
  选择直线对象：(选择一条无穷长直线或直线)
  指定通过点：(给定一个通过点，绘制无穷长直线)
  选择直线对象：(可同上操作再画一条线，也可按 Enter 键结束该命令)
- 在 AutoCAD 命令操作中，如果提示行有选项，右击绘图区，在弹出的快捷菜单中将显示与当前提示行相同的内容。可从右键菜单中选择所需的选项，而不必从键盘输入，这样可大大提高绘图的速度。

2. 绘制射线

1) 功能

射线是指始于一点并且无限延伸的直线。与构造线不同的是，射线仅在一个方向上延伸。使用射线代替构造线有助于降低视觉混乱。射线可以通过使用"修剪"或者"打断"命令变成线段。

2) 输入命令
- 从下拉菜单选取:"绘图"→" 射线(R)"。
- 从键盘输入:RAY。

3) 命令的操作

输入命令后提示:

命令: _ray 指定起点: (指定射线的起点)
指定通过点: (指定射线的通过点)
指定通过点: @10<-45(指定射线的通过点,绘出一条向下倾斜 45°的射线)
指定通过点: (按 Enter 键结束命令)

3. 对象捕捉追踪

应用对象捕捉追踪方式,可以方便地捕捉到通过某点延长线上的任意点。应用对象追踪前应先进行相关的设置。

1) 对象追踪的设置

在图 6.3 所示的显示"极轴追踪"选项卡的"草图设置"对话框中,"对象捕捉追踪设置"区中有两个选项。

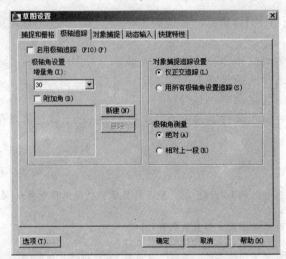

图 6.3 显示"极轴追踪"选项卡的"草图设置"对话框

(1) ⊙ 仅正交追踪(L)。当"对象捕捉追踪"打开时,仅显示已获得的对象捕捉点的正交(水平/垂直)对象捕捉追踪路径。画三视图时选择此项设置。

(2) ○ 用所有极轴角设置追踪(S)。将极轴追踪设置的相应角度应用于对象捕捉追踪。使用对象捕捉追踪时,光标将从获取的对象捕捉点起沿极轴对齐角度进行追踪。单击状态栏上的 和 按钮可以打开或关闭极轴追踪和对象捕捉追踪。

2) 对象捕捉追踪的应用

对象捕捉追踪方式的应用必须与固定对象捕捉配合,捕捉通过某点延长线上的任意点。对象追踪的应用过程是通过单击状态行上的 按钮来打开或关闭的。

例：绘制图 6.4 所示的圆柱的三视图。

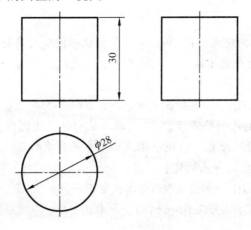

图 6.4　圆柱

绘图步骤如下：

用样板文件"A4 样板文件"创建一张新的图纸。

(1) 设置对象追踪的模式。右击状态行上的 按钮，选择"设置"选项。在弹出的话框中选择 仅正交追踪(L) 选项，单击"确定"按钮退出。

(2) 右击状态行上的 对象捕捉 按钮，设置"端点"、"圆心"和"交点"3 种固定捕捉模式选择设置选项。单击状态行上的 、 和 按钮，将正交、对象捕捉和对象捕捉追踪打开。

(3) 将"中心线"图层置为当前图层，绘制图 6.5(a)所示的中心线。注意此时应用到"对象捕捉追踪"。

(4) 将"粗实线"图层置为当前图层，绘制图 6.5(b)所示的俯视图。

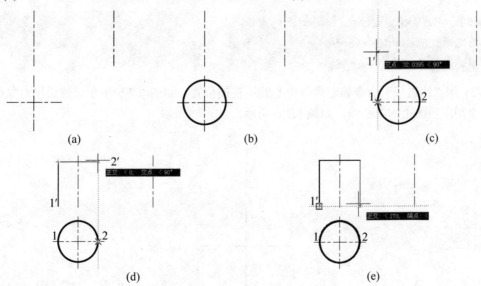

图 6.5　对象追踪的应用

(5) 绘制主视图：

> 命令：line↵
> LINE 指定第一点：(指定点"1'"。移动鼠标执行固定对象捕捉，捕捉到点"1"后，AutoCAD 在通过"1"处自动出现一条点状无穷长的直线，此时，沿点状线向上移动鼠标至点"1'"，如图 6.5(c)所示，单击确定)
> 指定下一点或[放弃(U)]：30↵(在正交状态下，鼠标导向向上，输入高度数值"30")
> 指定下一点或[放弃(U)]：(给点"2'"。移动鼠标执行固定对象捕捉，捕捉到点"2"后，AutoCAD 在通过"2"处自动出现一条点状无穷长的直线，此时，沿点状线向上移动鼠标至如图 6.5(d)所示位置，单击确定)
> 指定下一点或[放弃(U)]：(如图 6.5(e)所示指定下一点)
> 指定下一点或[闭合(C)/放弃(U)]：c↵(闭合图形)

(6) 复制主视图就得到左视图。

6.1.3 绘图步骤

具体的绘图步骤如下。

1) 计算绘图尺寸

因为螺母基本参数为 M20，所以六边形内接于圆的直径为 2×20；螺母的厚度为 0.8×20。用样板文件"A4 样板文件"创建一张新的图纸。打开"正交"，设置"端点"、"圆心"、和"交点"3 种固定捕捉模式，并将"固定对象捕捉"打开。打开"对象捕捉追踪"。

2) 绘制"中心线"

(1) 将"中心线"置为当前图层，绘制图 6.6 所示主、俯视图的中心线。

(2) 新建一个图层"辅助线"，线型为"ACD_ISOO7W100"，设置为当前图层。利用"射线"命令在恰当的位置绘制 45°的斜线，如图 6.7(a)所示。

> 命令：RAY 指定起点：(指定一点)
> 指定通过点：@10<-45↵
> 指定通过点：(按 Enter 键)

(3) 用"构造线"命令确定螺母中心线所在的位置，如图 6.7(b)所示。然后用对象捕捉追踪绘制左视图上的中心线，如图 6.7(c)所示。

图 6.6　绘制主、俯视图的中心线

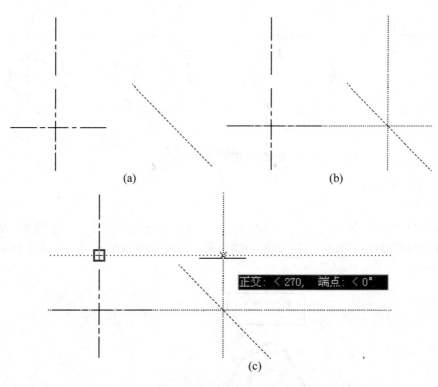

图 6.7 绘制左视图的中心线

3) 绘制俯视图

(1) 将"粗实线"置为当前图层,选取"绘图"工具栏上的"正多边形"命令,绘制出正六边形,如图 6.8(a)所示。绘制过程如下:

命令:_polygon 输入边的数目<4>: 6↵(输入正多边形的边数,按 Enter 键)
指定正多边形的中心点或[边(E)]: (对象捕捉"中心线"交点为正六边形的中心,单击左键确定)
输入选项[内接于圆(I)/外切于圆(C)]<I>: ↵(按 Enter 键,确认"默认"选项)
指定圆的半径: 20↵(输入半径值"2×20/2",按 Enter 键)

(2) 执行"圆"命令,绘制出正六边形的内切圆,如图 6.8(b)所示。绘制过程如下。

命令: CIRCLE 指定圆的圆心或 [三点(3P)/两点(2P)/切点、切点、半径(T)]: (捕捉到中心线的交点)
指定圆的半径或[直径(D)]<14.0000>: (如图 6.7(b)所示,捕捉到交点后单击即可)

(3) 单击"绘图"工具栏上的"圆"命令按钮,绘制出内螺纹小径为"0.85×20"的圆,如图 6.8(c)所示。

(4) 将"细实线"置为当前层,单击"圆"工具按钮,绘制出直径为"20(内螺纹公称直径)"的圆。

(5) 单击"修改"工具栏上的"打断"命令按钮,减去直径为"20"的圆的大约 1/4 圈,如图 6.8(d)所示。

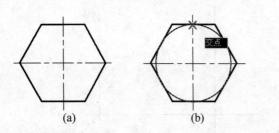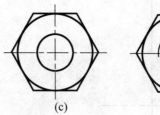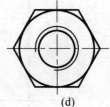

(a)　　　　　　　(b)　　　　　　　(c)　　　　　　　(d)

图 6.8　俯视图绘制过程

4）绘制主视图

操作步骤如下：

(1) 将"粗实线"置为当前层，单击"绘图"工具栏上的"直线"命令按钮 ，利用对象捕捉和对象追踪功能，绘制主视图中的矩形，过程同图 6.5 相同。完成矩形后的效果如图 6.9 所示。

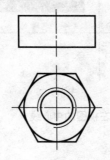

图 6.9　绘制矩形

(2) 单击"绘图"工具栏上的"直线"命令按钮 ，利用对象捕捉和对象追踪功能，确定棱线的起画点，如图 6.10 所示。

特别提示

● 在指定棱线的的第二点时，需要将"极轴追踪"按钮 打开，打开后会捕捉到如图 6.11 所示的交点。如果在正交状态下，则不会捕捉到该交点。

完成主视图棱线后的效果如图 6.11 所示。

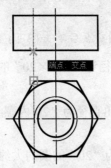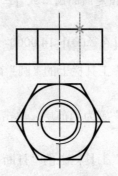

图 6.10　确定棱线的起画点　　　　　　　图 6.11　绘制棱线

(3) 单击"绘图"工具栏上的"直线"命令按钮 ✎，用细实线绘制距离最上面轮廓线为"1.5×20"的水平线，交中心线于"O"点，如图 6.12(a) 所示。

(4) 将"粗实线"置为当前层。单击"圆"命令按钮 ⊙，以"O"为圆心，半径为"30"，绘制出一个圆，如 6.12(b)所示。

(5) 单击"修改"工具栏上的"修剪"命令按钮 ⊢，减去多余的图形，如图 6.12(c) 所示。

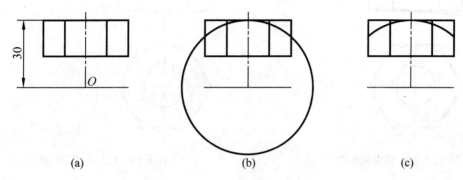

图 6.12　绘制主视图中间圆弧

(6) 单击"直线"命令按钮 ✎，利用捕捉"交点"功能，捕捉圆弧于最左侧轮廓的交点，绘制水平线于棱线的交点，如图 6.13(a)所示。

(7) 单击"圆"命令按钮 ⊙，捕捉线段的"中点"为圆心，与最上面线的垂直相交点为半径绘制出一个圆。画圆时"捕捉到垂足"即可。更好的办法是如同前面的特别提示：在指定半径时，需要将"极轴追踪"按钮 ⌀ 打开，打开后会捕捉到交点。如果在正交状态下，则不会捕捉到该交点。结果如 6.13(b)所示。

(8) 单击"修改"工具栏上的"修剪"命令按钮 ⊢，减去多余的图形，如图 6.13(c) 所示。

(9) 单击"修改"工具栏上的"镜像"命令按钮 ⊿，镜像复制出右边的圆弧，如图 6.13(d) 所示。

(10) 再次单击"修改"工具栏上的"修剪"命令按钮 ⊢，剪去多余的图线。单击"删除"命令按钮 ✐，删除无用的线条，如图 6.13(e)所示。

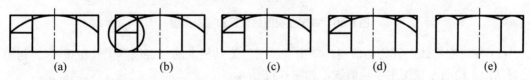

图 6.13　绘制主视图小圆弧的分解图

(11) 在状态栏上，用鼠标右键单击"极轴"按钮 ⌀，在弹出的快捷菜单中选择"30°"或"设置"选项，弹出"草图设置"对话框。在对话框中的"极轴角设置"区中，设置"增量角"为"30"，如图 6.3 所示。

(12) 将"粗实线"置为当前层，单击"绘图"工具栏上的"直线"命令按钮 ✎，利用"对象捕捉"和"极轴"功能,捕捉"30°"倒角的起画点,如图6.14所示。

(13) 利用"极轴"捕捉与最左边轮廓线的交点,绘出倒角线;单击"镜像"命令按钮 ,镜像复制出右边的倒角线;单击"修剪"命令按钮,减去多余的图线,完成螺母主视图的绘制,如图6.15所示。

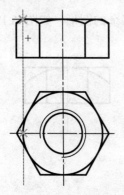
图6.14 捕捉倒角的起画点

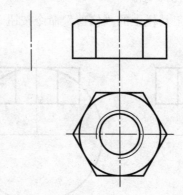
图6.15 螺母主视图的绘制

5) 绘制左视图

操作步骤如下:

(1) 用"构造线"命令按钮 作辅助线,确定左视图的位置和图形范围,如图6.16所示。

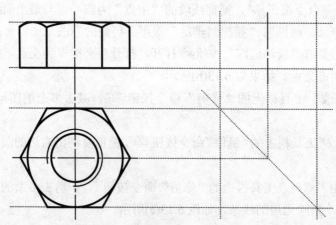
图6.16 确定左视图的位置和图形范围

(2) 将"粗实线"置为当前层,单击"绘图"工具栏上的"直线"工具按钮,利用捕捉功能,绘制左视图主要轮廓线,如图6.17所示。

项目6 三视图的绘制

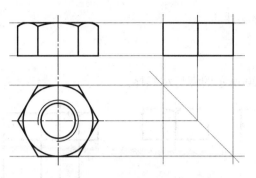

图 6.17 绘制左视图的主要轮廓

(3) 再次单击"构造线"命令按钮 ，用 ACAD_IS007W100 绘制出一条辅助线。辅助线的位置，通过"对象捕捉"功能捕捉主视图中圆弧线与直线的交点即可获得，如图 6.18 所示。

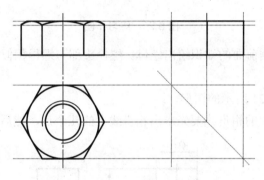

图 6.18 绘制圆弧的辅助线

(4) 单击"绘图"工具栏上的"圆弧"工具按钮 ，绘制左视图倒角圆的投影，如图 6.19(a)所示。

操作过程如下：

> 命令：_arc 指定圆弧的起点或[圆心(C)]：(捕捉辅助线与棱线的交点)
> 指定圆弧的第二个点或[圆心(C)/端点(E)]：(单一对象捕捉到最上面左侧线的中点)
> 指定圆弧的端点：(捕捉辅助线与中心线的交点)

(5) 单击"修改"工具栏上的"镜像"命令按钮 ，镜像复制出右边的圆弧，如图 6.19(b)所示。

(6) 单击"修改"工具栏上的"修剪"命令按钮 ，减去多余的图线。单击"删除"命令按钮 ，删除无用的线条，如图 6.19(c)所示。

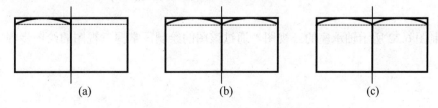

(a)　　　　　　　　(b)　　　　　　　　(c)

图 6.19 绘制左视图圆弧的过程

165

6) 整理图形，保存文件

6.1.4 上机实训与指导

练习 1：绘制图 6.20 所示的螺母和螺栓。

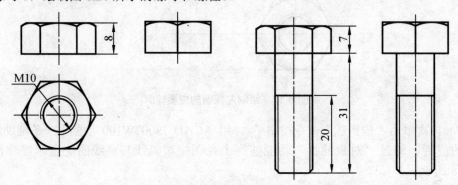

图 6.20 练习 1 图

图 6.20 提示：根据前面的知识绘出螺母。螺栓头部与螺母相似，采用拉伸的方式就可调整其尺寸。

练习 2：绘制图 6.21 所示的图形。

图 6.21 提示：图中的相贯线要先求出相贯线上的几个点，然后用样条曲线绘出。

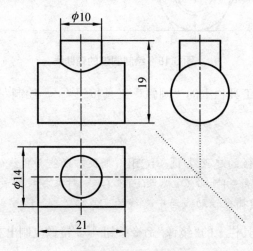

图 6.21 练习 2 图

6.2 三视图的绘制实例(二)

绘制图 6.22 所示轴承座的三视图。通过该图的绘制，掌握三视图的绘图步骤。

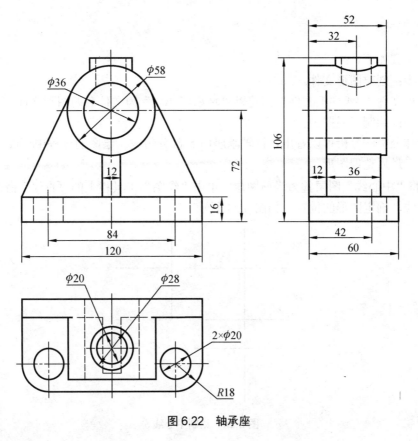

图 6.22 轴承座

6.2.1 图形分析

在上个例题中用"构造线"作辅助线,确定左视图的位置和图形范围。如果左视图中的尺寸均可以容易地得到的话,也可以直接按照尺寸绘出而不用辅助线。

6.2.2 本题知识点

看、画组合体的视图时,通常按照组合体的结构特点和各组成部分的相对位置,假想把它划分为若干个基本体,分析各基本体的形状、组合形式和相对位置,然后组合起来画出组合体的视图或想象出其形状。这种分析组合体的方法叫做形体分析法。形体分析法是画图和读图的基本方法。图 6.23 所示就是形体分析的示例。

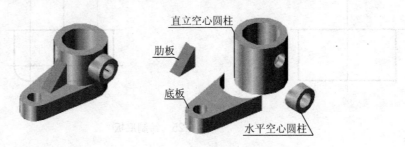

(a)支座的立体图 (b)支座的分解

图 6.23 形体分析法

6.2.3 绘图步骤

绘图步骤如下。

第一步：创建图形文件。

用样板文件"A4 样板文件"创建以"轴承座.dwg"为文件名的图形文件。

第二步：绘制三视图。

用形体分析法分析可以看出，该轴承座由 5 部分组成。绘图的过程中可以一部分一部分地画出，最后整理图形。

(1) 将"中心线"图层置为当前图层。单击"绘图"工具栏上的"直线"命令按钮 绘制中心线，确定图形的位置，如图 6.24 所示。

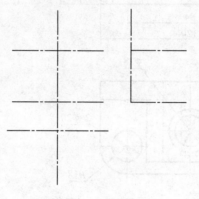

图 6.24　绘制中心线

(2) 绘制底板。

① 单击"对象捕捉"和"正交"按钮，根据已知的尺寸用"直线"命令绘制底板。效果如图 6.25(a)所示。

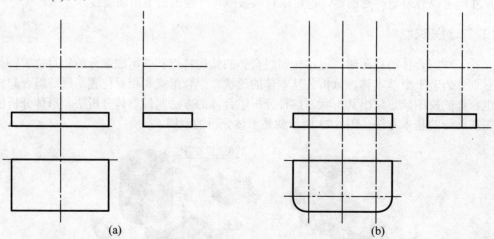

图 6.25　绘制底板

项目 6 三视图的绘制

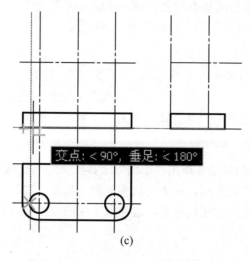

(c)

图 6.25(续)

② 单击"修改"工具栏上的"圆角"命令按钮 ⌐，将两个 R18 的圆角倒出。

单击"修改"工具栏上的"偏移"命令按钮 ℅，确定出两个圆孔的位置，如图 6.25(b)所示。

③ 单击"圆"命令按钮 ⊙，绘出两个圆孔。打开"对象捕捉追踪"，将"虚线"设为当前图层，绘制主视图中的虚线，如图 6.25(c)所示。

(3) 绘制大圆筒。

① 单击"圆"命令按钮 ⊙ 绘制主视图中的圆。用"对象捕捉追踪"绘制左视图和俯视图中的线条，如图 6.26(a)所示。

② 绘制完成后，如图 6.26(b)所示。

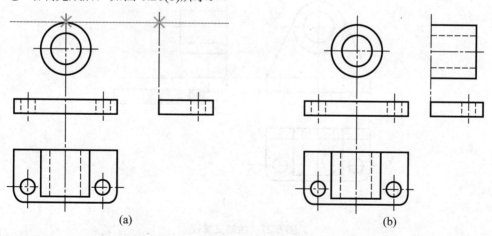

图 6.26 绘制大圆筒

(4) 绘制支撑板。

① 单击"直线"命令按钮 ╱，捕捉到端点和切点即可将主视图绘出。

在俯视图上，单击"修改"工具栏上的"偏移"命令按钮 ℅，偏移 12，如图 6.27(a)

所示。很明显，偏移出来的线条不完全正确，要进行修改。

② 单击"修改"工具栏上的"打断"命令按钮。

> 命令：_break 选择对象：(选择直线)
> 指定第二个打断点或[第一点(F)]: f↵
> 指定第一个打断点：(如图 6.27(b)所示，追踪到主视图中的切点，然后单击该点)
> 指定第二个打断点：(追踪到主视图中的第二个切点，然后单击该点)

打断后，画出连接两点的虚线。

③ 左视图中的直线的画法。单击"绘图"工具栏上的"直线"命令按钮，对象追踪到左侧的点，如图 6.27(c)所示，在正交状态下输入长度"12"。

指定第二点时，同样在正交状态下，追踪到主视图中的切点后，单击右键确认，如图 6.27(d)所示。

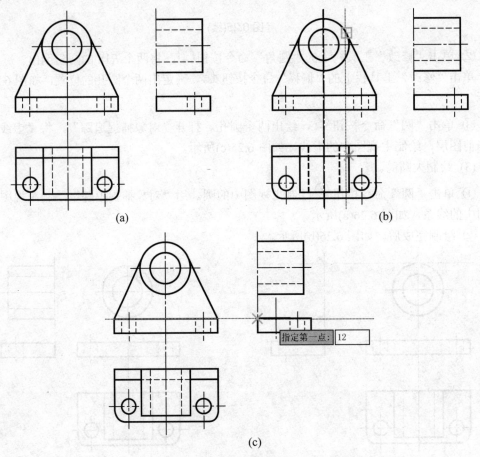

图 6.27 绘制支撑板

项目 6 三视图的绘制

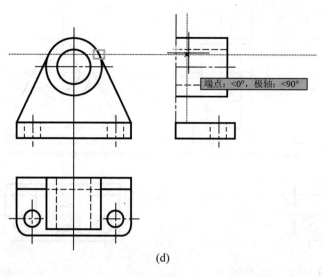

(d)

图 6.27(续)

(5) 绘制肋板。

在主视图上,将对称中心线偏移两次,得到肋板的尺寸,然后剪切即可。俯视图中,利用对象追踪可以绘出。左视图中,利用对象追踪可以绘出。效果如图 6.28 所示。

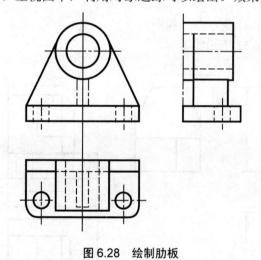

图 6.28 绘制肋板

(6) 绘制小圆筒。

① 单击"修改"工具栏上的"偏移"命令按钮 ,将小圆筒的位置确定出来,如图 6.29 所示。

② 运用"直线"、"剪切"命令绘制小圆筒的线条,如图 6.30 所示。

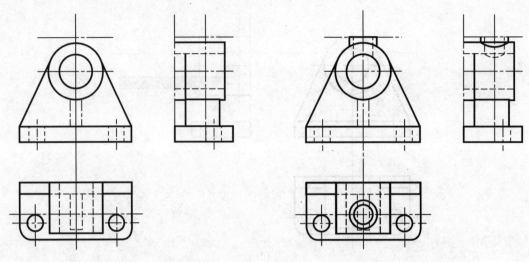

图 6.29　确定小圆筒的位置　　　　图 6.30　绘制小圆筒

然后，修改对象的图层；用"修剪"命令将过长的中心线和其他线条剪掉；用"移动"命令调整图形的位置；最后保存图形文件。

6.2.4　上机实训与指导

练习 1：绘制如图 6.31 所示的三视图。

练习 2：绘制如图 6.32 所示的图形。

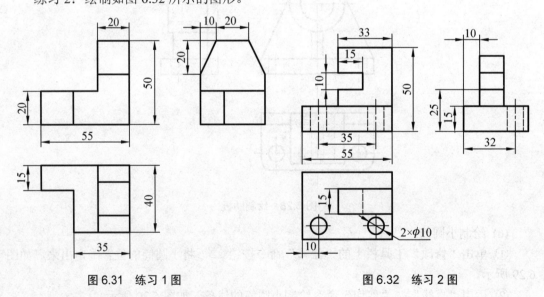

图 6.31　练习 1 图　　　　图 6.32　练习 2 图

练习 3：绘制如图 6.33 所示的三视图。

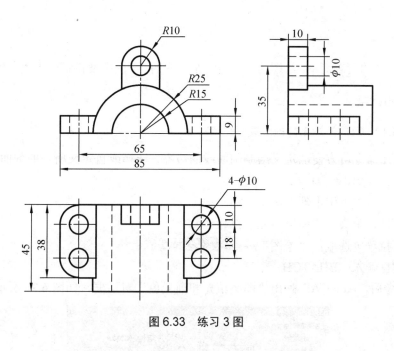

图 6.33 练习 3 图

6.3 三视图的绘制实例(三)

图 6.22 所示为轴承座的三视图,如果采用剖切的方式进行表达,可以是以下的样子。

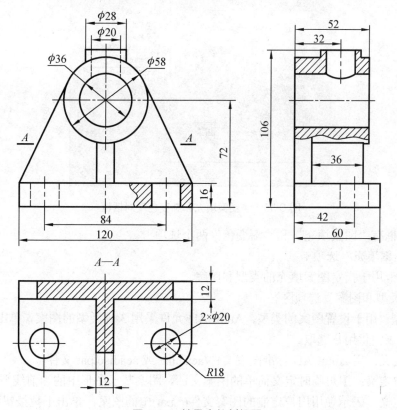

图 6.34 轴承座的剖视图

6.3.1 图形分析

本题较前面的例题简单,绘图的基本方法是一样的。下面主要讲解一下图案填充的知识。

6.3.2 本题知识点

1. 用 BHATCH 命令绘制剖面线

BHATCH 命令可方便地定义绘制剖面线的边界,选择或自定义所需的剖面线,还可进行预览及进行一些相关的设定。

BHATCH 命令可用下列方法之一输入。

- 从工具栏单击:"图案填充"按钮。
- 从下拉菜单选取:"绘图"→图案填充(H)...。
- 从键盘输入:BHATCH。

输入命令后,AutoCAD 弹出"图案填充和渐变色"对话框,如图 6.35 所示。

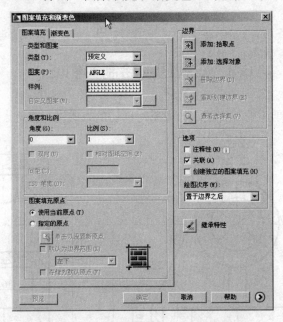

图 6.35 "图案填充和渐变色"对话框

该对话框有"图案填充"和"渐变色"两个选项卡。

1)"图案填充"选项卡

该选项卡用于指定图案填充的类型和图案。

(1)"类型和图案"选项区。

① 类型:用于设置图案的类型。AutoCAD 允许采用 3 种类型的图案,单击下拉按钮,打开下拉列表,供用户选取。

- 预定义:用 AutoCAD 标准图案文件(acad.pat 或 acadiso.pat 文件)。
- 用户定义:用户临时定义简单的图案文件。图案基于图形中的当前线型。
- 自定义:表示使用用户定制的图案文件(*.pat)中的图案,单击下拉按钮可弹出下拉列表框，选择采用的图案类型。可以控制任何图案的角度和比例。

② 图案：只有将"类型"设置为"预定义"时，该"图案"选项才可用，此处列出可用的"预定义"图案。最近使用的 6 个用户预定义图案出现在列表顶部。HATCH 将选定的图案存储在 HPNAME 系统变量中。单击右边的按钮，可弹出"填充图案选项板"对话框，如图 6.36 所示，在该对话框中单击一种图案，然后单击"确定"按钮即可选定该填充图案。单击右边的下拉按钮，弹出图案填充的名称下拉列表，如图 6.37 所示，单击图案的名称即可选定一种填充图案。

图 6.36 "填充图案选项板"对话框

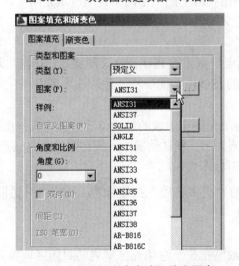

图 6.37 从下拉列表中选择填充图案

③ 样例：显示选定图案的预览图像。单击"样例"后面的图案显示区将显示"填充图案选项板"对话框。

④ 自定义图案：列出可用的自定义图案。6 个最近使用的自定义图案将出现在列表顶

部。只有在"类型"中选择了"自定义",此选项才可用。

(2) 角度和比例。

该选项区用于指定选定填充图案的角度和比例。

① 角度:指定填充图案相对当前 UCS 坐标系的 X 轴的角度。用户可以填入角度的数值,也可从下拉列表中选择相应的数值。效果如图 6.38 所示。

● 在输入的角度为"0"时,填充图案的线条与水平线之间的夹角为"45°"。

② 比例:放大或缩小预定义或自定义图案。只有将"类型"设置为"预定义"或"自定义",此选项才可用。效果如图 6.38 所示。

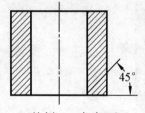   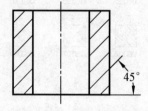   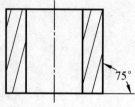

(a)比例=1,角度=0°   (b)比例=3,角度=0°   (c)比例=3,角度=30°

图 6.38 具有不同比例和角度的剖面线

③ 双向:只有在"图案填充"选项卡上将"类型"设置为"用户定义"时,此选项才可用。对于用户定义的图案,将绘制第二组直线,这些直线与原来的直线成 90 度角,从而构成交叉线。

④ 相对图纸空间:是指相对于图纸空间单位缩放填充图案。该选项仅适用于布局。

⑤ 间距:指定用户定义图案中的直线间距。只有将"类型"设置为"用户定义",此选项才可用。

⑥ ISO 笔宽:基于选定笔宽缩放 ISO 预定义图案。只有将"类型"设置为"预定义",并将"图案"设置为可用的 ISO 图案的一种,此选项才可用。

(3) 图案填充原点。

"图案填充原点"控制填充图案生成的起始位置。因为有些图案填充(例如砖块图案)需要与图案填充边界上的一点对齐。默认情况下,所有图案填充原点都对应于当前的 UCS 原点。在进行机械设计时,用处不大。

单击图 6.35 右下角的"更多选项"按钮 ,系统将对话框增加了右边的一栏,如图 6.39 所示。

(4) 孤岛。

在进行图案填充时,通常把位于总填充区域内的封闭区域成为"孤岛"。该区域用于控制孤岛和边界的操作。如果不存在内部封闭区域,则指定孤岛检测样式没有意义。

孤岛检测控制是否检测内部闭合边界(即孤岛)。

① 普通(隔层填充):从外部边界向内填充。如果 HATCH 遇到内部孤岛,将关闭图案填充,直到遇到该孤岛内的另一个孤岛就又重新开始填充。

② 外部(只外层填充):从外部边界向内填充。如果 HATCH 遇到内部孤岛,它将停止图案填充,也就是只对结构的最外层进行图案填充,而结构内部保留空白。

③ 忽略(全填充):填充图案时忽略所有内部的对象。

(5) 边界保留。

指定是否将边界保留为对象,并确定应用于这些对象的对象类型。

① 保留边界:根据临时图案填充边界创建边界对象,并将它们添加到图形中。

② 对象类型:控制新边界对象的类型。结果边界对象可以是面域或多段线对象。仅当启用"保留边界"复选框时,此选项才可用。

(6) 边界集。

定义当从指定点定义边界时要分析的对象集。当使用"选择对象"定义边界时,选定的边界集无效。

(7) 允许的间隙。

设置将对象用作图案填充边界时可以忽略的最大间隙。默认值为 0,此值指定对象必须封闭区域而没有间隙。如果输入一个值,就是设置了一个将对象用作图案填充边界时可以忽略的最大间隙的数值。任何小于等于指定值的间隙都将被忽略,并将边界视为封闭。

(8) 继承选项。

使用"继承特性"创建图案填充时,这些设置将控制图案填充原点的位置。

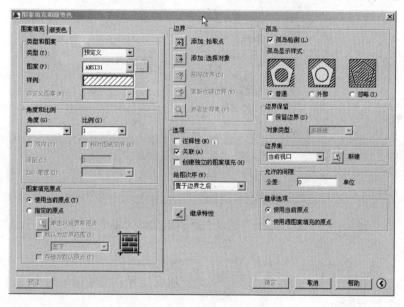

图 6.39 "图案填充和渐变色"对话框

2) "渐变色"选项卡

"渐变色"选项卡用于定义要应用的渐变填充的外观,如图 6.40 所示。

(1) 颜色。

① 单色:指定使用从较深着色到较浅色调平滑过渡的单色填充。选择"单色"选项时,AutoCAD 显示颜色样本 以及"着色"和"渐浅"滑块 。

颜色样本用于指定渐变填充的颜色。单击"浏览"按钮 以显示"选择颜色"对话框，从中可以选择 AutoCAD 颜色索引(ACI)颜色、真彩色或配色系统颜色。显示的默认颜色为图形的当前颜色。

"着色"和"渐浅"滑块用于指定一种颜色的渐浅(选定颜色与白色的混合)或着色(选定颜色与黑色的混合)，用于渐变填充。

② 双色：指定在两种颜色之间平滑过渡的双色渐变填充。选择"双色"选项时，AutoCAD 将分别为颜色1和颜色2显示带有"浏览"按钮的颜色样本。

③ 渐变图案。显示用于渐变填充的9种固定图案。

(2) 方向。

指定渐变色的角度以及其是否对称。

① 居中：用于指定对称的渐变配置。如果没有选定此选项，渐变填充将朝左上方变化，创建光源在对象左边的图案。

② 角度：在角度列表中输入或者选定渐变填充的角度。该角度是相对当前 UCS 指定角度。此选项与指定给图案填充的角度互不影响。

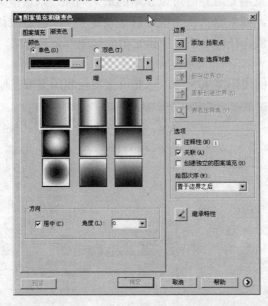

图 6.40 显示"渐变色"选项卡的"图案填充和渐变色"对话框

(3) 边界。

① 添加：拾取点。用选定点的方式确定填充边界。用鼠标单击此按钮，对话框将暂时关闭，命令行提示：

拾取内部点或[选择对象(S)/删除边界(B)]:(在要进行图案填充的区域内单击，或者指定选项，输入 u 放弃上一个选择，或按 Enter 键返回对话框。)

选中的边界以虚像显示，如图 6.41 所示。选择后按 Enter 键或使用右键菜单返回"图案填充和渐变色"对话框。

拾取内部点时，可以随时在绘图区域右击以显示包含多个选项的快捷菜单。

② 添加：选择对象。根据构成封闭区域的选定对象确定边界。用鼠标单击此按钮，对话框将暂时关闭，命令行提示：

选择对象或[拾取内部点(K)/删除边界(B)]：(选择定义图案填充或填充区域的对象，或者指定选项、输入 u 或 undo 放弃上一个选择，或按 Enter 键返回对话框。)

拾取对象后，AutoCAD 将高亮显示，注意选择的对象需首尾相接，构成封闭的图形。

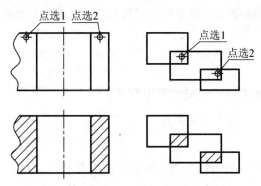

图 6.41　点选边界的示例

③ 删除边界：单击该按钮，从边界定义中删除以前添加的任何对象。

④ 重新创建边界：围绕选定的图案填充或填充对象创建多段线或面域，并使其与图案填充对象相关联(可选)。

⑤ 查看选择集：暂时关闭对话框，并使用当前的图案填充或填充设置显示当前定义的边界。

(4) 选项。

用于控制几个常用的图案填充或颜色填充的选项。

① 注释性：指定图案填充为注释性对象。

② 关联：控制图案填充或填充的关联。关联的图案填充或颜色填充在用户修改其边界时将会更新。效果如图 6.42 所示。

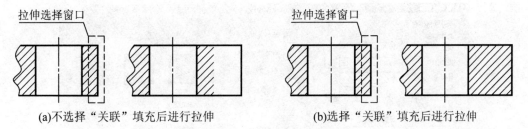

(a)不选择"关联"填充后进行拉伸　　　　(b)选择"关联"填充后进行拉伸

图 6.42　关联

③ 创建独立的图案填充：控制当指定了几个独立的闭合边界时，是创建单个图案填充对象，还是创建多个图案填充对象。不选择"创建独立的图案填充"填充后，填充图案之间不是相互独立的，是一个整体。选择"创建独立的图案填充"填充后，图案填充是相互独立的。

④ 绘图次序：为图案填充或颜色填充指定绘图次序。图案填充可以放在所有其他对象之后、所有其他对象之前、图案填充边界之后或图案填充边界之前。

(5) 继承特性 。

使用选定图案填充对象的图案填充或填充特性对指定的边界进行图案填充或填充。在选定图案填充要继承其特性的图案填充对象之后，可以在绘图区域中右击，并使用快捷菜单在"选择对象"和"拾取内部点"选项之间进行切换以创建边界。

(6) 预览。

选择定义了剖面线和边界后,单击"预览"按钮,AutoCAD 显示绘制剖面线的结果,预览完毕后,按 Enter 键或使用右键菜单将重新显示"图案填充和渐变色"对话框。若不满意,可进行修改,直至满意。单击"确定"按钮,AutoCAD 将按所定的设置绘制出剖面线。

如果没有指定用于定义边界的点,或没有选择用于定义边界的对象,则此选项不可用。

(7) 确定。

单击此按钮,按照要求进行填充,退出命令。

2. 用 HATCHEDIT 命令修改剖面线

1) 功能

该命令可修改已填充的剖面线类型、缩放比例、角度及填充方式等。

2) 输入命令

- 从下拉菜单选取:"修改"→"对象"→ 图案填充(H)...。
- 从键盘输入:HATCHEDIT。
- 从"修改Ⅱ"工具栏单击:"编辑图案填充"按钮。
- 快捷菜单:选择要编辑的图案填充对象,在绘图区域右击,单击 图案填充编辑... 按钮。或双击已创建的图案填充对象。

3) 命令的操作

```
命令: _hatchedit↵
选择图案填充对象: (选择一处已填充的剖面线)
```

AutoCAD 将弹出"图案填充编辑"对话框,如图 6.43 所示。

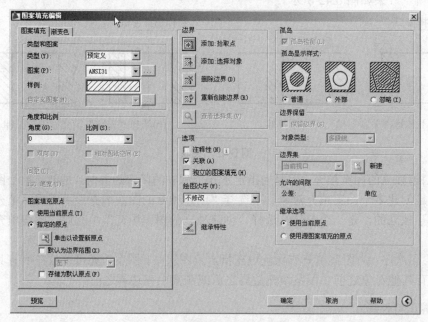

图 6.43 "图案填充编辑"对话框

该对话框中的内容与"图案填充和渐变色"对话框一样。在该对话框中可根据需要重新选择剖面线的图案；修改缩放比例和倾斜角度；可修改图案填充的方式；如要继承其他已填充剖面线的特性，可单击"继承特性"按钮并选定一个填充图案；如果打开"关联"开关，则被修改的剖面线就是关联的。在"图案填充编辑"对话框中进行了必要的修改后，单击"确定"按钮完成修改。

6.3.3 绘图步骤

具体的绘图步骤与前面的例题相似，这里不再赘述，仅将波浪线的绘图注意事项做一下说明。

(1) 机械制图中要求，波浪线不能超出零件的轮廓，所以其起点和终点只能准确地指定在零件的轮廓上。有以下两种方法可以实现。

方法一：绘制如图 6.44 所示的图形，绘制样条曲线时明显地超出了轮廓的位置，然后用"修剪"命令将长出的部分剪掉即可。

方法二：绘制如图 6.44 所示的样条曲线时，指定起点和终点时，用单一对象捕捉。具体的步骤如下：

```
命令：_spline↵
指定第一个点或[对象(O)]：<正交 关>_nea(按住 Shift 键的同时右击，在弹出的右键菜单中选择"捕捉到最近点"选项 最近点(R)，然后单击起点，如图 6.45 中的点"1"所示。)
指定下一点：<对象捕捉 关>(指定第二点)
指定下一点或[闭合(C)/拟合公差(F)]<起点切向>：(指定第三点)
指定下一点或[闭合(C)/拟合公差(F)]<起点切向>：_nea(按住 Shift 键的同时右击，在弹出的右键菜单中选择"捕捉到最近点"选项 最近点(R)，然后单击终点，如图 6.45 中的点"2"所示。)
指定下一点或[闭合(C)/拟合公差(F)]<起点切向>：(按 Enter 键)
指定起点切向：(按 Enter 键)
指定端点切向：(按 Enter 键)
```

效果如图 6.45 所示。

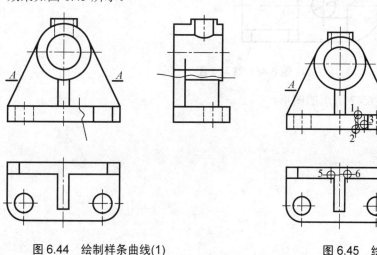

图 6.44　绘制样条曲线(1)　　　　　图 6.45　绘制样条曲线(2)

(2) 图案填充。

① 新建一个图层"图案填充",设为当前图层。

② 单击"绘图"工具栏上的"图案填充"按钮，在弹出的对话框中作如图 6.39 所示的设置。从图中可以看出，填充图案为 ANSI31，填充角度为"0"，填充比例为"1"。

③ 单击"拾取点"按钮，顺次在图 6.45 中单击"3"到"9"的位置，以指定填充区域。

④ 单击 预览 按钮，查看填充的效果，按 Enter 键接受填充效果。

⑤ 此时，如果对填充的效果又不满意了，双击填充的图案，在弹出的"图案填充编辑"对话框中作相应的修改。

6.3.4 上机实训与指导

练习 1：将图 6.33 所示的三视图绘制成剖视图。

练习 2：绘制如图 6.46 所示的图形。

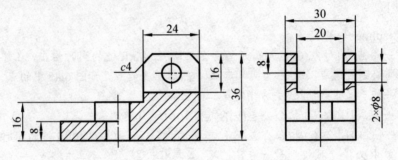

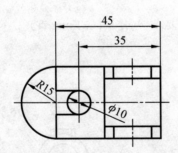

图 6.46 练习 2 图

练习 3：绘制如图 6.47 所示的图形。

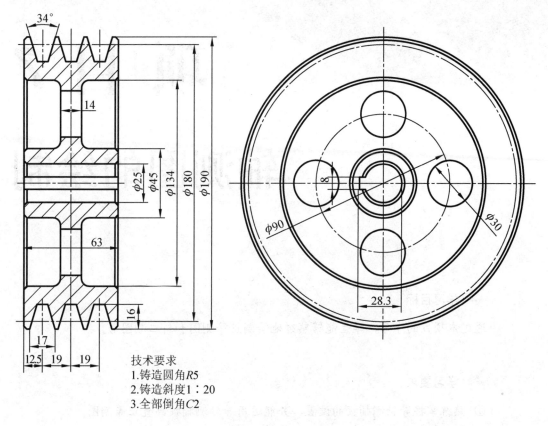

图 6.47 练习 3 图

项 目 小 结

  三视图的绘制是应用 AutoCAD 软件绘图的最终目标。本项目通过 3 个实例讲述了三视图的绘制，绘图的过程中用到了构造线、射线、对象捕捉追踪、形体分析法、绘制剖面线和编辑等知识。对象捕捉追踪是绘制三视图的重要的手段，对此知识点要认真地练习才能够熟练地应用。通过上机实训与指导中的习题，可以检验学习的掌握程度，进一步提高绘图的熟练程度和技巧。

项目 7

轴测图的绘制

▶ 学习目标

通过本项目的学习,学生能够熟练地绘制正等测图和斜二测图形。

▶ 学习要求

① 熟练掌握等轴测捕捉的设置,并能运用等轴测捕捉画直正等测图。
② 掌握极轴追踪方式的设置,并能够运用极轴追踪方式绘制斜二测图形。

▶ 项目导读

轴测投影图简称轴测图,其直观性强,是生产中的一种辅助图样,常用来说明产品的结构和使用方法等。它是在平行投影条件下,改变物体相对于投影面的位置或者改变投射方向,在投影面上得到具有立体感的投影。应用 AutoCAD 软件绘制轴测图将使绘图变得简单快捷。

7.1 绘制正等轴测图实例

绘制如图 7.1 所示的图形。

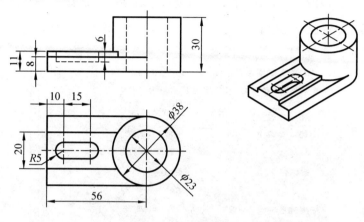

图 7.1　正等轴测图

7.1.1　图形分析

这是一个正等轴测图，图形由椭圆(椭圆弧)和直线构成。由于轴测投影属于平行投影，因此它具有平行投影的基本特性。

(1) 物体上互相平行的直线，在轴测图中仍互相平行。

(2) 物体上与坐标轴平行的直线，在轴测图中仍平行于相应的轴测轴。

画轴测图时，物体上凡是与坐标轴平行的直线，就可沿轴向进行测量和作图。所谓"轴测"就是指"沿轴向测量"的意思。所以，在绘图时应该首先把轴测轴的方向确定下来。

7.1.2　本题知识点

1. 轴测轴和轴向伸缩系数

正等轴测图通常采用简化的轴向伸缩系数 $p=q=r=1$。即凡与轴测轴平行的线段，作图时按实际长度直接量取。用这种方法画出的图形比实际物体放大了约 1.22(1/0.82)倍，但对形状没有影响，正等测中轴测轴的位置和立方体的正等轴测图如图 7.2(a)和图 7.2(b)所示。

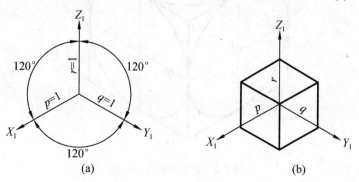

图 7.2　正等测的轴测轴和轴间角

2. 等轴测捕捉的设置

正等轴测图的绘制要运用等轴测捕捉，下面作具体说明。

用右击状态栏上的按钮，选择右键菜单中的"设置"选项，AutoCAD 弹出如图 7.3 所示的显示"捕捉和栅格"选项卡的"草图设置"对话框。选择 等轴测捕捉(M) 选项，单击 确定 按钮退出对话框。

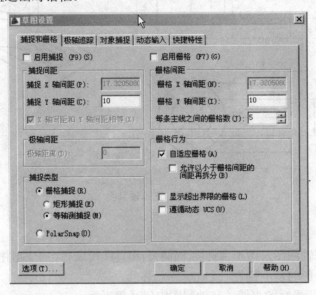

图 7.3 显示"捕捉和栅格"选项卡的"草图设置"对话框

单击状态行上的按钮，使之下凹，打开"正交"模式。现在如果绘制直线，鼠标的移动方向只能在与轴测轴平行的方向上，就可以绘制轴测图了。下面以图 7.4 为例说明一下具体的应用过程。操作过程如下。

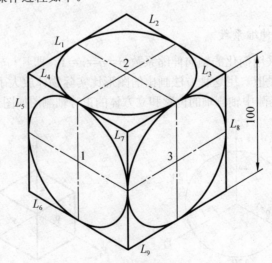

图 7.4 正等测图形的绘制

1) 画正方体

(1) 绘制顶面。

命令：_line 指定第一点：(在任意的位置单击即可)

指定下一点或[放弃(U)]：<等轴测平面 俯视>100↵(按F5键，直到出现"等轴测平面 俯视"，鼠标导向，输入直线的长度"100"，绘出直线"L_1")

指定下一点或[放弃(U)]：100↵(用鼠标导向，输入100，绘出直线"L_2")

指定下一点或[闭合(C)/放弃(U)]：100↵(用鼠标导向，输入100，绘出直线"L_3")

指定下一点或[闭合(C)/放弃(U)]：c↵(绘出直线"L_4")

(2) 绘制左侧面。

命令：_line 指定第一点：(捕捉到L_1和L_4的共同端点为起点)

指定下一点或[放弃(U)]：<等轴测平面 左视>100↵(按F5键，出现"等轴测平面 左视"，鼠标导向，输入直线的长度"100"，绘出直线"L_5")

指定下一点或[放弃(U)]：(用鼠标导向，输入100，绘出直线"L_6")

指定下一点或[闭合(C)/放弃(U)]：(用鼠标导向，输入100，绘出直线"L_7")

指定下一点或[闭合(C)/放弃(U)]：↵(按Enter键退出直线的绘制)

(3) 绘制右侧面。

命令：_line 指定第一点：(捕捉L_2和L_3的共同端点为起点)

指定下一点或[放弃(U)]：<等轴测平面 右视>100↵(按F5键，直到出现"等轴测平面 右视"，输入100，绘出直线"L_8")

指定下一点或[放弃(U)]：(用鼠标导向，输入100，绘出直线"L_9")

指定下一点或[闭合(C)/放弃(U)]：↵(按Enter键退出直线的绘制)

2) 绘制中心线

更换图层到中心线层上，在固定对象捕捉中选定捕捉到中点 △ ☑中点(M)，打开对象捕捉，用"直线"命令绘出中心线即可。

3) 绘制3个面上的圆

命令：_ellipse↵

指定椭圆轴的端点或[圆弧(A)/中心点(C)/等轴测圆(I)]：i↵

指定等轴测圆的圆心：(捕捉到点"1")

指定等轴测圆的半径或[直径(D)]：<等轴测平面 左视>75↵(按F5键，直到出现"等轴测平面 左视"后，输入圆的半径75或者捕捉到中心线与轮廓的交点)

命令：_ellipse(按空格键重复命令)

指定椭圆轴的端点或[圆弧(A)/中心点(C)/等轴测圆(I)]：i↵

指定等轴测圆的圆心：(捕捉到点"2")

指定等轴测圆的半径或[直径(D)]：<等轴测平面 俯视>75↵(按F5键，出现"等轴测平面 俯视"后，输入圆的半径75或者捕捉到中心线与轮廓的交点)

命令：ELLIPSE(按空格键重复命令)

指定椭圆轴的端点或[圆弧(A)/中心点(C)/等轴测圆(I)]: i↵

指定等轴测圆的圆心: (指定点"3")

指定等轴测圆的半径或[直径(D)]: <等轴测平面 右视>75↵(按F5键，出现"等轴测平面 右视"后，输入圆的半径75或者捕捉到中心线与轮廓的交点)

特别提示

- 在绘制轴测图的时候，一定要分清楚将要绘制的是哪一个侧面上的线条。如果绘制线条时发现不是所需要的，按F5键即可。

7.1.3 绘图步骤

具体的绘图步骤如下。

(1) 用样板文件"A4样板文件"创建一张新的图纸。设置"等轴测捕捉"，并将正交打开。

(2) 将"粗实线"图层设为当前图层，根据左侧面的尺寸绘制出其图形，如图7.5所示。

(3) 绘制长为"56"的直线，如图7.6所示。

(4) 复制所需的直线，如图7.7所示。

　　　　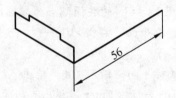　　　　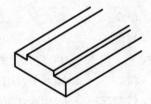

　　图7.5　绘制左侧面　　　　图7.6　绘制直线　　　　图7.7　复制直线

(5) 绘制圆(椭圆)，如图7.8所示。

① 在左侧面绘制椭圆，如图7.8(a)所示。

② 用"移动"命令将椭圆移动56到另一侧，如图7.8(b)所示。

③ 复制不同高度的圆(椭圆)，如图7.8(c)所示。

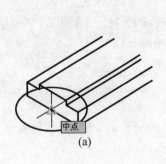　　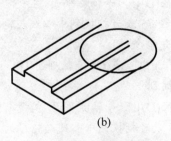　　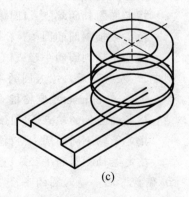

　　　(a)　　　　　　　　　(b)　　　　　　　　　(c)

图7.8　画椭圆

(6) 剪切多余的线条，如图 7.9 所示。

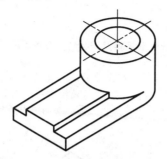

图 7.9 修剪图形

(7) 绘制槽，如图 7.10 所示。
① 复制轮廓线，得到小椭圆的位置，并将线条改变图层，如图 7.10(a)所示。
② 绘制小的椭圆和直线，如图 7.10(b)所示。
③ 复制槽的轮廓线，修剪中心线，如图 7.10(c)所示。
④ 修剪槽的底部轮廓线，如图 7.10(d)所示。

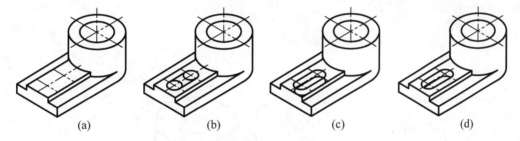

图 7.10 绘制槽

(8) 整理图形，保存图形文件。

7.1.4 上机实训与指导

练习1：绘制如图 7.11 所示的轴测图。

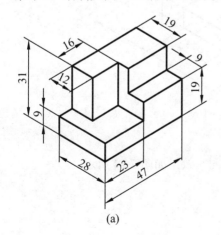
(a)

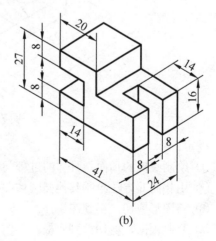
(b)

图 7.11 练习1图

特别提示

● 在绘制轴测图时，图中的平行线如果按照"偏移"命令来绘制将发生问题。如图 7.12 所示，"偏移"命令得到的直线在与原直线是垂直的方向上，而在轴测图中的直线间的关系是沿轴测轴的方向的。具体来说图中的直线 L_1 是直接画出的，L_3 直线是采用"偏移"命令绘出的，图中可以看出 L_1 与 L_3 间的连线的角度是 90°；直线 L_2 是轮廓线，与 L_1 连线的角度是 120°。L_2 可以采用复制的方法得到，在等轴测捕捉和正交状态下，复制后用鼠标指定方向，输入距离 30 即可。

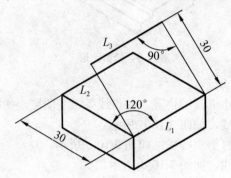

图 7.12　提示图

练习 2：绘制如图 7.13 所示的轴测图。

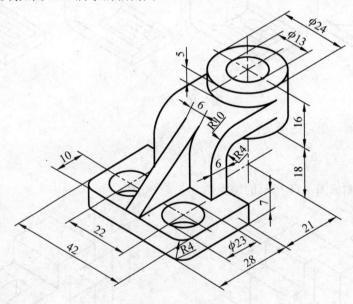

图 7.13　练习 2 图

提示：

① 绘制底板的顶面。具体的过程与图 7.10 相同。效果如图 7.14 所示。

② 用相同的方法绘制其他椭圆如图 7.15 所示。

③ 将图形剪切，得到图 7.16。

④ 复制顶面，剪切得到底板，如图 7.17 所示。

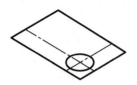
图 7.14　画椭圆

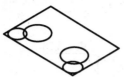
图 7.15　绘制椭圆

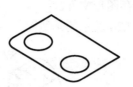
图 7.16　底板的顶面

图 7.17　底板

⑤ 绘制 L 形弯曲板的轴测图，如图 7.18 所示。

⑥ 绘制椭圆并复制，如图 7.19 所示。

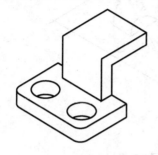
图 7.18　画弯曲板

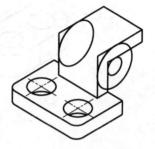
图 7.19　画出椭圆

⑦ 修剪线条，绘制椭圆，如图 7.20 所示。

⑧ 复制椭圆，再绘制出椭圆的公切线，如图 7.21 所示。

图 7.20　修剪并绘制椭圆

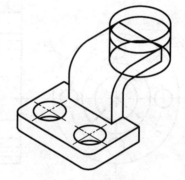
图 7.21　复制椭圆

⑨ 修剪线条，绘制椭圆，得到图 7.22。

⑩ 复制椭圆弧，画出切线，如图 7.23 所示。

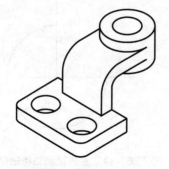
图 7.22　修剪后的图形

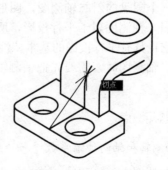
图 7.23　画出公切线

最后整理图形,保存图形文件。
练习3:绘制如图7.24所示的轴测图。

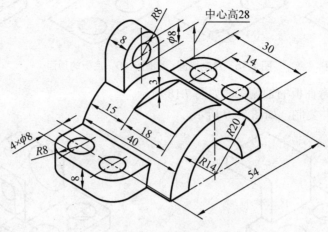

图 7.24　练习 3 图

7.2　绘制斜二测图实例

绘制如图7.25所示的斜二测图形。

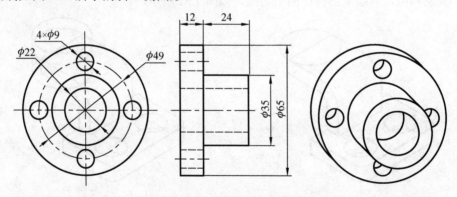

图 7.25　圆盘的斜二轴测图

7.2.1　图形分析

这是一个圆盘的斜二轴测图,图形由椭圆和直线构成。斜二轴测图属于平行投影,所以与正等轴测图一样它也具有平行投影的基本特性。

画斜二轴测图时,需要先把轴测轴的方向确定下来。

7.2.2　本题知识点

1. 轴测轴和轴向伸缩系数

在斜二测图中,轴测轴 O_1X_1 和 O_1Z_1 仍为水平

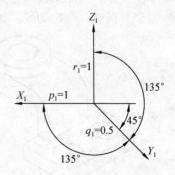

图 7.26　斜二测的轴测轴和轴向变形系数

方向和铅垂方向,其轴向伸缩系数为 $p_1=r_1=1$;O_1Y_1 轴与水平线成 45°,即轴间角 $\angle X_1O_1Y_1=\angle Y_1O_1Z_1=135°$,其轴向伸缩系数 $q_1=0.5$。斜二测中轴测轴的位置如图 7.26 所示。绘图过程中,只要得到角度 45 即可画出斜二测图。还需要特别注意的是轴向伸缩系数 q_1。

2. 极轴追踪方式的设置

应用极轴追踪方式可以方便地捕捉到所设角度线上的任意点,使绘制斜二等轴测图变得简单。极轴追踪的设置是通过下列方法之一实现的。

- 右击状态栏上"极轴追踪"按钮,从弹出的右键菜单中选择"设置"选项或者选择要设置的角度。
- 从下拉菜单选取:"工具"→"草图设置"→"极轴追踪"。

输入命令后,AutoCAD 弹出如图 7.27 所示的"草图设置"对话框。

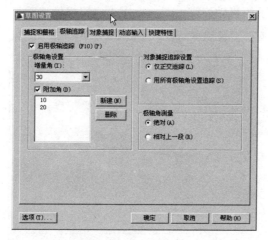

图 7.27 显示"极轴追踪"选项卡的"草图设置"对话框

"极轴追踪"选项卡中各项含义及操作如下。

1) 启用极轴追踪 (F10)(P)

该复选框控制极轴追踪捕捉方式的打开与关闭。F10 键是快捷方式。

2) 极轴角设置

该区用于设置极轴追踪的角度,设置方法是从"增量角"下拉列表中选择一个角度值或输入一个新角度值。所设角度将使 AutoCAD 在此角度线及该角度的倍数线上进行极轴追踪。在画斜二等轴测图时,将此角度输入或选择为 45°,并打开极轴追踪即可。

附加角(D):如果启用"附加角"复选框,可在"附加角"复选框下方的列表框中为极轴追踪设置附加角度。要添加新的角度,单击"新建"按钮。要删除现有角度,单击"删除"按钮。图 7.27 中所示的附加角是 10 和 20,所以 AutoCAD 不但可以在 30°角度线及 30°的倍数线上进行极轴追踪,还可以在 10°和 20°角度线上进行追踪。

3) 对象捕捉追踪设置

仅正交追踪(L):选择该选项,将使对象捕捉追踪通过指定点时,仅显示水平和竖直追踪方向,绘制三视图时用此选项。

用所有极轴角设置追踪(S):选择该选项,光标将从获取的对象捕捉点起沿极轴对齐角度进行追踪,将使对象追踪通过指定点时可显示极轴追踪所设的所有追踪方向。

4) 极轴角测量

该区有两个选项，用于设置测量极轴追踪角度的参考基准。选择"绝对"选项，使极轴追踪角度以当前用户坐标系(UCS)为参考基准。选择"相对上一段"选项，使极轴追踪角度以最后绘制的实体为参考基准。

5) 选项(T)... 按钮

单击 选项(T)... 按钮，AutoCAD 将弹出显示"草图"选项卡的"选项"对话框。

7.2.3 绘图步骤

具体的绘图步骤如下。

(1) 用样板文件"A4 样板文件"创建一张新的图纸。

(2) 作如图 7.28 所示的极轴追踪设置。启用"启用极轴追踪"复选框。

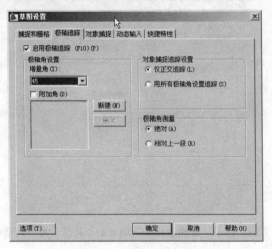

图 7.28 设置极轴追踪

(3) 将"粗实线"图层设为当前图层，根据尺寸绘制图形的前面的两个圆，如图 7.29 所示。

(4) 复制出中间面上 $\phi 35$ 的圆。

命令：_copy↵

选择对象：找到 1 个(选择 $\phi 35$ 小圆)

选择对象：↵(按 Enter 键结束选择)

当前设置：复制模式=多个

指定基点或[位移(D)/模式(O)]<位移>：指定第二个点或<使用第一个点作为位移>"12↵(指定圆心作为基点，在极轴的导向下，输入距离 24×0.5=12 即可。效果如图 7.30 所示)

指定第二个点或[退出(E)/放弃(U)]<退出>：↵

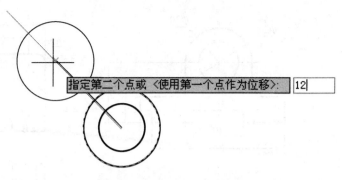

图 7.29 绘制前面的两个圆　　　　图 7.30 复制中间面上 $\phi 35$ 的圆

(5) 以 $\phi 35$ 的圆心为圆心，绘制中间面上的图形，如图 7.31 所示。4 个小圆可以"阵列"得到。

(6) 将中间面上的图形向后"6"（12×0.5=6）复制得到后面，如图 7.32 所示。

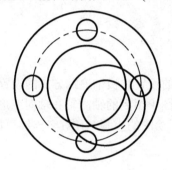 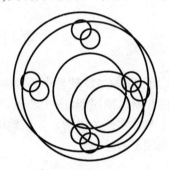

图 7.31 绘制中间面　　　　图 7.32 复制后面

(7) 复制 $\phi 22$ 的圆，如图 7.33 所示。

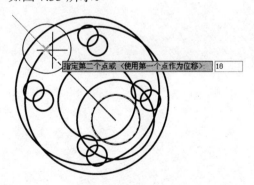

图 7.33 复制 $\phi 22$ 的圆

(8) 利用"捕捉到切点"命令绘制圆的公切线，剪切多余的线条。

(9) 整理图形，保存文件。

7.2.4　上机实训与指导

练习 1：绘制如图 7.34 所示图形的斜二测轴测图。

练习 2：绘制如图 7.35 所示图形的斜二测轴测图。

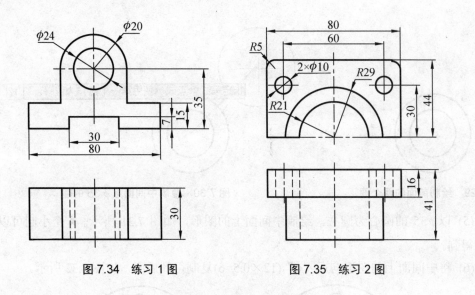

图 7.34 练习 1 图　　图 7.35 练习 2 图

项 目 小 结

  本项目介绍了 AutoCAD 软件中等轴测捕捉的设置和极轴追踪方式的设置，并应用它们来绘制正等测图和斜二测图形，其中还包含了绘图中用到的轴测轴和轴向变形系数的概念。本项目通过两个具体实例的讲解，详细地讲述了绘图的步骤，使读者能够更好地掌握正等轴测图和斜二测图形的绘制。

项目 8

尺寸标注

▶ 学习目标

通过本项目的学习,能建立符合标准的尺寸标注样式,对平面图形进行正确的尺寸标注,并且对尺寸标注进行必要的编辑,还要能够在轴测图中进行符合要求的尺寸标注。

▶ 学习要求

① 掌握根据国标的要求建立尺寸标注样式。
② 掌握尺寸标注的具体命令。
③ 掌握轴测图尺寸标注的技巧。

▶ 项目导读

尺寸标注是制图中的一项重要内容。机械制图中的尺寸必须标注得符合相应的国家制图标准。各行业制图标准中对尺寸标注的要求各不相同,而 AutoCAD 是一个通用的绘图软件包,所以需要用户根据需要自己创建所需的标注样式。标注样式控制尺寸的四要素(尺寸界线、尺寸线、尺寸起止符号、尺寸数字)的形式与大小。在 AutoCAD 中标注尺寸,应首先根据制图标准创建所需要的标注样式,并设为当前标注样式后再进行尺寸标注。

8.1 创建尺寸标注样式

8.1.1 图形分析

这是一张法兰盘的图纸，在绘制完成后需要对其进行尺寸标注。根据图形的具体尺寸，该图选择的是 A3 图纸。由国家标准可知，图中的标注数字应是斜体，3.5 号字。文字的样式应该是 gbeitc.shx(用于标注斜体字母与数字，可以将它创建为"工程文字"文字样式)。

对于线性尺寸的标注需要符合下面的标准。

① 线性尺寸数字的位置在尺寸线的中间部位的上方(水平和倾斜方向尺寸)、左方(竖直方向尺寸)或中断处。

② 线性尺寸数字方向，尺寸线是水平方向时字头朝上，尺寸线是竖直方向时字头朝左，其他倾斜方向时字头要有朝上的趋势。

国标规定，角度标注的数字一律水平书写，一般标注在中断处，必要时可注写在尺寸线的上方或外面，也可以引线标注。角度的标注与线性尺寸的标注样式规定不同。

如果要求标注直径时的效果如图 8.1 所示(也可以不是这样标注)，标注样式与线性尺寸的标注样式规定也不同。

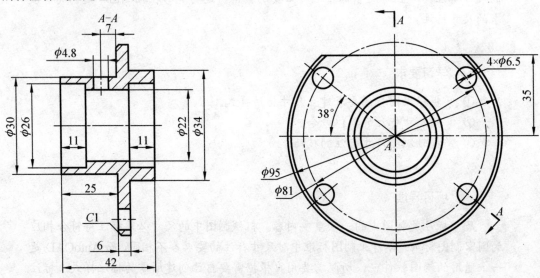

图 8.1 法兰盘

8.1.2 创建尺寸标注样式

1. 创建线性尺寸标注样式

具体步骤如下。

(1) 创建新文字样式。从下拉菜单选择"格式"→"文字样式"命令，弹出"文字样式"对话框，新建样式名为"工程字"的文字样式，字体文件是"gbeitc.shx"(或"gbenor.shx"，用于标注直体字母与数字)和"gbcbig.shx"(用于标注中文)。

(2) 从"样式"或"标注"工具栏单击"标注样式"图标按钮，弹出"标注样式管理器"对话框。单击对话框中的"新建"按钮,弹出"创建新标注样式"对话框,如图8.2所示。

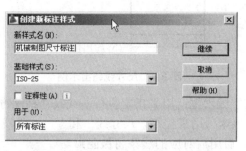

图 8.2 "创建新标注样式"对话框

(3) 在"创建新标注样式"对话框中的"基础样式"下拉列表中选择一种与所要创建的标注样式相近的标注样式作为基础样式(默认状态时,基础样式中只"ISO-25"一种标注样式)。

(4) 在"创建新标注样式"对话框中的"新样式名"文字编辑框中输入所要创建的标注样式的名称"机械制图尺寸标注"。

(5) 单击"创建新标注样式"对话框中的 继续 按钮,弹出"新建标注样式"对话框,如图8.3所示。

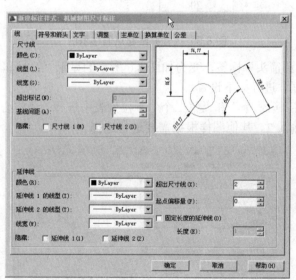

图 8.3 显示"线"选项卡的"新建标注样式"对话框

(6) 在"新建标注样式"对话框中选择"线"选项卡,进行如下设置。

在"尺寸线"区:"颜色"设成"随层";"线宽"设成"随层";"超出标记"为"0";"基线间距"输入"7";不启用"隐藏"选项。

在"延伸线"区:"颜色"设为"随层";"线宽"设成"随层";"超出尺寸线"值输入"2";"起点偏移量"输入"0";不启用"隐藏"选项。

① "超出标记"文字编辑框:用来指定当尺寸终端形式为倾斜、建筑标记、积分和无标记时,尺寸线超出尺寸界线的长度。尺寸终端形式为箭头时不可用,如图8.4所示。

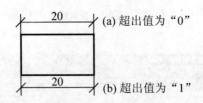

图 8.4　尺寸线超出示例

② "基线间距"文字编辑框：用来指定执行基线尺寸标注方式时两尺寸线间的距离。

③ "隐藏"选项：该选项用来控制"尺寸线"和"尺寸界线"的显示。该选项主要用于半剖视图的尺寸标注。启用后对应的线条将被隐藏。

④ "超出尺寸线"文字编辑框：用来指定尺寸界线超出尺寸线的长度，一般按制图标准规定设为 2～3mm。

⑤ "起点偏移量"文字编辑框：用来指定尺寸界线相对于起点偏移的距离。该起点是在进行尺寸标注时用对象捕捉方式指定的。绘制机械图时将该值设为"0"，如图 8.5 所示。

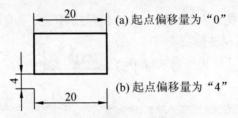

图 8.5　尺寸界限起点偏移示例

(7) 单击"符号和箭头"标签，变为如图 8.6 所示的显示"符号和箭头"选项卡的"新建标注样式"对话框。进行如下设置。

在"箭头"区将"第一个"和"第二个"下拉列表中选择为"实心闭合"选项，在"箭头大小"文本框中输入 2。其他图样根据需要进行选择。

图 8.6　显示"符号和箭头"选项卡的"新建标注样式"对话框

① "引线"下拉列表框：设置引线标注时箭头的样式。

② "箭头大小"文字编辑框：显示和设置箭头的大小。例如箭头的长度，45°斜线的长度、圆点的大小，按机械制图标准应设成 2mm 左右。

③ "圆心标记"区：控制直径标注和半径标注的圆心的外观，单击"标注"工具条上的"圆心标记"按钮 ⊕ 即可调用该命令。该区中共有如下 4 个操作项，分别是：

- "无"单选按钮：选中该单选按钮，表示在圆的中心不创建圆心标记或中心线，如图 8.7(a)所示。
- "标记"单选按钮：选中该单选按钮，表示在圆的中心创建圆心标记，如图 8.7(b)所示。
- "直线"单选按钮：选中该单选按钮，表示在圆的中心标注中心线，如图 8.7(c)所示。
- "大小"文字编辑框：显示和设置圆心标记或中心线的大小。

在"圆心标记"区：选择"无"选项。

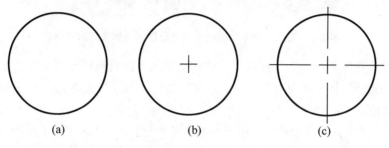

图 8.7 圆心标记

④ "弧长符号"区：控制弧长标注中圆弧符号的显示，设置弧长符号是否标注和标注的位置。

"标注文字的前缀"单选按钮：选中该单选按钮，弧长符号将放在标注文字的前面，如图 8.8(a)所示。

"标注文字的上方"单选按钮：选中该单选按钮，弧长符号将放在标注文字的上方，如图 8.8(b)所示。根据制图标准，应选择该项。

"无"单选按钮：选中该单选按钮，表示不显示弧长符号，如图 8.8(c)所示。

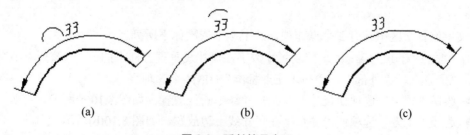

图 8.8 弧长符号表示

(8) 单击"文字"标签，变为如图 8.9 所示的显示"文字"选项卡的"新建标注样式"对话框，进行如下设置。

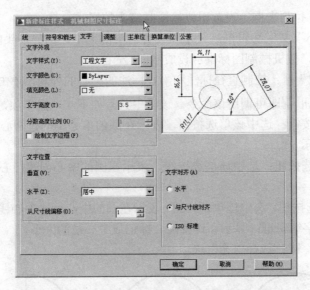

图 8.9 显示"文字"选项卡的"新建标注样式"对话框

在"文字外观"区:"文字样式"下拉列表中选择符合机械制图要求的文字样式"工程文字";"文字颜色"设为"随层";"文字高度"输入数值"3.5";不启用"绘制文字边框"复选框。

在"文字位置"区:"垂直"下拉列表中选择"上方";"水平"下拉列表中选择"居中","从尺寸线偏移"值输入"1"。

在"文字对齐"区:选择"与尺寸线对齐"选项。

"文字外观"区中各项的含义如下。

① "文字样式"下拉列表:显示和设置当前标注文字样式。单击下拉按钮,列出已设置的文本样式供选择。单击列表旁边的 ![] 按钮,可以创建和修改标注文字样式。

② "文字高度"文字编辑框:用来指定尺寸数字的字高(即字号),根据图纸的大小设定。

③ "分数高度比例"文字编辑框:用来设置基本尺寸中分数数字的高度。在"分数高度比例"编辑框中输入一个数值,该数值与尺寸数字高度的乘积就是基本尺寸中分数数字的高度。

"文字位置"区中共有 3 个操作项,从上至下依次如下所列。

① "垂直"下拉列表:用来控制尺寸数字在尺寸线垂直方向上的位置。该列表中有"置中"、"上方"、"外部"、"日本工业标准"(JIS)4 个选项。

● 选择"置中"选项使尺寸数字在尺寸线中断处放置,如图 8.10(a)所示。
● 选择"上方"选项使尺寸数字在尺寸线上边放置,如图 8.10(b)所示。
● 选择"外部"选项使尺寸数字在尺寸线外(远离图形一边)放置,如图 8.10(c)所示。
● 选择 JIS 选项,按照日本工业标准(JIS)放置标注文字。

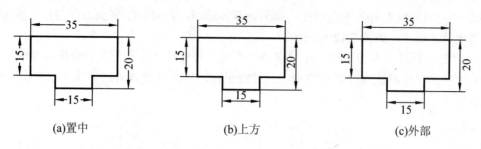

(a)置中　　　　　　　　(b)上方　　　　　　　　(c)外部

图 8.10　文字位置"垂直"选项示例

② "水平"下拉列表：用来控制尺寸数字在尺寸线水平方向上的位置。该列表中有如下 5 个选项：
- 选择"置中"选项使尺寸界线内的尺寸数字居中放置，如图 8.11(a)所示。
- 选择"第一条尺寸界线"选项使尺寸界线中的尺寸数字靠向第一条尺寸界线放置，如图 8.11(b)所示。
- 选择"第二条尺寸界线"选项使尺寸界线中的尺寸数字靠向第二条尺寸界线放置，如图 8.11(c)所示。
- 选择"第一条尺寸界线上方"选项将尺寸数字放在尺寸界线上并平行第一条尺寸界线，如图 8.11(d)所示。
- 选择"第二条尺寸界线上方"选项将尺寸数字放在尺寸界线上并平行第二条尺寸界，如图 8.11(e)所示。

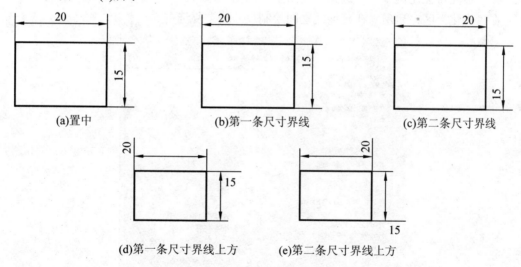

(a)置中　　　　　　(b)第一条尺寸界线　　　　　　(c)第二条尺寸界线

(d)第一条尺寸界线上方　　　(e)第二条尺寸界线上方

图 8.11　文字位置水平选项示例

③ "从尺寸线偏移"文字编辑框：用来确定尺寸数字放在尺寸线上方时，尺寸数字底部与尺寸线之向的间隙，一般设为 0.6～1mm。

"文字对齐"区用来控制尺寸数字的字头方向是水平向上还是与尺寸线平行，该区共有 3 个单选按钮，其从上至下依次如下所列。

① "水平"单选按钮：如果选择该选项，尺寸数字字头永远向上，用于引出标注和角度尺寸标注，如图 8.12(a)所示。

② "与尺寸线对齐"单选按钮：如果选择该选项，尺寸数字字头方向与尺寸线平行，用于直线尺寸标注，如图8.12(b)所示。

③ "ISO标准"单选按钮：如果选择该选项，尺寸数字字头方向符合国际制图标准，即尺寸数字在尺寸界线内时字头方向与尺寸线平行，在尺寸界线外时字头永远向上，如图8.12(c)所示。

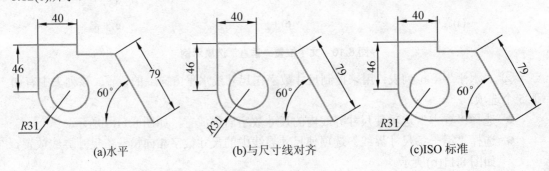

(a)水平　　　　　　(b)与尺寸线对齐　　　　　　(c)ISO标准

图8.12　文字对齐方式

(9) 单击"调整"标签，变为如图8.13所示的显示"调整"选项卡的"新建标注样式"对话框。进行如下设置。

在"调整选项"区：选择"文字"选项。

在"文字位置"区：选择"尺寸线旁边"选项。

在"标注特征比例"区：选择"使用全局比例"选项。

在"优化"区：启用"在延伸线之间绘制尺寸线"复选框。

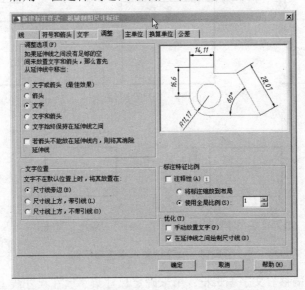

图8.13　显示"调整"选项卡的"新建标注样式"对话框

"调整选项"区用来确定当箭头或尺寸数字在尺寸界线内放不下的时候，在何处绘制箭头和尺寸数字。选择"文字"选项后，如果箭头与尺寸数字两者仅够放一种，就将尺寸数字放在尺寸界线外，尺寸箭头放在尺寸界线内；但如果尺寸箭头也不足以放在尺寸界线内，尺寸数字与箭头都放在尺寸界线外。

"文字位置"区共有3个单选按钮,从上至下依次如下所列。

① "尺寸线旁边"单选按钮:选定该选项后,当尺寸数字不在默认位置时,就在第二条尺寸界线旁放置尺寸数字,效果如图8.14(a)所示。

② "尺寸线上方,加引线"单选按钮:选定该选项后,当尺寸数字不在默认位置时,且尺寸数字与箭头都不足以放到尺寸界线内,AutoCAD自动绘出一条引线标注尺寸数字,效果如图8.14(b)所示。

③ "尺寸线上方,不加引线"单选按钮:选定该选项后,当尺寸数字不在默认位置时,且尺寸数字与箭头都不足以放到尺寸界线内,呈引线模式,但不画出引线。效果如图8.14(c)所示。

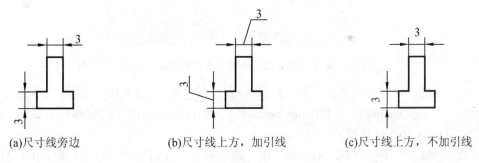

图 8.14 "文字位置"区选项示例

"标注特征比例"区共有如下两个操作项。

① "使用全局比例"单选按钮:为所有标注样式设置一个比例系数,这些设置指定了大小、距离或间距,包括文字和箭头大小。全局比例的默认值为"1",可以在右边的文字编辑框中重新指定,一般使用默认值"1"。

② "将标注缩放到布局"单选按钮:根据当前模型空间视口和图纸空间之间的比例确定比例因子。

"优化"区共有两个操作项,从上至下依次如下所列。

① "手动放置文字"复选框:启用该复选框进行尺寸标注时,自行指定尺寸数字的位置。

② "在尺寸界线之间绘制尺寸线"复选框:该复选框控制尺寸箭头在尺寸界线外时,两尺寸界线间是否画线。启用该复选框画线,不启用不画线。一般要启用该复选框。

(10) 单击"主单位"标签,变为如图8.15所示的显示"主单位"选项卡的"新建标注样式"对话框。进行如下设置。

在"线性标注"区:"单位格式"下拉列表中选择"小数"即十进制;"精度"下拉列表中选择"0"(表示尺寸数字是整数,如是小数应按需要选择);"比例因子"应根据当前图样的绘图比例输入比例值;"小数分隔符"采用"句点"。

在"角度标注"区:"单位格式"下拉列表中选择"十进制度数";"精度"下拉列表中选择"0"。

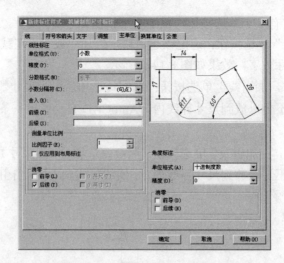

图 8.15 显示"主单位"选项卡的"新建标注样式"对话框

① "单位格式"下拉列表：用来设置所注线性尺寸单位。该列表中包括：科学(Scientific)、小数即十进制(Decimal)、工程(Engineering)、分数(Fractional)和 Windows 桌面。一般使用十进制(Decimal)即默认设置。

② "精度"下拉列表：用来设置所注线性基本尺寸数字中小数点后保留的位数。

③ "分数格式"下拉列表：用来设置线性基本尺寸中分数的格式，其中包括"对角"、"水平"、"非重叠" 3 个选项。

④ "小数分隔符"下拉列表：用来指定十进制单位中小数分隔符的形式，其中包括"句点(句号)"、"逗点(逗号)"、"空格" 3 个选项。

⑤ "比例因子"文字编辑框：用于直接标注形体的真实大小。按绘图比例，输入相应的数值，图中的尺寸数字将会乘以该数值注出。例如：绘图比例为 1∶150，即图形缩小 150 倍来绘制，在此输入比例因子"150"，AutoCAD 就将把测量值扩大 150 倍，使用真实的尺寸数值进行标注。

(11) 设置完成后，单击"确定"按钮，AutoCAD 存储新创建的"机械制图尺寸标注"标注样式，返回"标注样式管理器"对话框，并在"样式"列表框中显示"机械制图尺寸标注"标注样式名称，完成该标注样式的创建。

特别提示

- 完成"机械制图尺寸标注"标注样式后，可再单击"标注样式管理器"对话框中的"新建"按钮，按以上操作进行另一新标注样式的创建。所有标注样式创建完成后，再单击"标注样式管理器"对话框中"关闭"按钮，结束命令。
- "换算单位"选项卡在特殊情况时才使用，各操作项与"主单位"选项卡的同类项基本相同，不再赘述。
- 单击"公差"标签，显示"公差"选项卡的"新建标注样式"对话框，如图 8.16 所示。"公差"选项卡主要用来控制尺寸公差标注形式、公差值大小及公差数字的高度及位置，主要用于机械制图。但是，标注公差时一般不用该选项。

图 8.16 所示的对话框主要应用部分是左边区域，从上至下依次如下所列。

① "方式"下拉列表：用来指定公差标注方式，其中包括以下5个选项。
- "无"选项，表示无公差标注。
- "对称"选项，表示上下偏差同值标注，效果如图8.17(a)所示。
- "极限偏差"选项，表示上下偏差不同值标注，效果如图8.17(b)所示。
- "极限尺寸"选项，表示用上下极限值标注，效果如图8.17(c)所示。
- "基本尺寸"选项，表示要在基本尺寸数字上加矩形框。

图8.16 显示"公差"选项卡的"新建标注样式"对话框

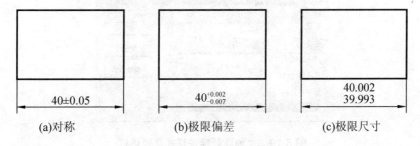

(a)对称　　　　　　　(b)极限偏差　　　　　　　(c)极限尺寸

图8.17 公差方式示例

② "精度"下拉列表：用来指定公差值小数点后保留的位数。

③ "上偏差"文字编辑框：用来输入尺寸的上偏差值。上偏差默认状态是正值，如果是负值应在数字前输入"−"号。

④ "下偏差"文字编辑框：用来输入尺寸的下偏差值。下偏差默认状态是负值，如果是正值应在数字前输入"−"号。

⑤ "高度比例"文字编辑框：用来设定尺寸公差数字的高度。该高度是由尺寸公差数字字高与基本尺寸数字高度的比值来确定的。例如："0.7"这个值是尺寸公差数字字高是基本尺寸数字高度的0.7倍。

⑥ "垂直位置"下拉列表：用来控制尺寸公差相对于基本尺寸的上下位置，其包括以下3个选项。
- "上"选项，使尺寸公差数字顶部与基本尺寸顶部对齐，效果如图8.18(a)所示。
- "中"选项，使尺寸公差数字中部与基本尺寸中部对齐，效果如图8.18(b)所示。

"下"选项,使尺寸公差数字底部与基本尺寸底部对齐,效果如图8.18(c)所示。

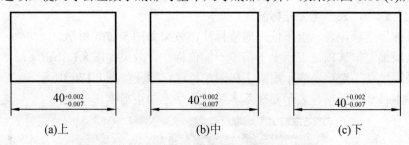

图 8.18　公差值对齐方式示例

2. 创建"角度标注"子样式

如果用"机械制图尺寸标注"标注样式来标注角度尺寸,不能做到尺寸数字是水平放置的要求,所以需要创建新的标注子样式。具体步骤如下。

(1) 单击"标注样式管理器"对话框框中的"新建"按钮,弹出"创建新标注样式"对话框。

(2) 在"创建新标注样式"对话框中的"基础样式"下拉列表中选择"机械制图尺寸标注"标注样式为"基础样式"。

(3) 在"用于"下拉列表中选择"角度标注"选项,如图8.19所示。此时,新样式名区变灰,不用输入新的样式名称。

图 8.19　"创建新标注样式"对话框

(4) 单击"创建新标注样式"对话框中的 继续 按钮,弹出"新建标注样式"对话框。

(5) 在"新建标注样式"对话框中只需修改与"机械制图尺寸标注"标注样式不同的两处。

① 选择"文字"选项卡:在"文字对齐"区改"与尺寸线对齐"为"水平"选项(即使尺寸数字的字头方向永远向上)。

② 选择"调整"选项卡:在"文字位置"区选择"尺寸线上方,带引线"。

(6) 设置完成后,单击"确定"按钮,AutoCAD存储新创建的"角度"标注子样式,返回"标注样式管理器"对话框,并在"样式"列表框中显示"角度"标注子样式名称,如图8.20所示,完成该标注子样式的创建。

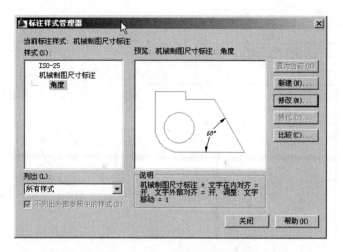

图 8.20 显示子样式的"标注样式管理器"对话框

3. 创建"直径(或半径)"标注子样式

如果要求标注半径和直径时的效果如图 8.1 所示，尺寸数字水平放置，就要用如上面一样的方法建立"直径"和"半径"两种子样式。两种子样式只需在"机械制图尺寸标注"标注样式的基础上修改两处。

(1) 选择"文字"选项卡：在"文字对齐"区改"与尺寸线对齐"为"水平"选项。

(2) 选择"调整"选项卡：在"优化"区选择"手动放置文字"选项。

8.1.3 上机实训与指导

练习 1：按照书中讲述的过程创建"机械制图尺寸标注"标注样式。

练习 2：按照书中讲述的过程创建"角度标注"子样式。

练习 3：按照书中讲述的过程创建"直径(或半径)"标注子样式。

8.2 创建尺寸标注

标注如图 8.21 所示的图形中的尺寸。

8.2.1 图形分析

这是一张平板类零件的图纸，图纸大小为 A4，在绘制完成后需要对其进行尺寸标注。标注样式选用 8.1 节中所建立的"机械制图尺寸标注"及子样式。

图中的尺寸标注包括了线形尺寸标注、角度标注、半径标注、直径标注和形位公差等的标注。

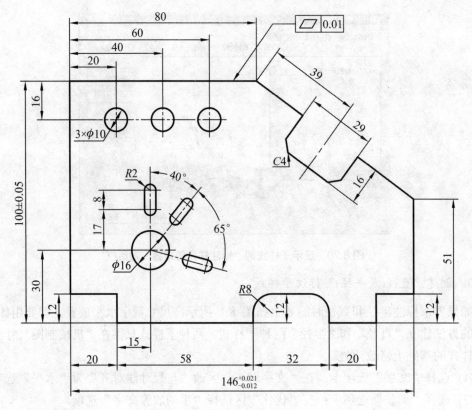

图 8.21 尺寸标注

8.2.2 标注过程及命令

1. 用 Dimlinear 命令标注线性尺寸

该命令主要用来标注水平或铅垂的线性尺寸。在标注线性尺寸时,应打开固定对象捕捉,这样可准确、快速地进行尺寸标注。

(1) 可以通过以下方式输入命令。

- 从"标注"工具栏单击:"线性标注"图标按钮,如图 8.22 所示。
- 从下拉菜单选取:"标注"→ 线性(L)。
- 在"命令"状态下从键盘输入:Dimlinear。

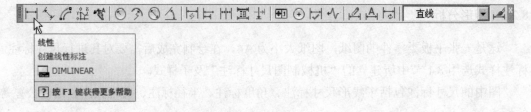

图 8.22 从"标注"工具栏输入 Dimlinear 命令

(2) 命令的操作。

① 标注图 8.23 中所示的尺寸"51"和"80"。

命令: _dimlinear↵
指定第一条尺寸界线原点或<选择对象>: (用对象捕捉第一条尺寸界线起点"A")
指定第二条尺寸界线原点: (用对象捕捉第二条尺寸界线起点"B")
指定尺寸线位置或[多行文字(M)/文字(T)/角度(A)/水平(H)/垂直(V)/旋转(R)]: (直接指定尺寸线位置,AutoCAD将按测定尺寸数字完成标注。)
标注文字=51

继续标注尺寸"80"。

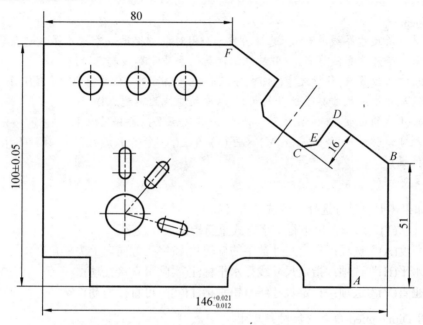

图 8.23　标注线性尺寸

② 标注图 8.23 中所示的尺寸"$146^{+0.021}_{-0.012}$"和"100 ± 0.05"。

命令: _dimlinear↵
指定第一条尺寸界线原点或<选择对象>: (用对象捕捉第一条尺寸界线起点)
指定第二条尺寸界线原点: (用对象捕捉第二条尺寸界线起点)
指定尺寸线位置或[多行文字(M)/文字(T)/角度(A)/水平(H)/垂直(V)/旋转(R)]: m↵(选择M选项,用多行文字编辑器指定特殊的尺寸数字。按 Enter 键后将弹出文字编辑框,如图 8.24 所示)

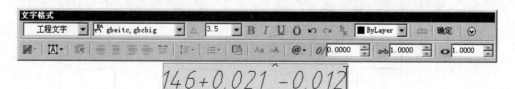

图 8.24　输入带公差的尺寸

在编辑框中输入"146+0.021^-0.012";然后将"+0.021^-0.012"选中;单击"堆叠"按钮,将数值堆叠;单击"确定"按钮;最后指定尺寸线的位置。这是带公差的尺寸的简洁输入方式。其中"^"用"Shift 键+数字键 6"输入。

输入 100±0.05 时,只要在多行文字编辑框中输入"100%%P0.05"即可。其中"%%p"也可单击如图 8.24 所示的"文字格式"对话框中的符号按钮,在弹出的列表中单击 正/负(P) %%p 按钮。

③ 标注图 8.23 中所示的尺寸"16"。

```
dimlinear↵
指定第一条尺寸界线原点或<选择对象>: (用对象捕捉第一条尺寸界线起点"C")
指定第二条尺寸界线原点: (用对象捕捉第一条尺寸界线起点"D")
指定尺寸线位置或[多行文字(M)/文字(T)/角度(A)/水平(H)/垂直(V)/旋转(R)]: r↵ ("R"选项是指定尺寸线和尺寸界限旋转的角度(以原尺寸线为零起点))
指定尺寸线的角度<0>: 指定第二点: (先指定点 D,再指定点 E)
指定尺寸线位置或[多行文字(M)/文字(T)/角度(A)/水平(H)/垂直(V)/旋转(R)]: (用鼠标指定标注位置)
标注文字=16
```

(3) 如果需要可进行选择,各选项含义如下。
- "文字(T)"选项:用单行文字方式重新指定尺寸数字。
- "角度(A)"选项:指定尺寸数字的旋转角度(字头方向向上为零角度)。
- "水平(H)"选项:指定尺寸线呈水平标注(实际可直接拖动)。
- "垂直(V)"选项:指定尺寸线呈铅垂标注(实际可直接拖动)。

2. 用 Dimaligned 命令标注对齐尺寸

该命令用来标注倾斜的线性尺寸,如图 8.25 所示。

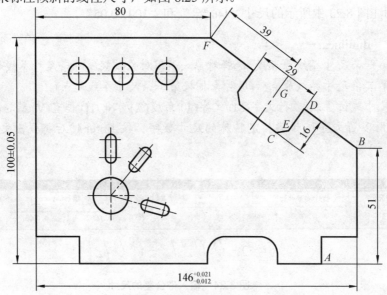

图 8.25　标注对齐尺寸

(1) 可以通过以下方式输入命令。
- 从"标注"工具栏单击:"对齐标注"图标按钮,如图 8.26 所示

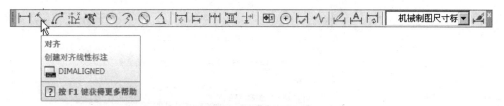

图 8.26 从"标注"工具栏输入 Dimaligned 命令

- 从下拉菜单选取:"标注"→ 对齐(G)。
- 在"命令"状态下从键盘输入:Dimaligned。

(2) 命令的操作。
标注图 8.26 中的尺寸"39"。

```
dimaligned↵
指定第一条尺寸界线原点或<选择对象>: (用对象捕捉找取第一条尺寸界线起点"F")
指定第二条尺寸界线原点: _per 到(用对象捕捉到垂足,即第二条尺寸界线起点"G")
指定尺寸线位置或[多行文字(M)/文字(T)/角度(A)]: (指定尺寸线位置)
标注文字=39
```

继续标注尺寸"29"。

(3) 如果需要可进行选择,各选项含义与线性尺寸标注方式的同类选项相同。

3. 用 Dimbaseline 命令标注基线尺寸

该命令用来快速地标注具有同一起点的若干个相互平行的尺寸,如图 8.27 所示。

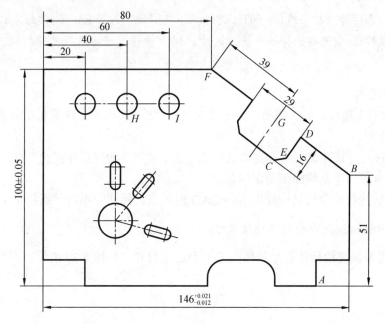

图 8.27 标注基线尺寸

(1) 可以通过以下方式输入命令。
- 从"标注"工具栏单击:"基线"图标按钮,如图 8.28 所示。

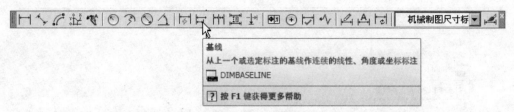

图 8.28　从"标注"工具栏输入 Dimbaseline 命令

- 从下拉菜单选取:"标注"→ 基线(B)。
- 在"命令"状态下从键盘输入:Dimbaseline。

(2) 命令的操作。

用线性尺寸标注方式标注一个基准尺寸或选择一个基准尺寸,然后再标注其他基线尺寸,每一个基线尺寸都将以基准尺寸第一条尺寸界线为第一条尺寸界线进行尺寸标注。基线尺寸标注命令的操作过程如下。

首先用夹点编辑的方式向上调整尺寸"80"的尺寸线位置,然后用 Dimlinear 命令标注线性尺寸"20",再输入 dimbaseline 命令。

```
dimbaseline↵
指定第二条延伸线原点或[放弃(U)/选择(S)]<选择>: (捕捉到圆心"H") 注出一个尺寸
标注文字=40
指定第二条延伸线原点或[放弃(U)/选择(S)]<选择>: (捕捉到圆心"I") 注出一个尺寸
标注文字=60
指定第二条延伸线原点或[放弃(U)/选择(S)]<选择>: (按"Enter"键结束该基线标注)
选择基准标注: (可再选择一个基准尺寸,同上操作,进行基线尺寸标注或按 Enter 键
结束命令)
```

(3) 选项说明。

提示中"U"选项,可撤销前一个基线尺寸;"S"选项,允许重新指定基线尺寸第一尺寸界线的位置。

- 各基线尺寸间距离是在标注样式中给定的,就是"新建标注样式"对话框中的"线"选项卡界面中基线间距给定的数值。
- 所注基线尺寸数值只能使用 AutoCAD 内测值,标注中不能重新指定。

4. 用 Dimcontinue 命令标注连续尺寸

该命令用来快速地标注首尾相接的若干个连续尺寸,如图 8.29 所示。

项目 8　尺寸标注

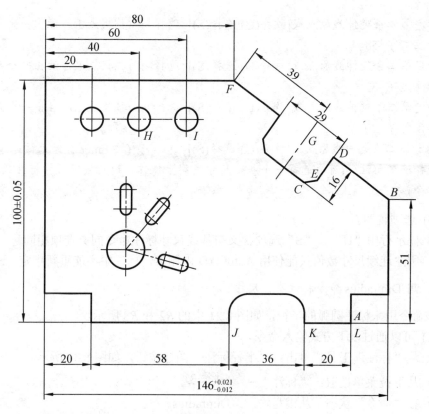

图 8.29　连续尺寸标注

(1) 可以通过以下方式输入命令。
- 从"标注"工具栏单击:"连续标注"图标按钮,如图 8.30 所示。

图 8.30　从"标注"工具栏输入 Dimcontinue 命令

- 从下拉菜单选取:"标注"→ 连续(C)。
- 在"命令"状态下从键盘输入:Dimcontinue。

(2) 命令的操作。

用线性尺寸标注方式注出一个基准尺寸或选择一个基准尺寸,然后再进行连续尺寸标注,每一个连续尺寸都将前一尺寸的第二尺寸界线为第一尺寸界线进行标注。连续尺寸标注命令的操作过程如下。

首先用夹点编辑的方式向下调整尺寸"$145^{+0.021}_{-0.012}$"的尺寸线位置,然后用 Dimlinear 命令标注线性尺寸"20",再输入 dimcontinue 命令。

dimcontinue↵

215

指定第二条延伸线原点或[放弃(U)/选择(S)]<选择>: (捕捉点 J) 注出一个尺寸
标注文字=58
指定第二条延伸线原点或[放弃(U)/选择(S)]<选择>: (捕捉点 K) 注出一个尺寸
标注文字=32
指定第二条延伸线原点或[放弃(U)/选择(S)]<选择>: (捕捉点 L) 注出一个尺寸
标注文字=20
指定第二条延伸线原点或[放弃(U)/选择(S)]<选择>: (按 Enter 键结束该连续标注)
选择连续标注: (可再选择一个基准尺寸,同上操作,进行连续尺寸标注或按 Enter 键结束命令)

(3) 选项说明。
- 提示行中"U"、"S"选项含义与基线尺寸标注命令同类选项相同。
- 所注连续尺寸数值只能使用 AutoCAD 内测值,标注中不能重新指定。

5. 用 Dimradius 命令标注半径尺寸

该命令用来标注圆弧的半径,如图 8.21 中的 *R*2 和 *R*8 所示。
(1) 可以通过以下方式输入命令。
- 从"标注"工具栏单击:"半径标注"图标按钮,如图 8.31 所示。
- 从下拉菜单选取:"标注"→ 半径(R)。
- 在"命令"状态下从键盘输入:Dimradius。

图 8.31 从"标注"工具栏输入 Dimradius 命令

(2) 命令的操作。

命令: _dimradius↵
选择圆弧或圆: (用直接点取方式选择需标注的圆弧或圆)
标注文字=8
指定尺寸线位置或[多行文字(M)/文字(T)/角度(A)]: (拖动鼠标确定尺寸线位置或选项)

若直接给出尺寸线位置,AutoCAD 将按测定尺寸数字并加上半径符号"R"完成半径尺寸标注。继续标注 *R*2。
(3) 选项说明。
若进行选项,各选项含义与线性尺寸标注方式的同类选项相同,但用"M"或"T"选项重新指定尺寸数字时,半径符号"R"需与尺寸数字一起重新输入。

6. 用 Dimdiameter 命令标注直径尺寸

该命令用来标注圆与圆弧的直径,如图 8.21 中的 $\phi16$ 和 $3\times\phi10$ 所示。

(1) 可以通过以下方式输入命令。
- 从"标注"工具栏单击:"直径标注"图标按钮,如图 8.32 所示

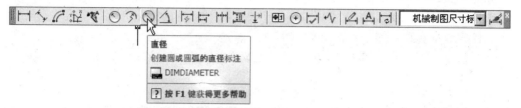

图 8.32 从"标注"工具栏输入 Dimdiameter 命令

- 从下拉菜单选取:"标注"→ 直径(D)。
- 在"命令"状态下从键盘输入:Dimdiameter。

(2) 命令的操作。

命令: _dimdiameter↵
选择圆弧或圆:(用直接点取方式选择需标注的圆弧或圆)
标注文字=10
指定尺寸线位置或[多行文字(M)/文字(T)/角度(A)]: t↵
输入标注文字<10>: 3×%%c10↵(输入"3×%%c10"后按 Enter 键)
指定尺寸线位置或[多行文字(M)/文字(T)/角度(A)]: (拖动鼠标确定尺寸线位置或选项)

若直接指定尺寸线位置,AutoCAD 将按测定尺寸数字并加上直径符号"φ"完成直径尺寸标注。

继续标注尺寸 φ16。

(3) 选项说明。若进行选项,各选项含义与线性尺寸标注方式的同类选项相同,但用"M"或"T"选项重新指定尺寸数字时,直径符号 φ(%%C)需与尺寸数字一起重新输入。

7. 用 Dimangular 命令标注角度

该命令用来标注角度尺寸,如图 8.21 中的 40°和 65°所示。操作该命令可标注两非平行线间、圆弧及圆上两点间的角度。

(1) 可以通过以下方式输入命令。
- 从"标注"工具栏单击:"角度标注"图标按钮,如图 8.33 所示。
- 从下拉菜单选取:"标注"→ 角度(A)。
- 在"命令"状态下从键盘输入:Dimangular。

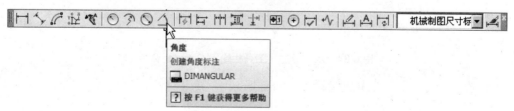

图 8.33 从"标注"工具栏输入 Dimangular 命令

(2) 命令的操作。

dimangular↵
选择圆弧、圆、直线或<指定顶点>：(直接选取40°角的第一条边)
选择第二条直线：(直接选取40°角的第二条边)
指定标注弧线位置或[多行文字(M)/文字(T)/角度(A)/象限点(Q)]：(拖动定尺寸线位置或选项)
标注文字=40

若直接指定尺寸线位置，AutoCAD将按测定尺寸数字加上角度单位符号"°"完成角度尺寸标注。

输入Dimcontinue命令标注连续尺寸。

dimcontinue↵
指定第二条延伸线原点或[放弃(U)/选择(S)]<选择>：(直接选取65°角的第二条边)标注文字=65
指定第二条延伸线原点或[放弃(U)/选择(S)]<选择>：↵(回车结束连续标注)
选择连续标注：↵(按Enter键结束命令)

(3) 选项说明。
- 用"M"或"T"选项重新指定尺寸数字时，角度单位符号"°"(%%D)应与尺寸数字一起输入。
- "象限点(Q)"选项：指定标注应锁定到的象限。指定了标注应锁定到的象限后，如果将标注文字放置在角度标注外时，尺寸线会延伸超过延伸线。

8. 用QLEADER命令标注引线尺寸

使用QLEADER命令可以快速创建引线和引线注释。其引线可有箭头，也可无箭头；可是直线，也可是样条曲线；可以使用多行文字编辑器输入注释文字，如图8.21中的倒角C4所示；能标注带指引线的形位公差，如图8.21中的平面度公差标注所示。

(1) 可以通过以下方式输入命令。
- 从"标注"工具栏单击："快速引线"图标按钮，如图8.34所示。

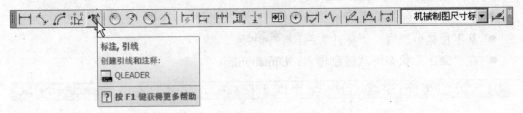

图8.34 从"标注"工具栏输入Qleader命令

- 在"命令"状态下从键盘输入：Qleader。

(2) 命令的操作。
① 标注图8.21中的倒角C4。操作过程如下。

命令：_qleader↵

指定第一个引线点或[设置(S)]<设置>: s↵

弹出"引线设置"对话框,如图 8.35 所示,该对话框中有"注释"、"引线和箭头"和"附着"3 个选项卡,在此进行所需的设置。

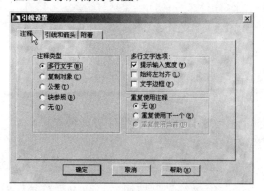

图 8.35 "引线设置"对话框

选择"注释"选项卡,如图 8.35 所示进行设置。
选择"引线和箭头"选项卡,如图 8.36 所示进行设置。
选择"附着"选项卡,如图 8.37 所示进行设置。

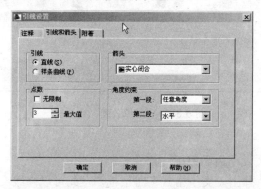

图 8.36 显示"引线和箭头"选项卡的"引线设置"对话框

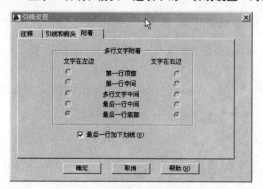

图 8.37 显示"附着"选项卡的"引线设置"对话框

单击"确定"按钮,命令行提示:

指定第一个引线点或[设置(S)]<设置>: (指定引线的起点)

指定下一点：(指定引线的终点)
指定下一点：(指定基线的终点)
指定文字宽度<0>：↵
输入注释文字的第一行<多行文字(M)>：c4↵(输入"c4")
输入注释文字的下一行：↵(按 Enter 键结束命令)

② 标注图 8.21 中的平面度公差。操作过程如下。
在图 8.35 中选择"公差"选项，其他如图 8.36 所示进行设置。单击"确定"按钮，命令行提示：

指定第一个引线点或[设置(S)]<设置>：(指定引线的起点)
指定下一点：(指定点)
指定下一点：(指定点后，弹出如图 8.38 所示的"形位公差"对话框。)

单击"形位公差"对话框中"符号"按钮，将弹出"符号"对话框，从中选取平面度公差符号，AutoCAD 自动关闭"符号"对话框，并在"形位公差"对话框"符号"按钮处显示所选取的公差符号。如图 8.38 所示输入数值后单击"确定"按钮即可。

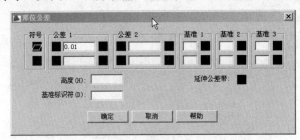

图 8.38 "形位公差"对话框

(3) 说明如下。
● 引线标注中箭头大小由当前标注样式控制。
● 双击注释文字，弹出"文字格式"对话框，在此可以修改文字的字高、字形、字体位置。

9. 用 DIMSPACE 命令调整标注间距
该命令用来对平行线性标注和角度标注之间的间距做调整。
(1) 可以通过以下方式输入命令。
● 从"标注"工具栏单击："标注间距"图标按钮，如图 8.39 所示。
● 从下拉菜单选取："标注"→ 标注间距(P)。
● 在"命令"状态下从键盘输入：DIMSPACE。

图 8.39 从"标注"工具栏输入 DIMSPACE 命令

(2) 命令的操作。

如标注图 8.21 中的左侧的尺寸，先用 Dimlinear 命令标注线性尺寸"12"、"30"和"16"，结果如图 8.40(a)所示。可以看出，尺寸之间的距离不合适，需要进行调整，步骤如下。

命令：DIMSPACE↵
选择基准标注：(指定尺寸"12"作为基准)
选择要产生间距的标注：找到 1 个(拾取尺寸标注"30")
选择要产生间距的标注：找到 1 个,总计 2 个(拾取尺寸标注"100±0.05")
选择要产生间距的标注：↵(按 Enter 键结束对象的拾取)
输入值或[自动(A)]<自动>：↵(按 Enter 键)
命令：DIMSPACE↵
选择基准标注：(指定尺寸"30"作为基准)
选择要产生间距的标注：找到 1 个(拾取尺寸标注"16")
选择要产生间距的标注：↵
输入值或[自动(A)]<自动>：0↵

结束命令后，"12"、"30"和"100±0.05"等距分布；"30"和"16"对齐标注。效果如图 8.40(b)所示。

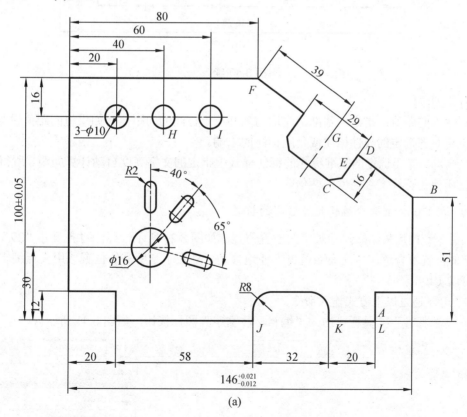

(a)

图 8.40　调整标注间距

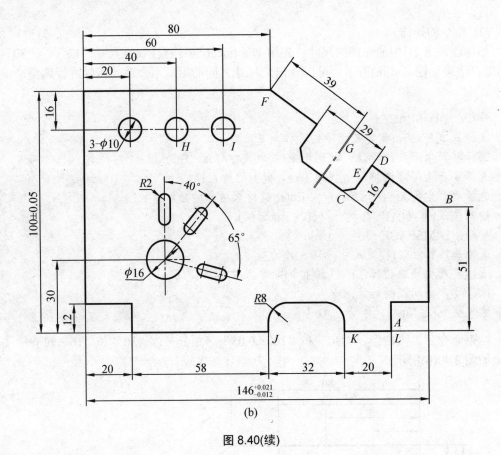

图 8.40(续)

(3) 说明如下。
- 输入间距值：指定从基准标注均匀隔开选定标注的间距值。如果将间距值设为 0，将对齐选定的线性标注或角度标注的末端。
- 自动：基于选定的基准标注的标注样式中指定的文字高度自动计算间距。所得的间距值是标注文字高度的两倍。

10. 用 Dimtedit 命令编辑尺寸数字的位置

该命令专门用来编辑尺寸数字的放置位置。如图 8.25 所示，标注对齐尺寸"29"的尺寸数字的位置不合适，用此命令就可方便地移动尺寸数字到所需的位置。用夹点编辑的方式也可以实现。

(1) 可以通过以下方式输入命令。
- 从"标注"工具栏单击："编辑标注文字"图标按钮，如图 8.41 所示。

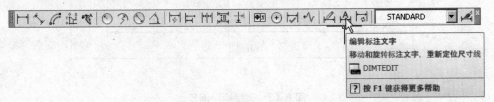

图 8.41 从"标注"工具栏输入 Dimtedit 命令

- 从下拉菜单选取:"标注"→  ,弹出如图 8.42 所示的级联菜单。

图 8.42 "对齐文字"选项

- 在"命令"状态下从键盘输入:Dimtedit。

(2) 命令的操作。

命令: _dimtedit↵
选择标注: (选择需要编辑的尺寸: 图 8.25 中的"29")
为标注文字指定新位置或 [左对齐(L)/右对齐(R)/居中(C)/默认(H)/角度(A)]: (选择"r",文字将移到尺寸线右边。此时也可动态拖动所选尺寸进行修改)

(3) 各选项含义如下。
- "L"选项:将尺寸数字移到尺寸线左边。
- "R"选项:将尺寸数字移到尺寸线右边。
- "C"选项:将尺寸数字移到尺寸线正中。
- "H"选项:回退到编辑前的尺寸标注状态。
- "A"选项:将尺寸数字旋转指定的角度。

8.2.3 上机实训与指导

练习 1:绘制图 8.43 所示的图形并标注尺寸(按照"机械制图尺寸标注"创建标注样式)。
练习 2:标注项目 6 中图 6.33、图 6.46 和图 6.47 中的尺寸。

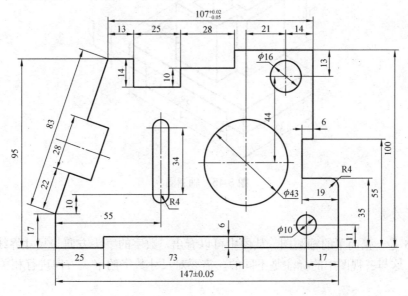

图 8.43 练习 1 图

练习 3：绘图 8.44 所示的图形并标注尺寸。

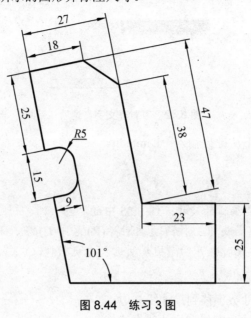

图 8.44 练习 3 图

8.3 轴测图的尺寸标注

标注如图 8.45 所示的图形中的尺寸。

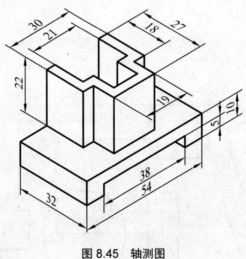

图 8.45 轴测图

8.3.1 图形分析

图 8.45 是一张简单的轴测图，从图中可以看出，数字的字头方向与尺寸界线的方向保持了一致。这与三视图中的标注是不同的，需要对尺寸数字的字头方向进行相关的设置。

图 8.46　设置文字样式

8.3.2　标注过程

(1) 首先设置两种文字样式，分别是"-30"和"+30"。

选择"格式"下拉菜单中的"文字样式"命令，如图 8.46 所示具体设置"+30"的内容。一定注意的是"倾斜角度"设置为"30"。如果是"-30"则具体内容是将"倾斜角度"设置为"-30"。

(2) 其次设置两种标注样式，分别是"-30"和"+30"。如图 8.47 所示是"+30"标注样式的具体设置内容。注意其基础样式是原来已经设定过的"机械制图尺寸标注"，只是"+30"标注样式的"文字样式"设置为"+30"文字样式，"-30"标注样式的"文字样式"设置为"-30"文字样式。

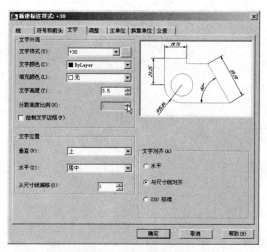

图 8.47　设置标注样式

(3) 单击"对齐"标注按钮，标注如图 8.48(a)所示的尺寸。当前的尺寸标注样式不作要求。

(4) 单击"编辑标注"按钮。

命令: _dimedit↵

输入标注编辑类型[默认(H)/新建(N)/旋转(R)/倾斜(O)]<默认>：o↵(该选项将所选尺寸的尺寸界线将以指定的角度倾斜)

选择对象：找到 1 个(选择标注"10")

选择对象：(按 Enter 键，结束选择)

输入倾斜角度(按 Enter 键表示无)：30↵(输入倾斜角度"30"，或者单击图中倾斜角度为"30"度的直线的两个端点，比如点"1"和点"2")

命令：_dimedit↵

输入标注编辑类型[默认(H)/新建(N)/旋转(R)/倾斜(O)]<默认>：o↵

选择对象：找到 1 个(选择标注"54")

选择对象：找到 1 个，总计 2 个(选择标注"32")

选择对象：(按 Enter 键，结束选择)

输入倾斜角度(按 Enter 键表示无)：90↵(输入倾斜角度"90"，或者单击图中倾斜角度为"90"度的直线的两个端点，比如点"1"和点"3")

效果如图 8.48(b)所示。

(5) 从图 8.48(b)可以看出，尺寸线的位置并不合适的，所以采用夹点编辑的方式，将其位置作调整，如图 8.48(c)所示。

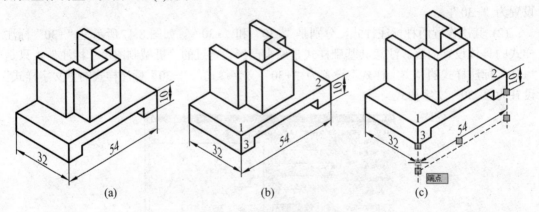

图 8.48 轴测图尺寸标注

(6) 从图 8.48(c)可以看出，尺寸数字的字头方向并不合适，所以用尺寸标注样式的"+30"和"-30"分别标注一个尺寸，再用"特性匹配"调整图中的尺寸数字的方向即可，如图 8.49 所示。

单击标准工具栏上的"特性匹配"按钮 。命令行提示：

命令：_matchprop↵

选择源对象：(选择要复制其特性的对象，如图中的尺寸标注"30"(上面的一个))

当前活动设置：颜色 图层 线型 线型比例 线宽 厚度 打印样式 标注 文字 填充图案 多段线 视口 表格材质 阴影显示 多重引线

选择目标对象或[设置(S)]：(选择一个或多个要复制其特性的对象，如图中需要编辑的尺寸标注"10")

(7) 其余的尺寸以此类推。

选项说明：标注中用到的 Dimedit 命令其他选项的含义如下。

- "默认"选项：将旋转标注文字移回默认位置。
- "新建"选项：将新输入的尺寸数字代替所选尺寸的尺寸数字。
- "旋转"选项：将所选尺寸数字以指定的角度旋转。
- "倾斜"选项：调整线性标注尺寸界线的倾斜角度。

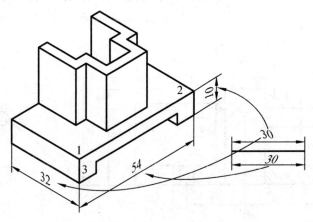

图 8.49　应用"特性匹配"

8.3.3　上机实训与指导

练习 1：标注图 7.11 中的尺寸。

练习 2：标注图 7.13 中的尺寸。

练习 3：标注图 7.24 中的尺寸。

练习 4：绘制图 8.50，并标注尺寸。

特别提示

- 在进行尺寸标注时，常常有个别尺寸与所设标注样式相近但不相同，如果修改相近的标注样式，就将使所有用该样式标注的尺寸都改变；如果再创建新的标注样式又显得很繁琐。在左视图上标注尺寸"28"就是这样的问题。AutoCAD 中的标注样式替代功能，可让用户设置一个临时的标注样式，方便地解决了这一问题。

操作步骤如下。

① 从"标注"工具栏单击"标注样式" 按钮，弹出"标注样式管理器"对话框。

② 在"标注样式管理器"对话框中，从"样式"列表框中选择相近的标注样式"机械制图尺寸标注"，首先设其为当前样式，然后单击"替代"按钮，弹出"替代当前样式"对话框。

③ 在"替代当前样式"对话框中进行所需的修改(该对话框与"创建新标注样式"对话框的内容完全相同，操作方法也一样)：在显示"线"选项卡的"新建标注样式"对话框中启用隐藏"尺寸线 2"和"延伸线 2"即可。

④ 修改后单击"确定"按钮，返回"标注样式管理器"对话框，AutoCAD 将在所选

样式下自动生成一个临时标注样式，并自动设置为当前标注样式，而且在"样式"列表中显示 AutoCAD 定义的临时标注样式名称为"样式替代"。

⑤ 单击"关闭"按钮，关闭"标注样式管理器"对话框。

⑥ 用 Dimlinear 命令标注直线尺寸即可。当然第二条尺寸界线的位置是找不到的，可以在近似的位置处单击，然后用"多行文字(M)"或"文字(T)"选项输入文字即可。

设一个新的标注样式为当前样式时，AutoCAD 将自动取消替代样式，结束替代功能。

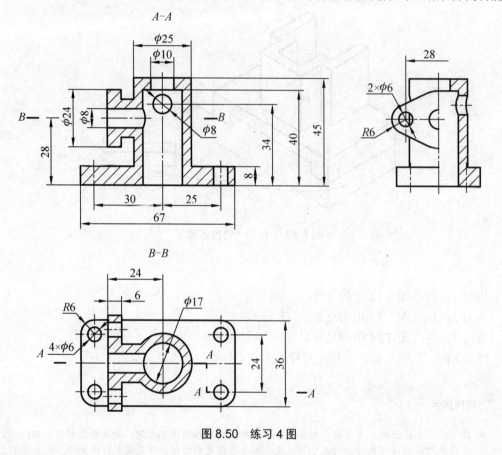

图 8.50　练习 4 图

项 目 小 结

本项目介绍了 AutoCAD 软件中尺寸标注的基本方法和技巧，包括尺寸标注的基本概念、标注样式的建立、尺寸标注的方法、标注尺寸公差和尺寸标注的编辑等命令。尺寸标注是机械制图中非常重要的一步，本项目通过一个实例提出对尺寸标注样式的要求，完整地建立了"机械制图尺寸标注"及子样式，并对其进行了应用。通过一个实例对尺寸标注的具体命令进行了应用，并进行了编辑操作。最后讲述了轴测图的尺寸标注样式和具体标注过程。通过本项目的学习，应该对尺寸标注有了完整的正确的把握。

项目 9

零件图的绘制

学习目标

通过本项目的学习，学生能够正确地绘制和填写标题栏，注写技术要求，运用图块进行表面粗糙度的标注，结合以前学习过的知识完成一张完整的零件图的绘制。

学习要求

① 掌握新建文字样式和文字的注写。
② 掌握用 BLOCK 命令或 WBLOCK 命令创建图块，以及图块的插入。
③ 熟练掌握样板文件的建立。
④ 掌握绘制零件图的基本步骤。

项目导读

本项目是本书的重点。通过前面的学习，已经掌握了图形的绘制、编辑和尺寸标注等基本知识，再加上本项目的知识点的学习，就可以灵活地绘制一张完整的零件图了。

9.1 绘制零件图

绘制如图9.1所示的零件图。通过该图的绘制，熟悉一下零件图完整的绘制过程。

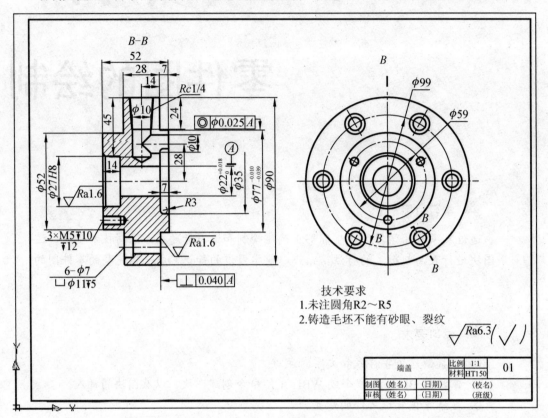

图 9.1 平面图

9.1.1 图形分析

零件图是设计部门提交给生产部门的重要技术文件，它反映了设计者的意图，表达了设计者对零件的要求，是制造和检验零件的依据。

一张完整的零件图，如图9.1所示，一般应具有如下内容。

1. 一组表达零件的完整的视图

用一定数量的视图、剖视图、剖面图及局部放大图等，完整、清晰地表达出零件的内外结构和形状。

2. 足够的尺寸

正确、完整、清晰、合理地标注出零件各部分的大小及其相对位置尺寸，为制造、检验零件及装配提供所需的全部尺寸。

3. 技术要求

将制造零件应达到的质量要求(如表面粗糙度、尺寸公差、形位公差、材料、热处理及表面镀涂等)用国家标准规定的代号、符号、数字、字母或文字，准确、简明地表达出来。不便用代号、符号标注在图中的技术要求，可用文字或表格注写在标题栏的上方或左方。

4. 标题栏

标题栏一般配置在图样的右下方，应按国家标准(或企业标准)规定的格式画出，用以填写零件的名称、材料、图样的编号、绘图的比例及日期等内容。

9.1.2 本题知识点

1. 文字的样式与标注

1) 用 STYLE 命令设置文字样式

该命令可创建新的文字样式或修改已有的文字样式。可以采用下面的方法之一输入命令。

- 从下拉菜单选取："格式"→"文字样式"。
- 从键盘输入：STYLE。
- 从"样式"工具栏或"文字"工具栏单击："文字样式管理器"按钮。

输入命令后，AutoCAD 显示"文字样式"对话框，如图 9.2 所示。

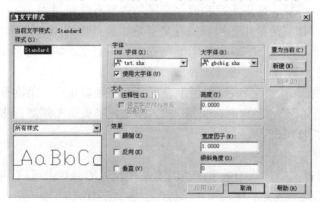

图 9.2 "文字样式"对话框

该对话框分为 5 个区：样式区、字体区、大小区、效果区和预览区。各区选项的含义及操作如下。

(1) 样式区。

该区中显示图形中的文字样式列表。列表中包括已定义的文字样式名，当前文字样式默认显示被选择。如果要新建一种需要的文字样式，则要单击右侧的 新建(N)... 按钮。"新建"按钮下面是 删除(D) 按钮，该按钮用于删除文字样式名(不能删除当前文字样式)。在样式区中右键单击样式名，选择"重命名"选项就可以将样式名进行修改。

(2) 字体区。

① "字体名" txt.shx ：是一个下拉列表，可从中选择一种字体作

为所设的文字样式中的字体。要输入中文文字，就应选择中文字体。

② "字体样式 常规"：是一个下拉列表，可从中选择一种字体样式作为所设文字样式中的字体样式。字体样式包括：粗体、斜体、正常体。如果选定"使用大字体"后，该选项变为"大字体"，用于选择大字体文件。

③ "大字体 使用大字体(U)"：指定亚洲语言的时候会用到大字体。只有在"字体名"中指定 SHX 文件时，才能使用"大字体"。

(3) 大小区。

该区用于更改文字的大小。

① 注释性(I)：将文字设置成注释性文字。

② "使文字方向与布局匹配"：指定图纸空间视口中的文字方向与布局方向匹配。

③ "高度或图纸文字高度 0.0000"：这是一个文字编辑框，用来设置文字的高度。如果在此输入一个非零值，则 AutoCAD 将此值用于所设的文字样式，使用该样式标注文字时，文字高度不能改变；如果输入"0"，字体高度可在文字标注命令中重新给出。按照制图的要求，字高的公称尺寸系列为 1.8、2.5、3.5、5、7、10、14、20。

(4) 效果区。

该区包括 5 项，左边 3 个复选框从上至下依次为：颠倒、反向、垂直；右边两个文字编辑框从上至下依次为：宽度因子、倾斜角度。

① "颠倒"：该复选框用于控制字符是否字头反向放置。

② "反向"：该复选框用于控制成行文字是否左右反向显示。

③ "垂直"：该复选框用于控制成行文字是否竖直排列，一般不用。

④ "宽度因子"：该文字编辑框用于设置文字的宽度。如果比例值大于 1，则文字变宽；如果比例值小于 1，则文字变窄。

⑤ "倾斜角度"：该文字编辑框用于设置文字的倾斜角度。角度设为"0"时，文字字头垂直向上；输入正值，字头向右倾斜；输入负值，字头向左倾斜。设置文字倾斜角 α 的取值范围是：$-85 \leqslant \alpha \leqslant 85$。

(5) 预览区。

该区显示所选择文字样式的效果，当改变某项设置的时候，可以实时将效果显示。

例：创建"工程字"文字样式和"长仿宋字"文字样式。

从图 9.1 中可以看出，"技术要求"的文字样式与尺寸标注中的文字样式是不同的。尺寸标注用的是"工程字"。该字体的样式符合国标的要求，也可以用来输入汉字。但是，当用它输入汉字时，字体略显单薄，不漂亮，所以还要创建一种专门标注汉字的样式"长仿宋字"。该例题中用"长仿宋字"来标注"技术要求"。

"工程字"的创建过程如下。

① 输入 STYLE 命令，弹出"文字样式"对话框，如图 9.2 所示。

② 单击"新建"按钮，弹出"新建文字样式"对话框，输入"工程字"文字样式名，单击"确定"按钮，返回"文字样式"对话框。

③ 在 SHX 字体(X) 下拉列表中选择 gbeitc.shx 字体(采用 gbeitc.shx 字体时，数字和字母是斜体；也可以选择 gbenor.shx 选项，此时标注的数字和字母是直体)；选择 使用大字体(U)，再在 大字体(B)：下拉列表框中选择 gbcbig.shx 选项，其他使用默认值。

④ 单击"应用"按钮,完成创建。

⑤ 单击"关闭"按钮。

"长仿宋字"文字样式的步骤同上,具体内容是在"字体名"下拉列表中选择"T 仿宋-GB2312"字体(注意:不要选成"T@仿宋-GB2312"字体,如果选择了,则文字的排列方向将发生错误);在"高度"编辑框中设高度值为"0.00";在"宽度比例"编辑框中设宽度比例值为"0.7";其他使用默认值。

2) 文字的输入

(1) 用 DTEXT 命令注写单行文字。

该命令用来标注单行文字。可以采用下面的方法之一输入命令。

● 从下拉菜单选取:"绘图"→"文字"→。

● 从键盘输入:DTEXT。

● 从"文字"工具栏单击:单击"单行文字"按钮 。

① 默认项的操作。

输入命令后,命令行提示:

> 命令: _dtext↵(输入命令)
> 当前文字样式:"工程字"   文字高度: 3.0000 注释性: 否   (信息行提示)
> 指定文字的起点或[对齐](J)／样式(S): (用鼠标给定文字的左下角点)
> 指定高度<5.0000>: (输入字高,或直接按 Enter 键取默认值 5)
> 指定文字的旋转角度〈0〉: (输入文字的旋转角度,或直接按 Enter 键取默认值 0 度)
> 输入文字: (输入文字的内容,该行结束输入后,按 Enter 键将输入下一行或用鼠标指定新的文字起点。按两次 Enter 键结束输入单行文字操作)

特别提示

● 输入单行文字命令后输入的文字每一行都是一个单独的实体,可以单独进行编辑。
● 如果在提示"指定文字的旋转角度〈0〉:"时输入了角度,效果如图 9.3 所示。

图 9.3 单行文字的注写示例

② "样式"选项。

该选项可以选择当前图形中一个已有的文字样式为当前文字样式。操作该命令时,必须注意观察信息行,如显示的当前文字样式不是所使用的,应选择该项重新指定当前文字样式。当然，如果在"样式"工具栏中选择需要的文字样式要更为简单。

命令：DTEXT↵
当前文字样式："工程字"　文字高度：2.0000　注释性：否
指定文字的起点或[对正(J)/样式(S)]: s↵
输入样式名或[?]<工程文字>：长仿宋字↵ (输入新的文字样式名)
当前文字样式："长仿宋字"　文字高度：3.0000　注释性：否
指定文字的起点或[对正(J)/样式(S)]: (可进行输入文字的操作)

③ "对正"选项。

该选项用于确定文本的对齐方式。在 AutoCAD 系统中，确定文本位置采用 4 条线，即顶线、中线、基线和底线，如图 9.4 所示。输入"[对齐](J)"选项 J 后，命令行提示：

输入选项
[对齐(A)/调整(F)/中心(C)/中间(M)/右(R)/左上(TL)/中上(TC)/右上(TR)/左中(ML)/正中(MC)/右中(MR)/左下(BL)/中下(BC)/右下(BR)]:

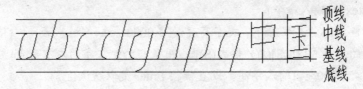

图 9.4　文本排列的基准线

各选项的具体含义如下。
● 对齐。

该选项是通过输入两点确定字符串底线的长度的，如 9.5 所示(图中"✚"代表所给的定位点，以下同）。这种定位方式根据输入文字的多少确定字高，字高与字宽比例不变。也就是说两对齐点位置不变的情况下，输入的字数越多，字就越小。选定该选项后，命令行提示：

指定文字基线的第一个端点：(指定点"1")
指定文字基线的第二个端点：(指定点"2")
输入文字：(输入文字并按 Enter 键退出该命令)

● 调整。

该选项是通过输入两点确定字符串底线的长度和原设定好的字高确定字的定位的。即字高始终不变，当两定位点确定之后，输入的字多字就变窄，反之字就变宽，如图 9.6 所示。选定该选项后，命令行提示：

指定文字基线的第一个端点：(指定点"1")
指定文字基线的第二个端点：(指定点"2")
指定高度<当前值>:
输入文字：(输入文字并按 Enter 键退出该命令)

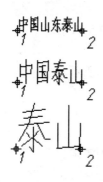

图9.5 "对齐"选项

图9.6 "调整"选项

● 中心。

从基线的水平中心指定文字的位置如图9.7所示。选定该选项后，命令行提示：

指定文字的中心点:（指定点"1"）
指定高度<当前值>:
指定文字的旋转角度<当前值>:
输入文字:（输入文字并按Enter键退出该命令）

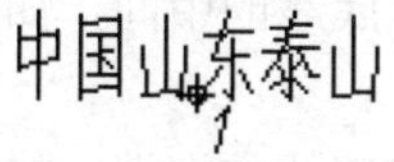

图9.7 "中心"选项

● 中间。

该选项是将定位点设定在字符串的中间。当所输入字符只占从顶线到底线或从中线到基线，那么该定位点位于中线与基线之间，如图9.8(a)、(b)所示；当所输入字符只占从顶线到基线，该定位点位于中线上，如图9.8(c)所示；当所输入字符只占从中线到底线，该定位点位于基线上，如图9.8(d)所示。

(a)占3格的字母　　(b)占1格的字母　　(c)占上2格的字母　　(d)占下2格的字母

图9.8 "中间"选项中字符串的不同类型对中间定位的影响

选定该选项后，命令行提示：

指定文字的中间点:（指定点"1"）
指定高度<当前值>:
指定文字的旋转角度<当前值>:
输入文字:（输入文字并按Enter键退出该命令。）

"中间"选项与"正中"选项不同，"中间"选项使用的中点是所有文字包括下行文字在内的中点，而"正中"选项使用大写字母高度的中点。

- 右对齐。

在基线上靠右对齐文字，基线由用户用点指定，如图9.9(a)所示。

- 左上。

该选项是将定位点设定在字符串顶线的左端，如图9.9(b)所示。

- 中上。

该选项是将定位点设定在字符串顶线的中间，如图9.9(c)所示。

- 右上。

该选项是将定位点设定在字符串顶线的右端，如图9.9(d)所示。

- 左中。

该选项是将定位点设定在字符串中线的左端，如图9.9(e)所示。

- 正中。

该选项是将定位点设定在字符串中线的中间，如图9.9(f)所示。

- 右中。

该选项是将定位点设定在字符串中线的右端，如图9.9(g)所示。

- 左下。

该选项是将定位点设定在字符串底线的左端，如图9.9(h)所示。

- 中下。

该选项是将定位点设定在字符串底线的中间，如图9.9(i)所示。

- 右下。

该选项是将定位点设定在字符串底线的右端，如图9.9(j)所示。

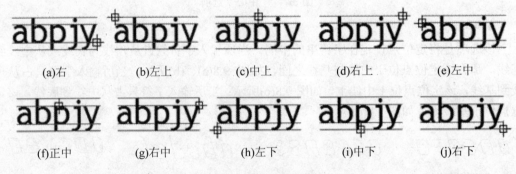

图9.9 文字定位方式

特别提示

- 当要注写中文文字时，应先设一种汉字的文字样式为当前文字样式，否则可能显示错误。
- 当提示行出现"输入文字:"提示时，常有一些特殊字符在键盘上找不到，AutoCAD提供了一些特殊字符的注写方法，常用的有以下几种。
- %%C：注写"ϕ"直径符号。
- %%D：注写"º"角度符号。
- %%P：注写"±"上下偏差符号。
- %%%：注写"%"百分比符号。
- %%O：打开或关闭上划线功能。(第一次输入表示打开此项功能，第二次输入则表示关闭)
- %%U：打开或关闭下划线功能。(第一次输入表示打开此项功能，第二次输入则表示关闭)

例：单行文字在图 9.1 中的应用。

图 9.1 中的标题栏是采用如图 2.5 所示的学生用标题栏绘制的。图中的汉字可以用单行文字输入。标题栏的绘制过程如下。

第一步：用"直线"命令在"粗实线"和"细实线"图层绘制表格，如图 9.10 所示。

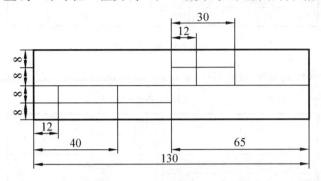

图 9.10　绘制标题栏

第二步：用单行文字输入文字"审核"，如图 9.11 所示。如果文字的位置不是很合适的话，用"移动"命令调整即可。

```
命令：_dtext↵
当前文字样式："工程字"　文字高度：5.0000　注释性：否
指定文字的起点或[对正(J)/样式(S)]: j↵
输入选项
[对齐(A)/布满(F)/居中(C)/中间(M)/右对齐(R)/左上(TL)/中上(TC)/右上(TR)/左中(ML)/
正中(MC)/右中(MR)/左下(BL)/中下(BC)/右下(BR)]: m↵
指定文字的中间点:（指定单元格的正中为中间点）
指定高度<5.0000>: ↵
指定文字的旋转角度<0>: ↵
然后输入文字即可。
```

图 9.11　输入文字

第三步：复制文字，如图 9.12 所示。

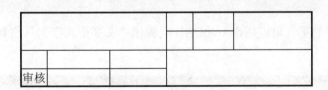

图 9.12　复制文字

第四步：双击需要修改的文字，进行编辑，编辑后如图 9.13 所示。

			比例		
			材料		
制图	（姓名）	（日期）		（校名）	
审核	（姓名）	（日期）		（班级）	

图 9.13　编辑文字

第五步：使用同样的方法输入其他的文字，文字的高度为"7"，如图 9.14 所示。在绘图完成以后需要输入其他的文字时，用 DTEXT 输入即可。

	（图名）		比例		（图号）
			材料		
制图	（姓名）	（日期）		（校名）	
审核	（姓名）	（日期）		（班级）	

图 9.14　标题栏

(2) 用 MTEXT 命令注写段落文字。

该命令以段落的方式输入文字，它具有控制所注写文字字符格式及段落特性等功能。可以采用下面的方法之一输入命令。

- 从"绘图"工具栏或"文字"工具栏中单击："多行文字"按钮 A。
- 从下拉菜单选取："绘图"→"文字"→ A 多行文字(M)…。
- 从键盘输入：MTEXT。

输入命令后，命令行提示：

> 命令：_mtext 当前文字样式："工程字"　文字高度：5　注释性：否(此为信息行)
> 指定第一角点：(指定矩形段落文字框的第一角点)
> 指定另一角点或[高度(H)/对正(J)/行距(L)/旋转(R)/样式(S)/宽度(W)]：(指定另一角点或选项)

在指定矩形框的第二角点后，AutoCAD 将弹出"文字格式"工具栏和文字输入框，如图 9.15 所示。

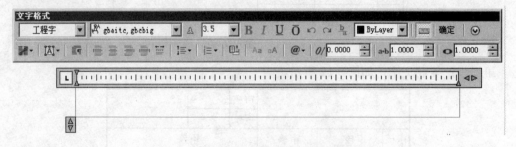

图 9.15　"文字格式"工具栏和文字输入框

"文字格式"工具栏控制多行文字对象的文字样式和选定文字的字符格式。
① "文字样式"下拉列表框。可以从中选择一种样式作为当前样式。

② "字体"下拉列表框。可以从中选择一种文字字体作为当前文字的字体。(当前文字即已选择的文字和确定选项后要输入的文字。)

③ "文字高度"文字编辑框。也是一个下拉列表框,可以在此输入或选择一个高度值作为当前文字的高度。

④ 粗体 B。为当前文字打开或关闭粗体格式。

⑤ 斜体 I。为当前文字打开或关闭斜体格式。

⑥ 下划线 U。为当前文字打开或关闭下划线格式。

⑦ 上划线 O。单击该按钮,在输入的文字加上上划线。

⑧ 放弃 。在多行文字编辑器中撤销操作,包括对文字内容或文字格式的更改。

⑨ 重做 。在多行文字编辑器中重做操作,包括对文字内容或文字格式的更改。

⑩ 堆叠 。如果选定文字中包含堆叠字符,则创建堆叠文字(例如分数)。如果选定堆叠文字,则取消堆叠。使用堆叠字符、插入符 (^)、正向斜杠 (/) 和磅符号 (#) 时,堆叠字符左侧的文字将堆叠在字符右侧的文字之上。 默认情况下,包含插入符 (^) 的文字转换为上下排列方式,即公差的形式。包含正斜杠 (/) 的文字转换为分式的形式。包含磅符号 (#) 的文字转换为比值的形式,如 H7/n6。效果如图 9.16 所示。

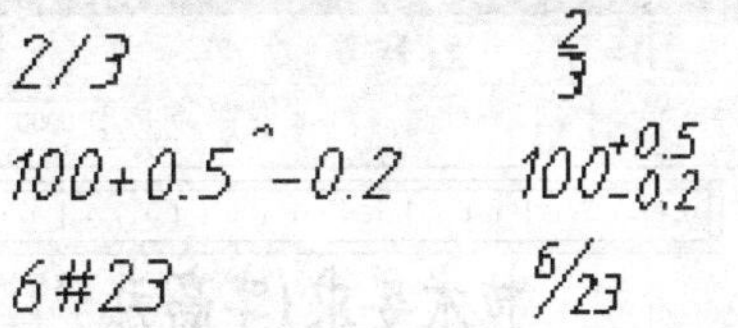

(a)可堆叠的文字　　(b)堆叠后的文字

图 9.16　堆叠文字

⑪ 文字颜色 ByLayer。为新输入文字指定颜色或修改选定文字的颜色。

⑫ "标尺"按钮 。控制标尺的显示和关闭。

⑬ 按钮 。这 5 个按钮分别表示为左对齐、居中对齐、右对齐、两端对齐和分散对齐。

⑭ "列"按钮 。单击该按钮弹出菜单,菜单中提供了 3 格选项:不分栏、静态栏和动态栏。

⑮ "多行文字对正"按钮 。单击该按钮弹出"多行文字对正"菜单,并且有 9 个对齐选项可用。"左上"为默认方式。

⑯ "行距"按钮 。单击该按钮,显示建议的"行距"选项或"段落"对话框(单击"段落"按钮 也可以打开"段落"对话框)。用于在当前段落或选定段落中设置行距。

⑰ "编号"按钮 。给段落文字添加数字编号、项目符号或大写字母形式的编号。

⑱ 插入字段 。单击该按钮,系统弹出"字段"对话框,用户可从中选择字段插入。

⑲ 改变大小写 Aa aA。改变选定文字的大小写。可以选择"大写"或"小写"。

⑳ 符号 @。单击该按钮,弹出"符号"对话框,列出常见的符号,用户可从中

选择。

㉑ 倾斜角度 ⬚15.0000⬚。在文本框中输入文字字头的倾斜角度。

㉒ 追踪 ⬚1.0000⬚。增大或减小选定字符间的空间。1.0 设置是常规设置。设置为大于 1.0 则增大间距，设置为小于 1.0 则减小间距。

㉓ 宽度比例因子 ⬚1.0000⬚。在文本框中输入宽度比例。1.0 设置代表此字体中字母的常规宽度。可以增大该宽度(例如，使用宽度因子 2 使宽度加倍)或减小该宽度(例如，使用宽度因子 0.5 将宽度减半)。

㉔ "选项"按钮 ⬚。单击该按钮，可以弹出其他文字选项菜单。

例：多行文字在图 9.1 中的应用。

图 9.1 中的技术要求用多行文字输入，具体的过程如下：

第一步：输入 MTEXT 命令，弹出"文字格式"对话框。

第二步：选择字体样式"长仿宋字"；字高为"7"。输入文字"技术要求"。按 Enter 键进入下一行。

第三步：将字高设为"5"，输入其他文字，如图 9.17 所示。

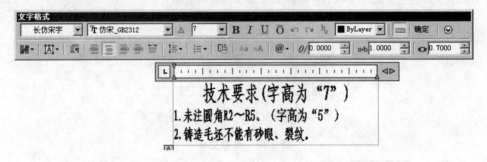

图 9.17　多行文字输入

3) 用 DDEDIT 命令编辑文字

该命令用于修改已注写文字的内容。可以采用下面的方法之一输入命令。

● 从下拉菜单选取："修改"→"对象"→"文字"→"编辑"。

● 从键盘输入：DDEDIT。

输入命令后，命令行提示：

选择注释对象或[放弃(u)]: (选择要修改的文字)

如果选择了 MTEXT 命令注写的文字，则 AutoCAD 将弹出"文字格式"对话框，要修改的文字串会显示在该对话框的文字编辑框中，修改后单击"确定"按钮即可。

如果选择了用 DTEXT 命令注写的文字，则 AutoCAD 将文字凸现，选择要修改的文字进行修改，按 Enter 键确定即可。

按 Enter 键退出后，AutoCAD 会继续出现提示"选择注释对象或 [放弃(U)]:"，可继续选文字进行修改，文字既可以是 DTEXT 注写的也可是 MTEXT 注写的。若选择"U"选项，将撤销最后一次的操作。按 Enter 键将结束命令。

**特别提示**

- 编辑文字也可以在选定文字后，然后右击，在弹出的右键菜单中选择"编辑"(单行文字编辑)或"编辑多行文字"选项进行文字的编辑。此种方法快捷简单。双击文字也可进入编辑界面。
- 在今后注写单行文字或多行文字的过程中一定要注意当前文字的样式是否包含汉字。如果在输入汉字的时候不能正常显示，就要检查当前文字样式的设置是否正确。

2. 图块的应用

1) 图块的概念

在绘图中常常会有一些重复出现的结构，如图中的粗糙度符号，为了不重复地绘制，就将它们创建为块。图块就是多个图形的组合，在需要的位置处插入即可。

2) 用 BLOCK 命令创建附属图块

利用创建内部块命令可以将一个或多个图形对象定义为新的单个对象，并保存在当前图形文件中，调用命令方式如下。

- 从绘图工具栏单击："创建块"按钮。
- 从下拉菜单选取："绘图"→"块"→创建(M)...。
- 从键盘输入：Block。

输入命令后，弹出图 9.18 所示的"块定义"对话框。

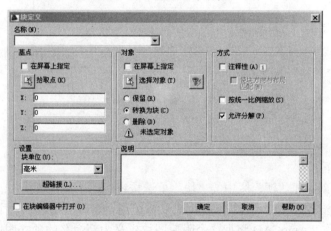

图 9.18 "块定义"对话框

创建内部块的操作步骤如下。

① 画出要定义的图形。

② 输入"BLOCK"命令，系统弹出如图 9.18 所示的"块定义"对话框。

③ 在"名称"文本框中输入所定义的块名。

④ 定义插入点。单击"拾取点"按钮，在作图屏幕上指定一点作为插入点后，返回对话框。

⑤ 选择对象。单击"选择对象"按钮，选取对象，选择后返回对话框。

⑥ 单击"确定"按钮，块定义完毕。

特别提示

创建块时，其组成对象若处于"0"层上，插入块后其组成对象的颜色和线型与当前层的颜色和线型一致；若组成对象不处于"0"层上，插入块后其组成对象的颜色和线型将保持原特性不变，与当前层的颜色和线型无关。

3) 用 WBLOCK 命令创建独立图块

与用 BLOCK 命令创建附属图块不同，用 WBLOCK 命令创建的图块不依赖于原来的图形文件而存在，它是一个独立的图形文件。

从命令行输入"WBLOCK"，系统弹出如图 9.19 所示的"写块"对话框。

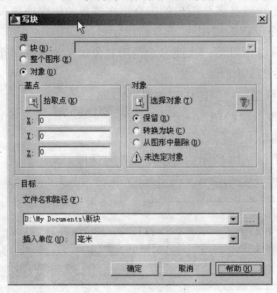

图 9.19 "写块"对话框

选项说明如下。

① "写块"对话框"源"区中的"块"单选按钮：用于指定要定义的独立图块的实体是附属图块。若选中它，其后边的下拉列表变成可用。可在其中选择一个附属图块名，按以上步骤进行操作，AutoCAD 将把这个附属图块定义为新命名的独立图块。

② "写块"对话框"源"区中的"整个图形"单选按钮：用于指定要定义的独立图块的实体是当前图形文件中的整个图形。指定后，再输入要创建的独立图块的名称和路径，AutoCAD 将当前图形的全部实体定义为独立图块，并将坐标原点作为插入点。

③ 其他操作项与"块定义"对话框中的同类项相同。

4) 创建带属性的图块

属性图块用于形式相同，而文字内容需要变化的情况。如图 9.1 中的粗糙度代号所示，将其创建为有属性的图块，使用时输入需要的数值即可。

表面粗糙度符号画法见图 9.20，具体尺寸见表 9-1。

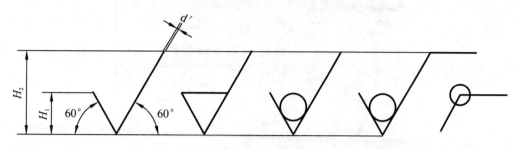

图 9.20　表面粗糙度符号画法

表 9-1　表面粗糙度符号尺寸　　　　　　　　　　　　　　　　　　(mm)

轮廓线的线宽 h	0.35	0.5	0.7	1	1.4	2	2.8
符号与大写字母(或小写字母)的高度 h	2.5	3.5	5	7	10	14	20
符号的线宽 d' 数字与字母的笔画宽度 d	0.25	0.35	0.5	0.7	1	1.4	2
高度 H_1	3.5	5	7	10	14	20	28
高度 H_2	8	11	15	21	30	42	60

第一步：绘制属性图块的图形部分。

在相应的图层上，按照制图标准 1∶1 绘制图块中的图形部分。由表 9-1 可知，如果采用的数字的高度为 3.5，其他的尺寸即可查出。

绘制一条直线，然后用"偏移"命令绘制出其他的两直线，如图 9.21(a)所示。

将"极轴"设置成"30°"并打开，绘制粗糙度符号，如图 9.21(b)所示。

输入"Ra"，整理图形得到如图 9.21(c)所示粗糙度符号。

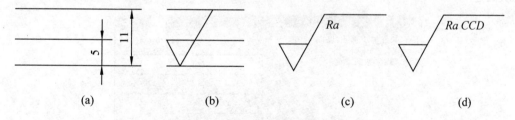

图 9.21　绘制粗糙度符号

第二步：定义图块中需要变化的文字(属性文字)。

从下拉菜单选择"绘图"→"块"→ 定义属性(D)... 命令后，弹出"属性定义"对话框，如图 9.22 所示。

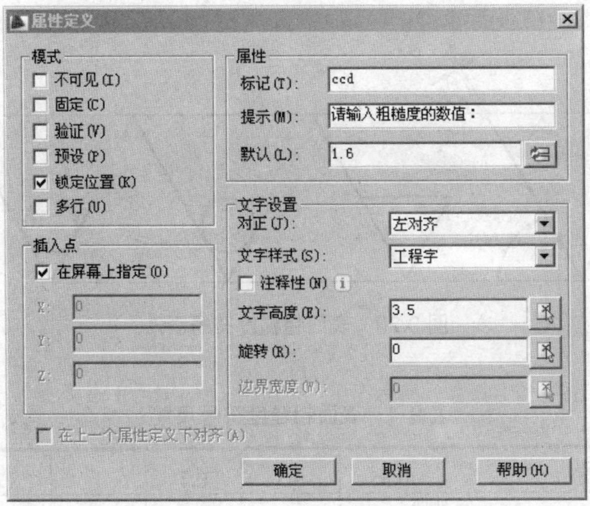

图 9.22 "属性定义"对话框

在"属性"区的"标记"文字编辑框处输入属性文字的标记"ccd";在"提示"文字编辑框中输入提示"请输入粗糙度的数值:";在"值"义字编辑框中输入默认数值"1.6"。

在"文字设置"区的"对正"下拉列表框中选择一种恰当的对正方式,如"左对齐";在"文字样式"下拉列表框中选择"工程字";在"高度"文字编辑框中输入文字的高度"3.5";在"旋转"文字编辑框中输入文字的旋转角度"0"。(也可以单击"高度"或"旋转"后面的按钮在图形中指定字高或旋转角度。)

第三步:单击"确定"按钮,进入绘图区,指定插入点,效果如图 9.21(d)所示。

第四步:定义属性图块

单击"创建块"按钮 ,弹出"块定义"对话框,在此对话框中选择块的插入点和图形,方法与前面图块的创建相同,只是在选取对象的时候一定将属性标记选入,最后单击"确定"按钮,弹出如图 9.23 所示的"编辑属性"对话框,再单击"确定"按钮,完成属性块的建立。

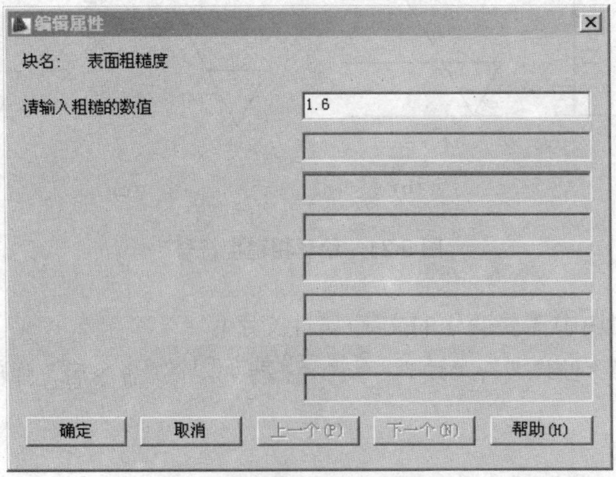

图 9.23 "编辑属性"对话框

5) 插入图块

图块创建之后，可以用 INSERT 或 DDINSERT 命令来插入图块，进行使用。输入命令的方法有以下 3 种。

- 从"绘图"工具栏单击："插入图块"按钮。
- 从下拉菜单选取："插入"→"块"。
- 从键盘输入：INSERT 或 DDINSERT。

输入命令后，弹出"插入"(Insert)对话框，如图 9.24 所示。

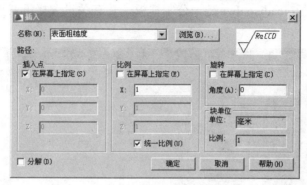

图 9.24 "插入"对话框

其操作如下。

① 选择图块。

从"插入"对话框的"名称"下拉列表中选择一个已有的图块名。

若第一次使用非本张图中创建的独立图块，应单击"浏览"按钮，并从随后弹出的对话框中指定路径，然后单击所要的图块名称，被选中的图块名称将出现在"插入"对话框"名称"的窗口中(也可直接在"名称"窗口中输入路径及图块名)。

② 指定插入点、缩放比例、旋转角度。

定义图块的实体应按所需大小绘制，在该对话框中就将比例设为"统一比例"和"1"。

在"插入"对话框中，如果启用了"在屏幕上指定"复选框，表示要从图上来指定插入点、比例、旋转角度。如果不启用它们，则表示要用对话框中的文字编辑框来指定。

在"插入"对话框中，如果启用了"分解"(Explode)复选框，表示图块插入后要分解成相对独立的实体，这样将使这张图所占磁盘空间增大。如果不启用该复选框，插入后图块是一个实体，那么就无法对它其中的某部分进行编辑命令。可先按默认状态不启用"分解"复选框，需要编辑该图块中的某部分时，再使用 EXPLODE 命令将图块炸开。

3. 样板文件的建立

国家机械制图标准对图纸的幅面与格式、标题栏格式等均提出了具体要求。虽然 AutoCAD 提供了许多的图形样板，但是这些样板与我国的国家标准不完全吻合。所以，不同的专业都应该建立相应专业符合国家标准的样板文件。

用 AutoCAD 绘制机械图时，用户要事先设置好绘图幅面，绘制好图框和标题栏，设置如系统配置、绘图单位、图层、图框、线型比例、文字样式、尺寸样式、图块等，以样板文件的方式加以存储，其扩展名为".dwt"。

通过样板创建新图形，可以避免一些重复性操作，这样不仅能够提高设计绘图人员的工作效率、便于图样的管理，而且还保证了图形的一致性。一个精心设计的统一的模板对于企业内部图样标准化和绘图、图形交换效率的提高都能够产生积极作用。

用户可以根据绘制图形的实际情况创建适合自己的样板文件。现以 A3 图幅为例，介绍如何从默认设置开始进行机械工程图样板文件的创建。

为定义样板文件，首先应新建一个新图形文件。选择"文件"→"新建"命令或单击"标准"工具栏中的"新建"按钮,打开选择"样板文件"对话框,从中选择样板文件 acadiso.dwt 作为新绘图形的样板(acadiso.dwt 是一公制样板，其有关设置接近我国的绘图标准)，如图 9.25 所示。

图 9.25　选择样板文件 acadiso.dwt

单击对话框中的"打开"按钮，AutoCAD 创建对应的新图形文件，即可进行样板文件的相关设置。

第一步：设置图形界限。

根据本例中选择的国标 A3 纵向图纸，该图纸的幅面大小为 420mm×297mm。设定图形界限的过程如下。

选择"格式"菜单下的→"图形界限"，或在命令行输入 LIMITS 命令，系统提示：

重新设置模型空间界限：

指定左下角点或[开(ON)/关(OFF)]<0.00，0.00>：↵

指定右上角点<297.00，210.00>：420，297 ↵

完成 A3 图幅的确定。

打开"栅格"可查看已设置的绘图范围。

第二步：设置绘图单位和精度格式。

根据项目 3 绘图环境的初步设置中的方法进行相关的设置，绘图单位一般都采用十进制，长度和角度的精度设定根据具体情况而定。

第三步：设置图层。

图层的多少可根据所绘制图形的复杂程度来确定，通过"格式"→"图层(L)"命令，执行 LAYER 命令，打开"图层特性管理器"对话框，设置所需图层。常用的图层根据表 2-9 和表 2-10 设置即可。

第四步：设置文字样式。

根据本项目中的内容，创建"工程字"和"长仿宋字"文字样式。

第五步：设置尺寸标注样式。

根据项目8中所讲述的步骤建立"机械制图尺寸标注"样式及子其样式。

第六步：绘制图框。

在绘图过程中绘图界限不能直观地显示出来，因此需要绘制图框线来确定绘图范围，使所有的图形能绘制在图框线之内。具体的尺寸根据2.2节中的要求进行选择。

绘制图纸的边界线：从"图层"工具栏的对应下拉列表中单击"细实线"，置为当前层，选择"矩形"命令，在指定第一个角点时输入坐标(0，0)，指定另一个角点时输入坐标(420，297)，完成A3图幅外边框的绘制。

绘制图框线：将"粗实线"图层置为当前层，选择"矩形"命令，在指定第一个角点时输入坐标(25，5)，指定另一个角点时输入坐标(415，292)，完成A3图幅内边框的绘制。

第七步：绘制标题栏。

一个完整的图形必须包含标题栏，GB/T 10609.1—1989对标题栏的内容、格式与尺寸作了规定，如图2.4所示。学生作业可以用较为简单的标题栏，如图2.5所示。

第八步：绘制所需的图块。

第九步：保存样板文件。

完成以上基本设置后，即可将图形保存为样板文件(如有必要，还可进行其他设置)。保存步骤如下：选择"文件"下拉菜单的"另存为"命令，打开"图形另存为"对话框。在对话框中进行相应设置。在"文件类型"中将文件保存类型选择为"AutoCAD图形样板(*.dwt)"选项，在"文件名"文本框中输入"A3样板文件"，单击"保存"按钮，完成样板文件的定义。

9.1.3 零件图的绘制过程

样板文件建立好之后，每次绘图都可以调用样板文件开始新图的绘制。所以，在绘制该零件图时，就首先从调用样板文件开始。

① 选择"文件"→"新建"命令，弹出"选择样板"对话框，从中选择"A3样板文件"选项，单击"打开"按钮。

② 设置作图环境。在状态行将"对象捕捉"设置为"端点"、"圆心"和"交点"3种捕捉模式，并将"固定对象捕捉"打开。打开"正交"，关闭"栅格显示"和"捕捉模式"。

③ 绘制视图。过程省略。

④ 绘制剖面线，标注剖切符号。

⑤ 标注尺寸。特别需要说明的是沉孔尺寸的标注，如图9.26所示。

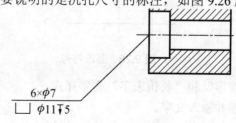

图9.26 沉孔尺寸的标注

利用 MTEXT 命令输入所需的汉字和符号。输入符号时，单击"符号"按钮 @ ，在弹出的选择列表内单击"其他"按钮，在弹出的"字符映射表"中选择字体 GENISO，在最后的两行选择所需的符号即可，如图 9.27 所示。

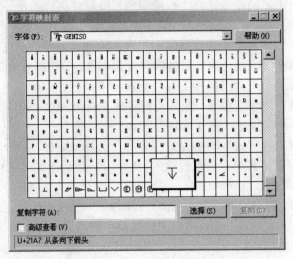

图 9.27 "字符映射表"对话框

⑥ 标注表面粗糙度符号。基准符号也可以做成图块的形式插入。

⑦ 用 MTEXT 命令编写"技术要求"；用"DTEXT 命令填写标题栏。

最后保存文件。

9.1.4 上机实训与指导

练习 1：建立标注表面粗糙度的块。

练习 2：建立基准符号的块，尺寸如图 9.28 所示。文字的字高为"3.5"，文字样式为"工程字"。

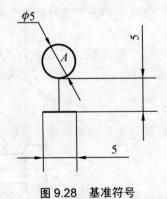

图 9.28 基准符号

练习 3：建立"工程字"和"长仿宋字"文字样式。

练习 4：绘制标题栏并输入文字。

练习 5：根据本项目的内容，建立自己的"A3 样板文件"。

练习 6：绘制如图 9.29 和 9.30 所示的零件图。

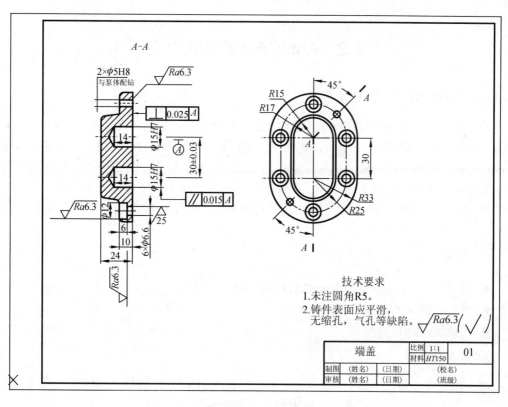

图 9.29 练习 6 图(1)

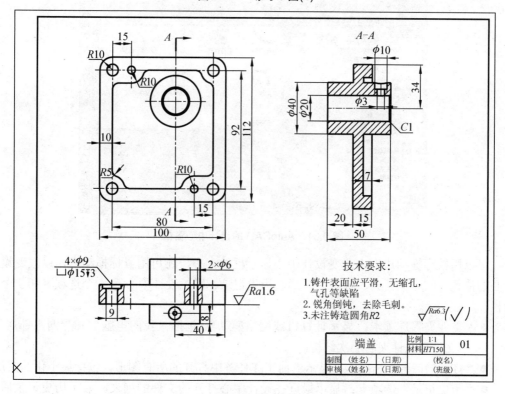

图 9.30 练习 6 图(3)

9.2 AutoCAD 的设计中心

9.2.1 认识 AutoCAD 的设计中心

设计中心是从 AutoCAD 2000 开始增加的一个新功能，它的外观像 Windows 的资源管理器。使用 AutoCAD 的设计中心，既可方便浏览和搜索图形文件，定位和管理图块、外部参照、光栅图像等不同的资源文件，也可通过简单地拖放操作，将位于本地计算机、局域网和互连网上的图形文件中的图块、图层、外部参照、线型、字体、文字样式、尺寸标注样式等粘贴到当前绘图区，能使资源得到充分利用和共享，提高图形管理和图形设计的效率。

1. 命令输入

- 工具栏："标准"→"AutoCAD 设计中心"。
- 命令行输入：Adc(或 Adcenter)。
- 快捷键：Ctrl+2。

2. 命令的操作

命令输入后，弹出 AutoCAD 设计中心，如图 9.31 所示。树状视图区显示系统的树形结构，列表区显示在树状视图区中选中的浏览资源的细目或内容。

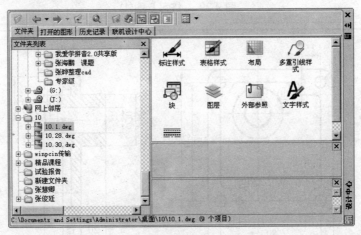

图 9.31 AutoCAD 的设计中心窗口

可以用鼠标拖动边框来改变设计中心显示框的大小，还可用鼠标拖动它，以改变设计中心的位置。它有文件夹、打开的图形、历史记录、联机设计中心等 4 个选项卡和一个工具栏。

- "文件夹"选项卡：显示计算机或网络驱动器(包括"我的电脑"和"网上邻居")中文件和文件夹的层次结构。
- "打开的图形"选项卡：显示当前工作任务中打开的所有图形，包括最小化的图形。
- "历史记录"选项卡：显示最近在设计中心打开的文件的列表。显示历史记录后，在一个文件上右击显示此文件信息或从"历史记录"列表中删除此文件。
- "联机设计中心"选项卡：访问联机设计中心网页。
- "工具栏"：如图 9.32 所示。

图 9.32 "AutoCAD 设计中心"的工具栏

该工具栏从左到右依次如下所列。
- 加载：单击该按钮，显示"加载"对话框。
- 上一页：返回到历史记录列表中最近一次的位置。
- 下一页：返回到历史记录列表中下一次的位置。
- 上一级：显示当前容器的上一级容器的内容。
- 搜索：显示"搜索"对话框，从中可以指定搜索条件以便在图形中查找图形、块和非图形对象。
- 收藏夹：在内容区域中显示"收藏夹"文件夹的内容。
- 主页：显示 DesignCenter 中的内容。
- 树状图切换：显示和隐藏树状视图。如果绘图区域需要更多的空间，需隐藏树状图，树状图隐藏后，可以使用内容区域浏览容器并加载内容。
- 预览：显示和隐藏内容区域窗格中选定项目的预览。如果选定项目没有保存的预览图像，"预览"区域将为空。
- 说明：显示和隐藏内容区域窗格中选定项目的文字说明。
- 视图：为加载到内容区域中的内容提供不同的显示格式。可以从"视图"列表中选择一种视图，或者重复单击"视图"按钮在各种显示格式之间循环切换，默认视图根据内容区域中当前加载的内容类型的不同而有所不同。

利用设计中心可以在不同的图形文件中复制图层、线型、文字样式、尺寸样式等内容。
例：将图 10.1 中的图层、线型、文字样式、尺寸标注样式复制到新建的图形文件中。
① 用样板文件 acadiso.dwt 创建一个新的图形文件。
② 复制图层。在当前文件中输入 Adcenter 命令，打开设计中心。在文件夹列表中选择文件"10.1.dwg"。此时，在设计中心的列表区显示该文件的相关内容。双击列表区中的"图层"，显示如图 9.33 所示的内容。

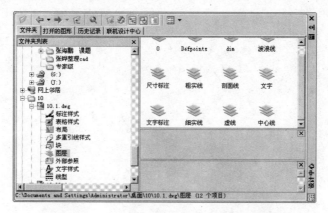

图 9.33 "AutoCAD 设计中心"的图层显示

在设计中心的列表区选中一个或多个要复制的图层，然后将它们用鼠标左键拖到当前图形文件中，释放左键即可。

 特别提示

在复制图层前，必须确认需要复制图层的图形文件是当前打开的图形文件，并且不能与该图形中已有的图层重名。

③ 复制线型、文字样式、尺寸标注样式、图块的方法与复制图层的方法相同。

9.2.2 上机实训与指导

练习：利用设计中心，在"A3 样板文件"的基础上，建立其他常用的样板文件。

项 目 小 结

本项目讲述了文字的样式的建立、用单行文字注写标题栏、应用多行文字标注技术要求、样板文件的建立等基本知识。最后用一个完整的绘图过程将所学习过的知识串联起来。通过本项目的学习，读者应对零件图的绘制过程有一个清晰的认识，并能够综合应用前面所学的知识将零件正确地表达出来。

项目 10

装配图的绘制

▶ 学习目标

通过本项目的学习,学生能够正确地运用"表格"命令绘制和填写明细栏,运用"多重引线"命令标注零件的序号,并结合以前学习过的知识完成由零件图到完整装配图的绘制。

▶ 学习要求

① 掌握用 mleaderstyle 命令建立多重引线样式。
② 熟练掌握用 Mleader 命令添加零件的序号。
③ 掌握表格样式的定义。
④ 掌握创建表格的方法步骤。

▶ 项目导读

装配图用来表达部件或机器的工作原理,零件之间的装配关系和相互位置,以及装配、检验、安装所需要的尺寸数据的技术文件。装配图不同于一般的零件图,它有自身的一些基本的规定和画法,如装配图中两个零件接触表面只绘制 1 条实线,不接触表面以及非配合表面绘制 2 条实线;两个(或两个以上)零件的剖面图相互连接时,需要使其剖面线各不相同,以便区分,但同一个零件在不同位置的剖面线必须保持一致等。

由图 10.1(a)和图 10.1(b)所示的零件图绘制如图 10.1(c)所示的装配图。

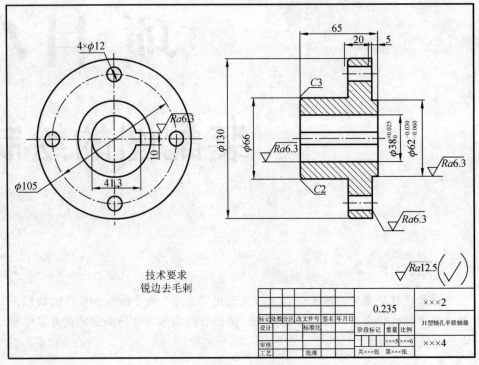

(a)J1 型轴孔半联轴器零件图

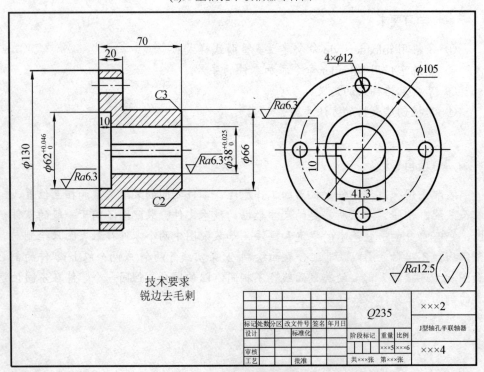

(b)J 型轴孔半联轴器零件图

图 10.1 装配图的绘制

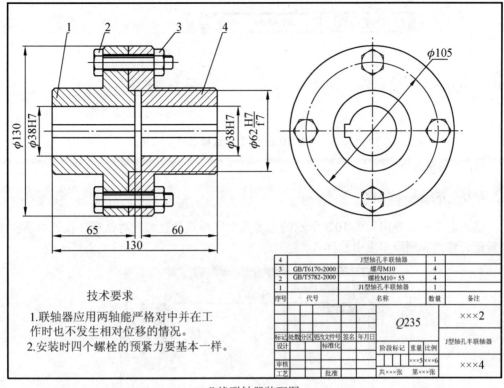

(c)凸缘联轴器装配图

图 10.1(续)

10.1 图形分析

从绘图的要求可以看出,该装配图是由零件图组合而来的。所以,该图的绘制思路是:先将装配图所需要的零件图绘出;再将所需要的视图插入到预先设置好的装配图中;调用"移动"命令使各零件安装到装配图中合适的位置;修剪装配图,删除图中多余的作图线,补绘漏缺的轮廓线;最后,标注装配图配合尺寸,给各个零件编号,填写标题栏和明细表。

10.2 本题知识点

1. 多重引线的样式与应用

1) 用 mleaderstyle 命令建立多重引线样式

该命令用于创建、修改和删除多重引线样式。

(1) 输入命令。

- 从下拉菜单中选取:"格式"→"多重引线样式(I)"。
- 从"多重引线"工具栏中单击"样式"按钮 ,如图 10.2 所示。
- 在"命令"状态下从键盘输入:mleaderstyle。

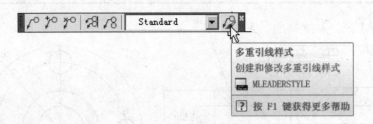

图 10.2 多重引线样式

(2) 命令的操作。

命令：mleaderstyle↵

输入命令后，弹出如图 10.3 所示的"多重引线样式管理器"对话框，在该对话框中可以新建、修改和删除多重引线样式。

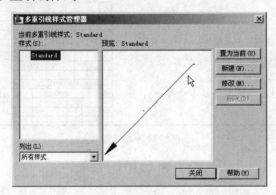

图 10.3 "多重引线样式管理器"对话框

单击"修改"按钮，将弹出"修改多重引线样式"对话框，该对话框包含引线格式、引线结构和内容 3 个选项卡，如图 10.4、图 10.5 和图 10.6 所示。各选项卡的含义如下。

● "引线格式"选项卡。

该选项卡用于设置多重引线的基本外观，如引线类型、引线的颜色、引线的线型、引线的线宽、引线箭头的符号和大小。"引线打断"控制多重引线后用 DIMBREAK 命令的打断大小。

● "引线结构"选项卡。

该选项卡用于设置引线的最大点数、角度。最大引线点数决定了引线的段数，系统默认的"最大引线点数"最小为"2"，就是只绘制一段引线。"第一段角度"和"第二段角度"分别控制第一段引线和第二段引线的角度。

"基线设置"用于控制多重引线的基线设置，包括是否自动包含水平基线及其长度。当选定"自动包含基线"选项后，就可以设置基线距离文本框中输入水平基线的长度了。

"比例"用于控制多重引线的缩放比例。

● "内容"选项卡。

"多重引线类型"用于设置引线末端的注释内容的类型，有"多行文字"、"块"和"无" 3 种。当注释内容为多行文字时，应在"文字选项"选项组设置注释文字的样式、角度、高度，在"引线连接"选项组确定注释文字内容的文字对齐方式、注释内容与水平基线的距离。

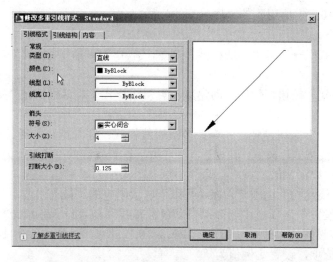

图 10.4 显示"引线格式"选项卡的"修改多重引线样式"对话框

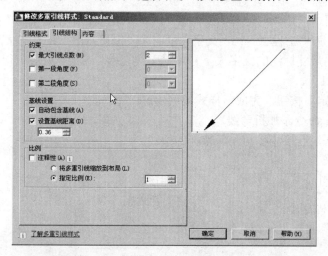

图 10.5 显示"引线结构"选项卡的"修改多重引线样式"对话框

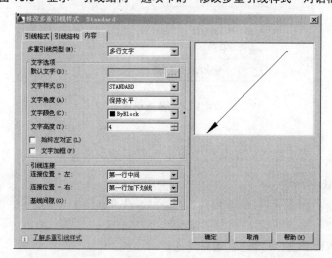

图 10.6 显示"内容"选项卡的"修改多重引线样式"对话框

例：创建图 10.1 中所用到的"序号标注"样式。

具体步骤如下。

① 选择"格式"→"多重引线样式"命令，弹出"多重引线样式"对话框，如图 10.3 所示。

② 单击"新建"按钮，弹出"创建新多重引线样式"对话框，在"新样式名"文本框中输入"序号标注"。

③ 单击"继续"按钮，弹出"修改多重引线样式：序号标注"对话框。

④ 单击"引线格式"按钮，在"基本"选项下设置引线的"类型"为"直线"，在"箭头"选项下选择引线箭头的"符号"为"小点"，大小为"3"。

⑤ 单击"引线结构"选项卡，在"约束"选项组中的"最大引线点数"文本框中输入"2"。在"基线设置"选项组中选择"自动包含基线"与"设置基线距离"选项，并设置距离为"0.1"(即设置该引线自动包含一段长为 0.1 的水平基线)；在"比例"选项组中选择"指定比例"选项，设置比例值为"1"。

⑥ 单击"内容"选项卡，选择"多重引线类型"为"多行文字"，单击"默认文字"文本框右侧的按钮，打开"在位文字编辑器"，输入"1"，单击"确定"按钮返回对话框。选定"文字样式"为"工程字"；"文字角度"为"保持水平"；"文字高度"为"5"(序号的标注文字要比尺寸标注的文字大 1 号)。"引线连接"选定"最后一行加下划线"；"基线间距"设为"0.1"。

⑦ 单击"确定"按钮，完成新样式的创建。

2) 用 Mleader 命令添加折弯线。

该命令用于创建连接注释与几何特征的引线。

(1) 输入命令。

● 从"多重引线"工具栏单击："多重引线"图标按钮，如图 10.7 所示。

● 从下拉菜单选取："标注"→ 多重引线(E)。

● 在"命令"状态下从键盘输入：Mleader。

图 10.7 多重引线

(2) 命令的操作。

在"多重引线"或"样式"工具栏中设定当前多重引线样式后，就可以进行标注了。

命令：MLEADER↵
指定引线箭头的位置或[引线基线优先(L)/内容优先(C)/选项(O)]<选项>：(指定引线的起点)
指定引线基线的位置：(指定引线的终点)
覆盖默认文字[是(Y)/否(N)]<否>：y↵(在弹出的"文字格式"对话框中输入需要输入

的文字后,单击"确定"按钮)效果如图10.8所示。

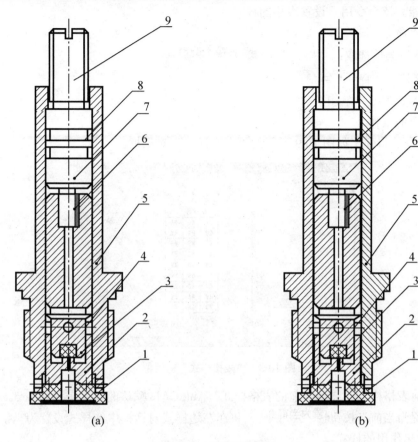

图 10.8 多重引线标注

从图10.8(a)中还可以看出,刚刚标注的多重引线不能完全对齐,所以要进行"多重引线对齐"操作。从"多重引线"工具栏单击"多重引线对齐"图标按钮即可完成该项任务。

> 命令: _mleaderalign↵
> 选择多重引线: 指定对角点: 找到9个(框选取9个多重引线标注)
> 选择多重引线: (按Enter键结束选择对象)
> 当前模式: 使用当前间距
> 选择要对齐到的多重引线或[选项(O)]: (选择最下方的多重引线标注)
> 指定方向: (在正交模式下指定正上方)

效果如图10.8(b)所示。

2. 表格

表格功能是从AutoCAD 2005版本新增的功能,有了该功能,用户可以很方便地插入需要的表格。

1) 定义表格样式

(1) 功能。该命令用于设置表格的样式。

(2) 输入命令。

- 从下拉菜单选取："格式"→ 表格样式(B)...。
- 工具栏："样式"→ 。
- 从键盘输入：TABLESTYLE。

(3) 命令的操作。

输入命令后将弹出如图 10.9 所示的"表格样式"对话框。

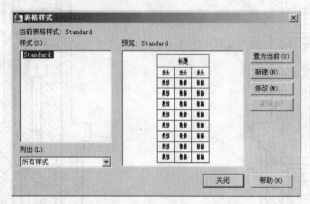

图 10.9 "表格样式"对话框

① 当前表格样式：显示当前的表格样式。AutoCAD 默认的样式是 Standard。

② "置为当前"按钮 置为当前(U)：将在左边样式对话框中的样式设置为当前样式(在表格设置时起作用的样式)。

③ "新建"按钮 新建(N)...：单击该按钮，系统弹出如图 10.10 所示的"创建新的表格样式"对话框，输入新建的表格样式名，单击"继续"按钮，弹出"新建表格样式"对话框(此对话框的内容与"修改表格样式"对话框相同)，继续对所设置的新表格样式进行设置。

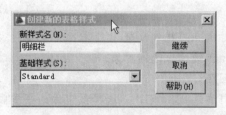

图 10.10 "创建新的表格样式"对话框

④ "修改"按钮：对在左边样式列表中选中的样式进行样式修改设置。单击该按钮，系统弹出如图 10.11 所示的"修改表格样式"对话框，用户可以通过它来改变原来的设置。

项目 10 装配图的绘制

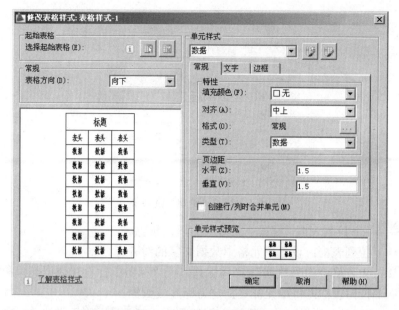

图 10.11 "修改表格样式"对话框

图 10.11 中的各项的含义如下。
- 起始表格。用户可以在图形中指定一个表格用作样例来设置此表格样式的格式。
- 常规。用于设置表格方向。向上表示标题行和列标题行位于表格的底部；向下表示标题行和列标题行位于表格的顶部。
- 预览。在该区域中显示当前表格样式设置效果的样例。
- 单元样式。在如图 10.12 所示的下拉列表中选择标题、表头和数据进行设置。单击"创建新单元样式"按钮，即弹出"创建新单元样式"对话框。单击"管理单元样式"按钮，即弹出"管理单元样式"对话框。

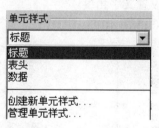

图 10.12 "单元样式"下拉列表

"单元样式"选项区有"常规"选项卡、"文字"选项卡和"边框"选项卡，用于设置数据单元、单元文字和单元边界的外观。
- "常规"选项卡，如图 10.13 所示。

图10.13 "常规"选项卡

填充颜色(F):下拉列表框：设置单元格中的填充颜色。

对齐(A):下拉列表框：设置单元格中数据文字的对齐方式。

格式(O):：为表格中的"数据"、"列标题"或"标题"行设置数据类型和格式。

类型(T):下拉列表框：将单元样式指定为标签或数据。

页边距：控制单元边界和单元内容之间的间距。水平(Z):用于设置单元中的文字或块与左右单元边界之间的距离。垂直(V):用于设置单元中的文字或块与上下单元边界之间的距离。

创建行/列时合并单元(M)：将使用当前单元样式创建的所有新行或新列合并为一个单元。可以使用此选项在表格的顶部创建标题行。

● "文字"选项卡，如图10.14所示。

文字样式(S):下拉列表框：设置单元格中数据文字的文字样式。

文字高度(I):文本框：设置单元格中数据文字的高度。

文字颜色(C):下拉列表框：设置单元格中数据文字的颜色。

文字角度(G):下拉列表框：设置文字角度。

● "边框"选项卡，如图10.15所示。

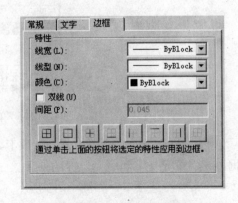

图10.14 "文字"选项卡　　　　　　图10.15 "边框"选项卡

线宽(L):下拉列表：通过单击"边界"按钮，设置将要应用于指定边界的线宽。

线型(N):下拉列表：通过单击"边界"按钮，设置将要应用于指定边界的线型。

颜色(C):下拉列表：通过单击"边界"按钮，设置将要应用于指定边界的颜色。

□ 双线(U)：将表格边界显示为双线。

间距(P)：确定双线边界的间距。默认间距为 0.1800。

⊞ ⊡ ⊥ ⊟ | ⊤ ⊞：控制单元边界的外观，就是指定边界特性的应用对象。

⑤ "删除"按钮：单击该按钮，可以删除在样式列表框中选定的样式。

⑥ "关闭"按钮：设置完毕，单击该按钮将退出。

例：创建图 10.1 中明细栏的表格样式(详细样式如图 10.25 所示)。

如图 10.25 中所示的明细栏，垂直的线条均为粗实线，表格下方的水平线也是粗实线。该明细栏是一个 5 行 5 列的表格，由一行表头和四行数据组成的，表头中的汉字高度是"5"，数据行中的汉字字高为"3.5"，文字样式为"长仿宋字"。具体步骤如下。

① 输入"表格"命令后弹出如图 10.9 所示的"表格样式"对话框。

② 单击"新建"按钮，弹出如图 10.10 所示的"创建新的表格样式"对话框，在"新样式名"文本框中输入"明细栏"。

③ 单击"继续"按钮，弹出如图 10.16 所示的"新建表格样式：明细栏"对话框，在"单元样式"下拉列表中选择"数据"，设置明细栏的数据特性。在"表格方向"下拉列表中选择"向上"，即表头和标题位于表格的下方。在"特性"选项卡中，选择"对齐"下拉列表为"正中"；在"页边距"的"垂直"、"水平"文本框中均输入"0.1"，如图 10.16 所示。

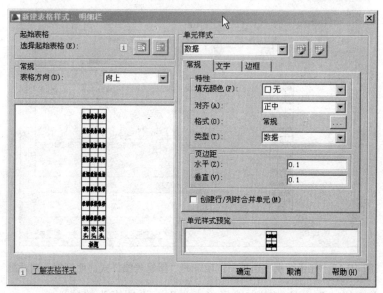

图 10.16　显示数据"常规"选项卡的"新建表格样式：明细栏"对话框

④ 选择"文字"选项卡，在"文字样式"下拉列表中选择"长仿宋字"，"文字高度"文本框中输入"3.5"，如图 10.17 所示。

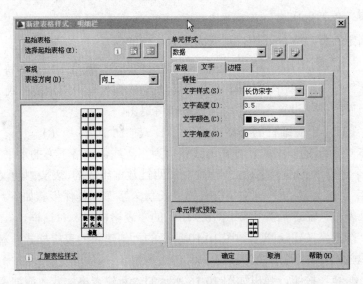

图 10.17　显示数据"文字"选项卡的"新建表格样式：明细栏"对话框

⑤ 选择"边框"选项卡，在"线宽"下拉列表中选择"0.70mm"，再单击"左边框"按钮和"右边框"按钮，设置数据行中的垂直线为粗实线，如图 10.18 所示。

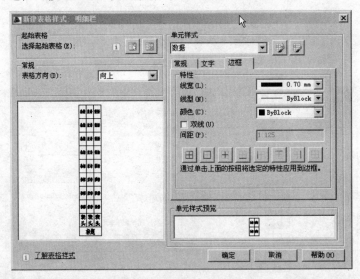

图 10.18　显示数据"边框"选项卡的"新建表格样式：明细栏"对话框

⑥ 在"单元样式"下拉列表中选择"表头"，设置表头的属性。

⑦ 在"基本"选项卡中，选择"对齐"下拉列表为"正中"，在"页边距"的"垂直"、"水平"文本框中均输入"0.1"。

⑧ 选择"文字"选项卡，在"文字样式"下拉列表中选择"长仿宋字"，"文字高度"文本框中输入"5"。

⑨ 选择"边框"选项卡，在"线宽"下拉列表中选择"0.70mm"，再单击"所有边框"按钮，设置表头的线条均为粗实线。

⑩ 单击"确定"按钮,返回"表格样式"对话框,单击"置为当前"按钮,将"明细栏"表格样式置为当前表格样式。

⑪ 单击"关闭"按钮,完成表格样式的创建。

2) 创建表格

该命令用于创建所需要的表格。

(1) 输入命令。

- 从下拉菜单选取:"绘图"→"表格"。
- 工具栏:"绘图"→"表格"。
- 从键盘输入:TABLE。

(2) 命令的操作。

输入命令后将弹出如图 10.19 所示的"插入表格"对话框。

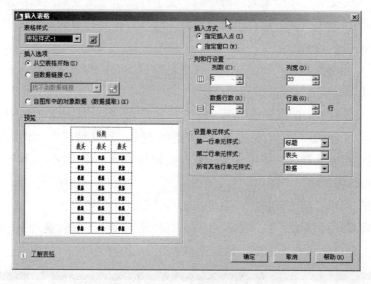

图 10.19 "插入表格"对话框

① "表格样式"选项组:指定表格样式。单击下拉列表旁边的按钮,用户可以创建新的表格样式。

② "插入选项"组。

- 从空表格开始(S):创建可以手动填充数据的空表格。
- 自数据链接(L):从外部电子表格中的数据创建表格。
- 自图形中的对象数据(数据提取)(X):启动"数据提取"向导。

③ 预览:显示当前表格样式的样例。

④ "插入方式"选项组:指定表格位置。

- 指定插入点:指定表格左上角的位置。可以使用定点设备,也可以在命令行上输入坐标值。如果表格样式将表格的方向设置为由下而上读取,则插入点位于表格的左下角。
- 指定窗口:指定表格的大小和位置。可以使用定点设备,也可以在命令行上输入坐标值。选定此选项时,行数、列数、列宽和行高取决于窗口的大小以及列和行设置。

⑤ "列和行设置"选项组：设置列和行的数目和大小。
- 列图标 : 表示列。
- 行图标 : 表示行。
- 列数：指定列数。选择"指定窗口"选项并指定列宽时，则选定了"自动"选项，且列数由表格的宽度控制。
- 列宽：指定列的宽度。选择"指定窗口"选项并指定列数时，则选定了"自动"选项，且列宽由表格的宽度控制。最小列宽为一个字符。
- 数据行数：指定数据行的行数。选择"指定窗口"选项并指定行高时，则选定了"自动"选项，且行数由表格的高度控制。带有标题行和表格头行的表格样式最少应有3行。最小行高为1行。
- 行高：按照文字行高指定表格的行高。文字行高基于文字高度和单元边距，这两项均在表格样式中设置。选择"指定窗口"选项并指定行数时，则选定了"自动"选项，且行高由表格的高度控制。

⑥ "设置单元样式"选项组：对于那些不包含起始表格的表格样式，在此指定新表格中行的单元格式。
- 第一行单元样式：指定表格中第一行的单元样式。默认情况下，使用标题单元样式。
- 第二行单元样式：指定表格中第二行的单元样式。默认情况下，使用表头单元样式。
- 所有其他行单元样式：指定表格中所有其他行的单元样式。默认情况下，使用数据单元样式。

⑦ "确定"按钮：单击该按钮，系统弹出对话框，在指定位置插入一个空表格，并显示多行文字编辑器。要移动到下一个单元，按 Tab 键，或使用方向键向左、向右、向上和向下移动，在光标处输入相应的文字或数据，如图 10.20 所示。

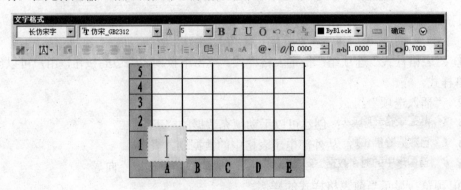

图 10.20 表格数据的输入

特别提示

- 在插入表格完成后，如果用鼠标左键在表格内双击，则弹出多行文字编辑器，用户可以重新输入文字或数据。
- 在选定单元格后，按 F2 键，也可快速编辑表格内的文字或数据。

- 如果用鼠标左键在表格内单击，则出现夹持点，通过移动夹持点可以改变单元格的大小，如图 10.21 所示。

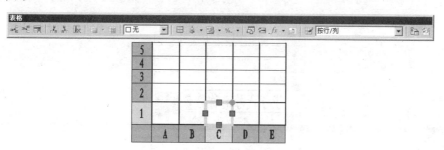

图 10.21 改变单元格大小

例：插入图 10.1 中的明细栏。

具体步骤如下。

① 输入"表格"命令后将弹出如图 10.22 所示的"插入表格"对话框。在"表格样式"下拉列表中选择"明细栏"；在"插入方式选项组"中选择"指定插入点"。其他参数如图 10.22 所示。

 特别提示

- 明细栏中仅有表头，所以"第一行单元样式"选择的是"表头"，无"标题"的设置。"第二行单元样式"选择的是"数据"，数据行数为"3"，所以总共有 4 行数据，再加上表头共有 5 行。

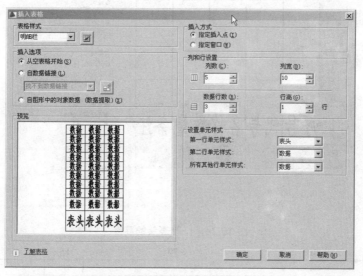

图 10.22 "插入表格"对话框

② 单击"确定"按钮，指定插入点，插入表格。输入如图 10.23 所示的文字。
③ 单击"确定"按钮，完成表格的插入操作。

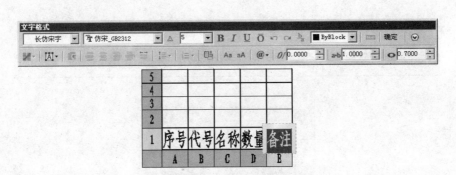

图 10.23 填写表头

④ 修改表格的尺寸。

用鼠标左键拖动光标,用窗口方式选择所有的表头单元格,然后右击,在弹出的快捷菜单中选定"特性",打开"特性"对话框,设定"单元高度"为"10",如图 10.24 所示。再选择所有的数据单元格,设定"单元高度"为"7"。依次选定每一列,设定其单元宽度。

⑤ 按 Esc 键退出,完成行高和列宽的设定。

⑥ 自下而上填写明细栏中的具体内容。完成后的效果如图 10.25 所示。

图 10.24 修改表头的高度

10	40	70	15	45
4		J型轴孔半联轴器	1	
3	GB/T 6170-2000	螺母M10	4	
2	GB/T 5782-2000	螺栓M10×55	4	
1		J_1型轴孔半联轴器	1	
序号	代号	名称	数量	备注

图 10.25 明细栏

10.3 绘图步骤

具体的绘图步骤如下。

(1) 确定表达方法、比例和图幅。绘制中选择主和左两个视图，主视图采用全剖的方式。比例采用 1∶1；图幅采用 A3 图幅、横装。

将装配图所需要的零件图绘出，图中还需要两个标准件，也应该在绘制装配图前绘出，具体的尺寸如图 10.26 所示。

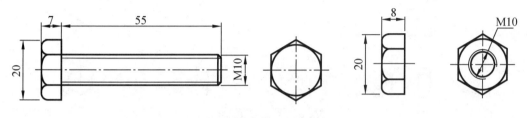

图 10.26　螺栓和螺母

(2) 用项目 9 创建的样板文件"A3 样板文件"新建一个文件"凸缘联轴器装配图"。
(3) 设置绘图环境。
(4) 组合原有的视图绘制装配图。
① 打开绘制的零件图，并将"尺寸标注"图层关闭。
② 选中所需的视图，右击，在弹出的快捷菜单中选择"复制"选项，如图 10.27 所示。

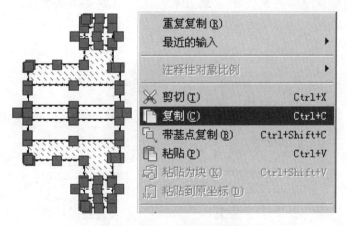

图 10.27　复制单个视图

③ 打开装配图，在绘图区右击，在弹出的快捷菜单中选择"粘贴"选项。选中的视图就复制到当前图形中来了。重复以上的操作,将所需的视图全部复制到装配图中，如图 10.28 所示。

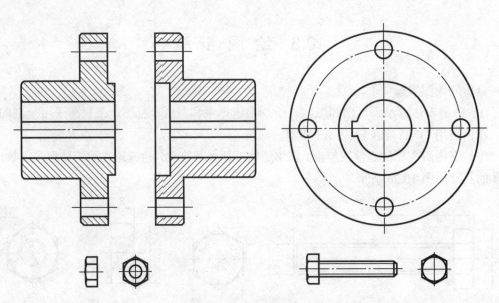

图 10.28　复制全部视图

④ 按照装配关系，依次将视图移动到图框中。移动对象的过程中，一定运用对象捕捉功能，如图 10.29 中所示。

命令：_move↵
选择对象：(框选所要移动的对象)
选择对象：↵
指定基点或[位移(D)]<位移>：指定第二个点或<使用第一个点作为位移>：(选择点"1"作为基点，选择点"2"作为第二点)

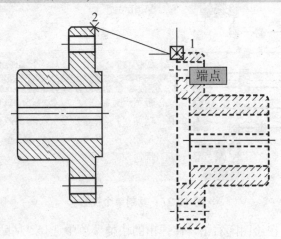

图 10.29　运用对象捕捉进行装配

将所有的零件装入后的效果如图 10.30 所示。装配的过程中，如果有的零件图的位置与装配位置不完全相符时，应先进行旋转等的编辑操作。

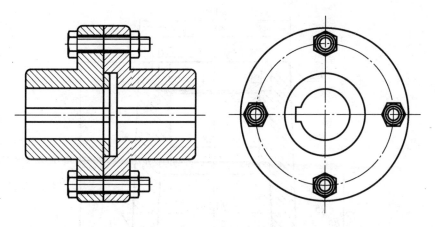

图 10.30 装配所有的零件

⑤ 调用"修剪"、"删除"与"打断于点"等命令,对装配图进行细节修剪。这是一项繁琐的工作,需要细心和耐心才能得出正确完美的结果。

⑥ 标注装配尺寸。

⑦ 输入"技术要求"。

⑧ 标注零件的序号、填写明细栏和标题栏。具体的步骤如前面所讲的,这里不再赘述。提示一点的是不要忘记进行"多重引线对齐"的操作。

最后,保存文件。

10.4 上机实训与指导

练习:参照如图 10.31 所示的装配示意图,根据零件图(图 10.32)绘制千斤顶的装配图。

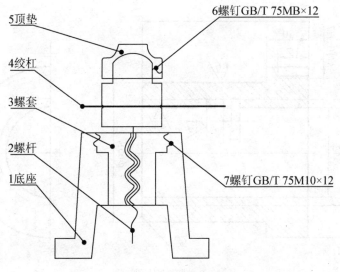

图 10.31 装配示意图

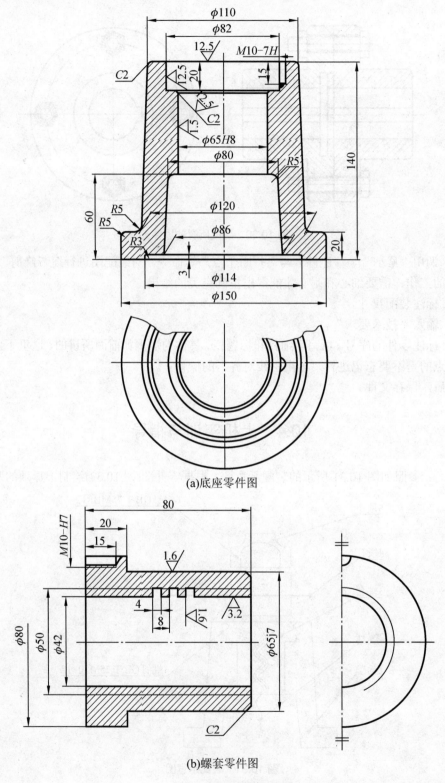

(a)底座零件图

(b)螺套零件图

图 10.32 千斤顶零件组图

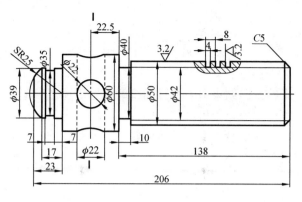

(c)螺杆零件图

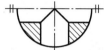

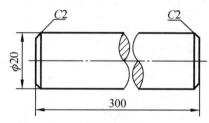

(d)绞杠零件图

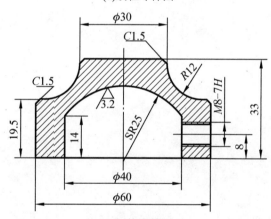

(e)顶垫零件图

序号	名称	数量	材料	附注
1	底座	1	HT200	
2	螺杆	1	35	
3	螺套	1	ZcuAl10Fe3	
4	绞杠	1	35	
5	顶垫	1	Q275	
6	螺钉 M8X12	1	Q235	GB/T 75
7	螺钉 M10X12	1	Q235	GB/T 75

(f)零件列表

图 10.32(续)

项 目 小 结

本项目是二维图形绘制的结束篇，通过凸缘联轴器讲述了装配图的绘制方法和一些绘图技巧。通过学习，可以知道二维机械制图的绘制一般是先将各个零部件绘制出来，然后复制到装配图中，修改一些配合面的公共线或修剪掉被遮掩的轮廓线。这样可以提高绘制装配图的效率，同时也有利于体会所有零部件的装配顺序和关系，便于了解机器结构。

项目 11

三维实体建模

➤ 学习目标

在本章中,将通过创建一部分较为常用的机械三维实体零件,来学习实体基本的绘制及编辑命令,并在此基础上,最终达到熟练应用相关命令以绘制实体图形的目的。

➤ 学习要求

① 熟练掌握用户坐标系(UCS)的创建方法;学会用户坐标系的变换,以满足绘制复杂图形的需要;学会使用动态坐标系(动态 UCS)。

② 熟练掌握长方体、圆柱体、球体、楔形体等常用的基本实体绘制命令,掌握通过拉伸、旋转、扫掠、放样等操作来创建三维实体,能够熟练运用布尔运算创建三维组合体。

③ 掌握三维旋转、三维阵列、三维镜像、剖切、实体倒角、实体倒圆角等命令对三维实体进行编辑。

④ 掌握使用视觉样式工具条来控制三维实体图形的显示效果。

⑤ 学习由三维实体模型生成二维图形的方法。

➤ 项目导读

三维实体绘制是 AutoCAD 比较重要的一部分内容。实体模型能够较完整地描述对象的实物特征。使用三维操作命令和实体编辑命令可以对三维对象进行移动、复制、镜像、对齐、阵列等操作,或对实体进行布尔运算。在对实体进行编辑的过程中还可以使用多种显示方式来使对象看起来更加清晰。

11.1 三维基础知识

11.1.1 三维坐标系

AutoCAD 使用的是笛卡儿坐标系。它包括两种类型：一种是系统默认坐标系——世界坐标系 WCS。世界坐标系是其他坐标系的基础，不能对其重新定义。另一种是用户坐标系 UCS，用户可以根据自己的需要设定自己的坐标系。

图 11.1 表示的是两种坐标系下的图标。

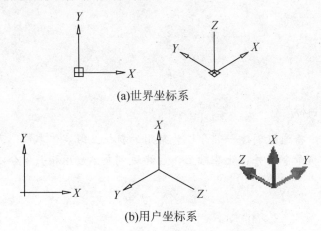

图 11.1 AutoCAD 中表示坐标系的图标

1. 世界坐标系(WCS)

世界坐标系 WCS 是一种固定的坐标系，三维 WCS 由水平的 X 轴、垂直的 Y 轴和垂直于 $X-Y$ 平面的 Z 轴组成，在默认状态下，坐标原点位于图纸的左下角。

在三维空间绘图时，需要指定 X、Y 和 Z 的坐标值才能确定点的位置。在绘图中常用输入直角坐标的方式来实现精确定位。其中既可以用绝对坐标值(X, Y, Z)表示，例如"30, 40, 50"，也可以用相对坐标值(@ X, Y, Z)来输入，例如"@ 30, 40, 50"。

2. 用户坐标系 UCS

在 AutoCAD 中，使用适当的用户坐标系，可以容易地绘制出各个平面内的三维面、体，从而组合为三维实体图形。用户坐标系原点既可以设置在世界坐标系的任意位置，也可以任意转动或倾斜坐标系，以满足绘制复杂图形的需要。在用户坐标系中 XY 平面称为工作平面。

管理用户坐标系的命令如下。

功能区："视图"标签→UCS 面板。

- 利用 UCS 工具栏进行创建用户坐标系的选择，如图 11.2 所示。

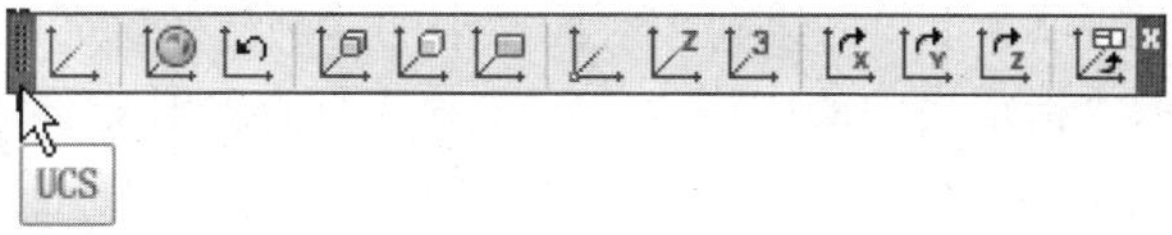

图 11.2　UCS 工具栏

- 菜单浏览器选取：▲→工具(T)→新建 UCS(W)。

各种方法建立新坐标系的含义如下。

世界(W)：将 UCS 设置为世界坐标系。也就是用于从当前的用户坐标系恢复到世界坐标系统。

上一个：从当前的坐标系恢复并使用上一个坐标系。

面(F)：使用三维实体表面建立 UCS。选用该项，AutoCAD 将创建的新 UCS 与三维实体的选定面对齐，UCS 的 X 轴将与指定面上的最近的边对齐，且新坐标系的原点为被选面的一个角点。

对象(O)：基于选定对象定义新坐标系。被指定的实体将与新坐标系有相同的 Z 轴方向。

视图(V)：建立新的坐标系使其 XY 平面与当前视图平行(即 XY 平面平行于屏幕)，且 X 轴指向当前视图的水平方向，原点保持不变。

原点(N)：移动原点来定义新的 UCS。用户可在该项中直接用鼠标在绘图区选取新的坐标原点，也可以直接输入新原点的坐标值。

Z 轴矢量(A)：用指定 Z 轴正方向的方法定义新 UCS。需选择两点，第一点作为新的坐标系原点，第二点决定 Z 轴的正方向，此时，系统将根据 Z 轴方向自动设置 X 轴、Y 轴的方向。

三点(3)：指定新 UCS 的原点及 X 轴和 Y 轴的方向。选用该项后，第一点为新坐标系的原点，第二点为 X 轴正方向上的一点，第三点为 Y 轴正方向上的一点。

X：将当前 UCS 绕 X 轴旋转一定的角度，从而得到一个新的 UCS。用户在系统提示下输入的旋转角度可正可负，正方向是按右手定则确定的。

Y：将当前 UCS 绕 Y 轴旋转一定的角度，从而得到一个新的 UCS。

Z：将当前 UCS 绕 Z 轴旋转一定的角度，从而得到一个新的 UCS。

3. 动态 UCS

AutoCAD 提出动态 UCS 的观念，让用户不必建立或指定 UCS，就可以切换 UCS。

例：如图 11.4(a)所示为一个长方体，现要在长方体的侧面创建一圆柱体。

操作如下。

(1) 打开"动态 UCS"。

图 11.3　状态栏上的"动态 UCS"按钮

(2) 选择"默认"选项卡下"三维建模"面板中的"圆柱体"命令。

(3) 在命令行提示"指定底面的中心点"时，将光标移至长方体的侧面并停留一下，长方体的侧面边框线高亮显示(表示被选到)，动态 UCS 会将新 UCS 的 XY 平面与所选平面对齐，如图 11.4(b)所示。

(4) 选择圆柱体的中心点之后，UCS 自动切换为该平面所应有的 UCS。这个暂时的 UCS 会维持在指令操作过程之中，如图 11.4(c)所示。当完成指令操作后，AutoCAD 会将 UCS 切换回指令操作前的 UCS，如图 11.4(d)所示。

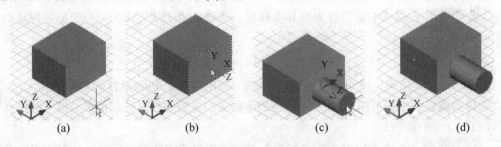

图 11.4　在长方体侧面上做圆柱体

11.1.2　设置视点和观察三维视图

视点是指观察图形的方向。在绘制实体模型时，用户需要经常变换方位，从不同的角度来观察三维实体。用户可以通过在功能区"默认"标签→"视图"面板→"三维视图"下拉菜单，选择已预设好的多种特殊视点，以便从多个方向观察图形，如图 11.5 所示。

除设置视点外，还可以通过菜单浏览器中的"视图(V)"→"动态观察(B)"下拉菜单(图 11.6)，选择受约束的动态观察、自由动态观察、连续动态观察 3 种方式，实时地控制和改变当前视口中创建的三维视图，对对象进行不同形式的旋转，以取得不同的观测效果。

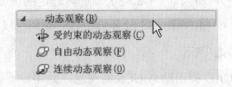

图 11.5　"三维视图"下拉菜单　　　　图 11.6　"动态观察"下拉菜单

11.1.3　视觉样式

视觉样式是一组设置，用来控制视口中边和着色的显示。

利用菜单浏览器中的"视图(V)"→"视觉样式"菜单(图 11.7)，视觉样式工具条或视觉样式控制台下拉列表，可以方便快捷地设置视觉样式。AutoCAD 提供了以下 5 种视觉样式，以方便用户显示实体效果。

图 11.7 "视觉样式"菜单

1. 二维线框

显示用直线和曲线表示边界的对象。图 11.8 所示是输出轴的二维线框图。

2. 三维线框

显示对象时使用直线和曲线表示边界,并显示一个已着色的三维 UCS 图标。图 11.9 所示是输出轴的三维线框图。

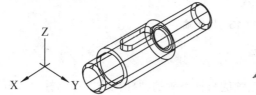 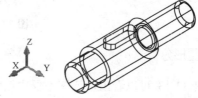

图 11.8　输出轴的二维线框图　　图 11.9　输出轴的三维线框图(包含三维 UCS 图标)

3. 三维隐藏

显示用三维线框表示的对象并隐藏表示后向面的直线。图 11.10 所示是输出轴的三维隐藏图。

4. 真实

着色多边形平面间的对象,并使对象的边平滑化。如果已经为对象附着材质,将显示已附着到对象的材质。图 11.11 所示是输出轴的真实图。

5. 概念

着色多边形平面间的对象,并使对象的边平滑化。效果缺乏真实感,但是可以更方便地查看模型的细节。图 11.12 所示是输出轴的概念图。

图 11.10　输出轴的三维隐藏图　　图 11.11　输出轴的真实图　　图 11.12　输出轴的概念图

11.2 绘制实体图实例(一)

绘制如图 11.13 所示的输出轴。通过该实体图的绘制，熟悉实体图形的绘制过程。

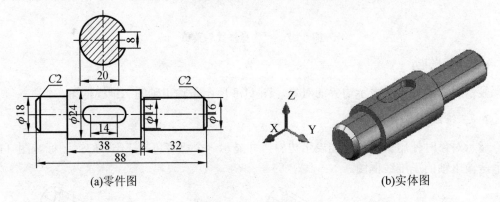

(a)零件图　　　　　　　　　　　　　　(b)实体图

图 11.13　输出轴

11.2.1　图形分析

从图 11.13 可以看出，该图不仅由连续的直径不等的圆柱构成，在圆柱上还有键槽，以及倒角。在本例中，绘制轴主体部分时，可以利用先绘制轴的一半，然后利用形成的封闭多段线进行三维旋转形成轴的主体，同时还要结合拉伸、倒角以及布尔运算中的并集、差集等命令。图 11.13 中的键槽部分也是运用"多段线"命令结合差集操作完成的。

11.2.2　本题知识点

1. 三维旋转

1) 功能

该功能用于绕指定的轴在三维空间中旋转对象。

2) 输入命令

- 从"建模"工具栏单击："三维旋转"按钮 。
- 菜单浏览器 ："修改(M)"→"三维操作(3)"→"三维旋转(R)"。
- 命令行输入：3drotate。

3) 命令的操作

例：将图 11.14(a)中的对象绕当前 UCS 的 X 轴旋转 180°，结果如图 11.14(d)所示。
命令行操作如下：

命令：(输入命令)
选择对象：(选择图 11.14(a)中的楔体)
指定基点：(指定图 11.14(b)所示的端点作为旋转基点)
拾取旋转轴：(指定或捕捉任意轴作为旋转轴，在本例中为 X 轴)
指定角的起点或输入角度：180↵(输入旋转角度值)

按 Enter 键后，系统完成旋转操作，得到旋转后的实体如图 11.14(d)所示。

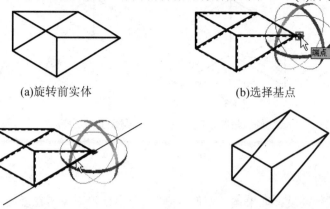

(a)旋转前实体　　　　　　　　(b)选择基点

(c)拾取 X 轴为旋转轴　　　　　(d) 3D 旋转后生成的实体

图 11.14　三维旋转

注意：在指定对象旋转轴的起点和端点时，正方向为从起点到端点的方向，旋转时按右手定则旋转。

2. 拉伸

1) 功能

该命令通过拉伸二维图形使之具有厚度来创建拉伸实体。

可以拉伸闭合的对象，例如多段线、多边形、矩形、圆、椭圆、闭合的样条曲线、圆环和面域。不能拉伸三维对象、包含在块中的对象、有交叉或横断部分的多段线，或非闭合多段线。可以沿路径拉伸对象，也可以指定高度值和倾斜角度来拉伸对象。

如果拉伸闭合对象，将生成三维实体。如果拉伸开放对象，将生成曲面。

2) 输入命令

- 从"建模"工具栏单击："拉伸"按钮。
- 功能区："默认"标签→"三维建模"面板→"拉伸"。
- 菜单浏览器："绘图"→"建模"→"拉伸"。
- 命令行输入：extrude。

3) 命令的操作

拉伸的操作步骤如下：

> 命令：(输入命令)
> 当前线框密度：ISOLINES=12
> 选择要拉伸的对象：(选择要拉伸的闭合对象，如图 11.15 (a)所示)
> 指定拉伸的高度或[方向(D)/路径(P)/倾斜角(T)]<68.29>：70 (输入拉伸的高度值)

按 Enter 键后，完成"拉伸"命令。

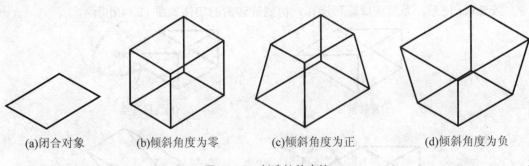

(a)闭合对象　　(b)倾斜角度为零　　(c)倾斜角度为正　　(d)倾斜角度为负

图 11.15　创建拉伸实体

4) 选项说明

① 指定拉伸高度：如果输入正值，则 AutoCAD 沿对象所在坐标系的 Z 轴正方向拉伸对象。如果输入负值，则沿 Z 轴负方向拉伸对象。默认情况下，将沿对象的法线方向拉伸平面对象。

② 拉伸的倾斜角度：拉伸的倾斜角度取值范围为-90°～+90°，0°表示实体的侧面与拉伸对象所在的二维平面垂直，如图 11.15(b)所示；角度为正值时侧面向内倾斜，如图 11.15(c)所示；角度为负值时侧面向外倾斜，如图 11.15(d)所示。指定一个较大的倾斜角或较长的拉伸高度，将导致对象或对象的一部分在到达拉伸高度之前就已经汇聚到一点。

③ 方向(D)：通过指定的两点指定拉伸的长度和方向。

④ 路径(P)：选择基于指定曲线对象的拉伸路径。AutoCAD 将沿选定路径拉伸选定对象的轮廓以创建拉伸实体。拉伸路径可以是直线、圆、圆弧、椭圆、椭圆弧、多段线或样条曲线、实体的边、曲面的边等。路径不能与对象处于同一平面，且形状也不应过于复杂，如图 11.16 所示。

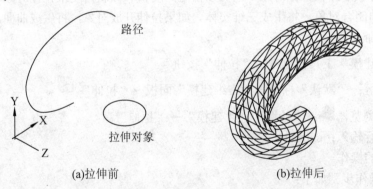

(a)拉伸前　　　　　　　　　　(b)拉伸后

图 11.16　沿指定路径拉伸实体

3. 布尔运算

在三维绘图中，复杂实体往往不能一次生成，一般都是由相对简单的实体模型通过布尔运算，从而组合成所需的复杂实体。

布尔运算包括并集、差集、交集 3 种运算。布尔运算就是对多个三维实体进行求并(union)、求差(subtract)和求交(intersect)的运算，使它们进行组合，最终形成用户需要的实体，是绘制复杂实体的主要方法。图 11.17 所示就是实体布尔运算的实例示图。

项目 11　三维实体建模

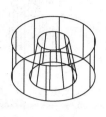

(a)原始的两个实体　　　(b)并集运算　　　(c)差集运算　　　(d)交集运算

图 11.17　实体布尔运算

1) 并集运算

(1) 功能。

对所选择的三维实体进行并集运算，可以将两个或两个以上的多个实体进行合并，使之成为一个整体。

(2) 输入命令。

- 从"建模"工具栏单击："并集"按钮。
- 菜单浏览器：" 修改(M) " → " 实体编辑(N) " → " 并集 "。
- 功能区：" 默认 "标签→" 实体编辑 "面板→" 并集 "。
- 命令行输入：union。

(3) 命令的操作。

例：对图 11.18(a)中的长方体与圆柱体进行并集运算。

命令：(输入命令)
选择对象：(依次选取长方体和圆柱体作为并集的对象)
按 Enter 键后，AutoCAD 进行合并运算，得到如图 11.18(b)所示的实体。

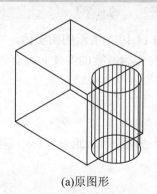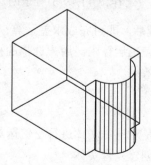

(a)原图形　　　　　　　(b)求并后的实体

图 11.18　并集运算

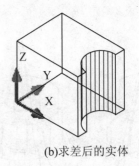

(a)原图形　　　　　　　　(b)求差后的实体

图 11.19　差集运算

注意：在并集运算中选取的实体可以是不接触或不重叠的。对这类实体进行求并的结果是生成一个组合实体。

2) 差集运算

(1) 功能。

该功能就是对三维实体进行求差运算，实际上就是从一个实体中减去另一个实体，最终得到一个新的实体。

(2) 输入命令。

- 从"建模"工具栏单击："差集"按钮⊙。
- 功能区："默认"标签→"实体编辑"面板→"差集"⊙。
- 菜单浏览器：　"修改(M)"→"实体编辑(N)"→"差集"。
- 命令行输入：subtract。

(3) 命令的操作。

> 命令：(输入命令)
> 选择要从中减去的实体或面域…
> 选择对象：(选择图 11.19(a)所示的长方体作为被减的实体)
> 选择要减去的实体或面域…
> 选择对象：(选择图 11.19(a)所示的圆柱体为要减去的对象)

按 Enter 键后，即可完成求差运算，得到如图 11.19(b)所示的新实体。

注意：在差集运算中，用户选择的被减实体与作为减数的实体必须有公共部分，否则将得不到预期效果。

3) 交集运算

(1) 功能。

该功能就是对三维实体进行交集运算，从两个或两个以上重叠实体中删除非重叠部分，并从公共部分创建复合实体。

(2) 输入命令。

- 从"建模"工具栏单击："交集"按钮⊙。
- 功能区："默认"标签→"实体编辑"面板→"交集"⊙。
- 菜单浏览器：　"修改(M)"→"实体编辑(N)"→"交集"。

- 命令行输入：intersect。

(3) 命令的操作。

命令：(输入命令)
选择对象：(依次选择要相交的对象，例如图11.20(a)中的长方体和圆柱体所示)

选择对象结束后按Enter键，系统完成对所选对象的交集运算，生成如图11.20(b)所示的新实体。

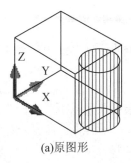

(a)原图形　　　　　　(b)求交后的实体

图 11.20　交集运算

4. 实体倒角

1) 功能

该功能用于三维实体倒角。对三维实体倒直角的命令与二维的倒角相同，都是Chamfer命令。对三维实体进行倒角操作，可将实体上的任何一处拐角切去，使之变成斜角。

2) 输入命令

- 从"修改"工具栏单击："倒角"按钮。
- 功能区："默认"标签→"修改"面板→"倒角" 。
- 菜单浏览器："修改"→"倒角"。
- 命令行输入：chamfer。

3) 命令的操作

命令：(输入命令)
("修剪"模式) 当前倒角距离 1=3.00，距离 2=3.00
选择第一条直线或[放弃(U)/多段线(P)/距离(D)/角度(A)/修剪(T)/方式(E)/多个(M)]：(选择实体前表面的一条边)
基面选择...
输入曲面选择选项[下一个(N)/当前(OK)]<当前(OK)>：(选择需要倒角的基面)
指定基面的倒角距离：(输入基面倒角距离值)
指定其他曲面的倒角距离：(输入其他曲面倒角距离值或按Enter键结束输入)
选择边或[环(L)]：(单击需要倒角的边)
选择边或[环(L)]：(按Enter键结束目标选择)

图11.21所示为三维实体倒角后经过消隐的效果图。

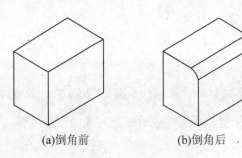

(a)倒角前　　　　　(b)倒角后

图 11.21　三维实体倒角

注意：在选择需要倒角的边时，只能在基面上选取，不在基面上的边不能被选取。

4) 选项说明

① 基面：是指所选择实体边所在的两个平面中的一个。"当前"选项是默认选项，表示以当前高亮显示的面为基面；"下一个"选项表示以下一个面为基面。

② 环(L)：切换到"边环"模式后，选择基面上的所有边，对基面所有的边倒角。

③ 边：用于对指定基面上的一条边进行倒角，也可以一次选择多条边进行倒角。

11.2.3　绘图步骤

轴类零件一般是回转型零件。利用这一特点，当创建轴的实体模型时，通常先绘制出一半的轮廓，然后将其绕轴线旋转，再进行后续的操作，如倒角和创建键槽等。步骤如下。

(1) 利用多段线绘制轴的半轮廓。

选择"视图"→"三维视图"→"平面视图"→"当前 UCS"命令，切换到平面视图。根据图 11.13 所注尺寸，利用"多段线"命令绘制轴的半轮廓图，如图 11.22 所示。

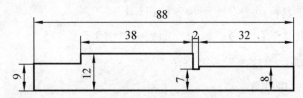

图 11.22　半轮廓图

(2) 旋转形成实体。

单击"建模"工具栏上的"旋转"按钮，或选择"绘图"菜单→"建模"→"旋转"命令，执行 REVOLVE 命令，AutoCAD 命令行提示：

> 选择要旋转的对象：(选择图 11.22 中的多段线)
> 选择要旋转的对象：↵
> 指定轴起点或根据以下选项之一定义轴[对象(O)/X/Y/Z]<对象>：(捕捉图 11.22 中多段线下方中心轴线的左端点)
> 指定轴端点：(捕捉图 11.22 中多段线下方中心轴线的右端点)
> 指定旋转角度或[起点角度(ST)]<360>：↵（按 Enter 键，默认 360° 的旋转角度）

执行结果如图 11.23 所示。

(3) 改变视点。

选择"视图"→"三维视图"→"西南等轴测"命令,得到的结果如图 11.24 所示。

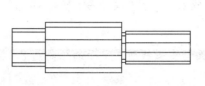

图 11.23 旋转结果

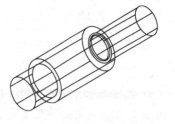

图 11.24 "西南等轴测"视点下的轴实体

(4) 倒角。

单击"修改"工具栏上的"倒角"按钮，或选择"修改"菜单→"倒角"命令,即执行 CHAMFER 命令,AutoCAD 命令行提示:

选择第一条直线或[放弃(U)/多段线(P)/距离(D)/角度(A)/修剪(T)/方式(E)/多个(M)]:(拾取图 11.24 中左端面的棱边,即图中位于最左面的圆)
基面选择...
输入曲面选择选项[下一个(N)/当前(OK)]<当前(OK)>: ↵
指定基面的倒角距离: 2↵
指定其他曲面的倒角距离: 2↵
选择边或[环(L)]: (再次拾取图 11.24 中的左端面棱边)
选择边或[环(L)]: ↵

按 Enter 键后,执行结果如图 11.25 所示。

用同样的方法,在需要倒角的另外的端面上创建倒角,得到的结果如图 11.26 所示。

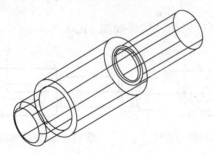

图 11.25 创建倒角 1

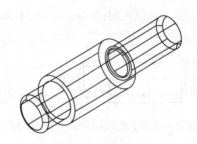

图 11.26 创建倒角 2

(5) 创建键槽。

① 新建 UCS。

单击 UCS 工具栏上的"原点"按钮，或者选择"工具"菜单→"新建 UCS"→"三点"命令,AutoCAD 命令行提示:

指定新原点<0, 0, 0>: (捕捉图 11.26 中左端面的圆心)
在正 X 轴范围上指定点<1.00, 0.00, 0.00>: (打开正交,利用鼠标指定相应的方向)

在UCS XY平面的正Y轴范围上指定点<0.00，-1.00，0.00>：

得到的结果如图11.27所示。即将捕捉到的圆心作为新UCS的原点。图中的坐标图标表明了当前用户坐标系的坐标方向和原点位置。

② 继续建立新UCS。

单击UCS工具栏上的"原点"按钮 ，或者选择"工具"菜单→"新建UCS"→"原点"命令，AutoCAD命令行提示：

指定新原点<0, 0, 0>: -28, 0, 8↵(键槽底面与中心线所在平面的距离是8, 键槽有一半圆的圆心与相连端面的距离是28)

执行结果如图11.28所示。

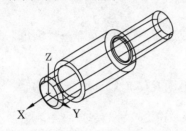 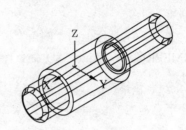

图11.27 新建UCS　　　　　　　　图11.28 新建UCS

③ 切换到平面视图。

选择"视图"→"三维视图"→"平面视图"→"当前 UCS"命令，得到的结果如图11.29所示。

④ 绘制圆与直线。

选择"圆"(CIRCLE)命令绘制直径为8、相距为14的两个圆，选择"直线"LINE命令绘制对应的两条水平切线，如图11.30所示。

⑤ 修剪。

使用"修剪"(TRIM)命令，对图11.30进行修剪，结果如图11.31所示。

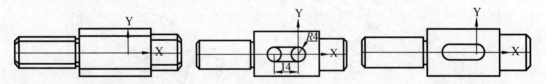

图11.29 以平面视图形式显示图形　　图11.30 绘制圆与直线　　图11.31 修剪结果

⑥ 将键槽轮廓线合并生成多段线。

选择"修改"菜单→"对象"→"多段线"命令，或者单击"修改II"工具栏上的"编辑多段线"按钮 ，系统执行PEDIT命令，AutoCAD命令行提示：

[多条(M)]: M↵

选择对象: (依次选择构成键槽轮廓的每一条线，总计 4 个)

选择对象: ↵

是否将直线和圆弧转换为多段线？[是(Y)/否(N)]? <Y>↵

输入选项[闭合(C)/打开(O)/合并(J)/宽度(W)/拟合(F)/样条曲线(S)/非曲线化(D)/线型生成(L)/放弃(U)]: J↵

合并类型=延伸

输入模糊距离或[合并类型(J)]<0.00>: ↵

多段线已增加 3 条线段

执行"多段线"命令后,对应图形已成为一条多段线。

选择"视图"→"三维视图"→"西南等轴测"命令,得到的结果如图 11.32 所示。其中键槽的轮廓是位于当前 UCS 的 XY 面上的一条封闭多段线。

⑦ 拉伸。

选择"绘图"菜单→"建模"→"拉伸"命令,或单击"建模"工具栏上的"拉伸"按钮 , 执行 EXTRUDE 命令,AutoCAD 命令行提示:

选择要拉伸的对象: (选择图 11.32 中表示键槽轮廓的多段线)

选择要拉伸的对象: ↵

指定拉伸的高度或[方向(D)/路径(P)/倾斜角(T)]: 15↵

执行结果如图 11.33 所示。

⑧ 差集操作。

单击"建模"工具栏上的"差集"按钮 ,或选择"修改"菜单→"实体编辑"→"差集"命令,执行 SUBTRACT 命令,AutoCAD 命令行提示:

选择要从中减去的实体或面域...

选择对象: (选择图 11.33 中的轴实体)

选择对象: ↵

选择要减去的实体或面域..

选择对象: (选择图 11.33 中的拉伸实体)

选择对象: ↵

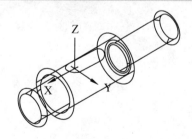
图 11.32 "西南等轴测"视点下的轴实体

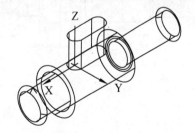
图 11.33 拉伸键槽轮廓

执行结果如图 11.34 所示。至此,完成输出轴实体的绘制。

最后对其进行真实视觉样式的显示,结果如图 11.35 所示。保存文件。

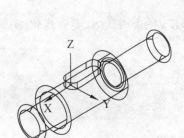
图 11.34　差集操作结果

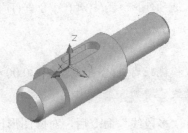
图 11.35　输出轴真实视觉样式

11.2.4　上机实训与指导

练习1：绘制如图11.36所示的五角星实体。

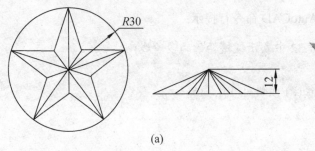

(a)

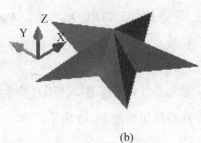

(b)

图 11.36　五角星

图 11.36 提示：此图中首先应绘制五角星平面图并生成面域，其次绘制经过五角星中心，高度为12的直线以确定高度方向的距离，最后利用"放样"命令生成五角星实体。

练习2：绘制如图11.37所示的输出轴实体图形。

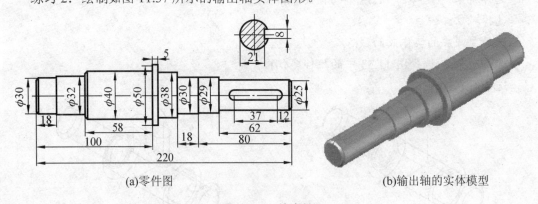

(a)零件图　　　　　　　　　　　　　　(b)输出轴的实体模型

图 11.37　输出轴

11.3　绘制实体图实例(二)

绘制如图11.38所示的轴承座实体。通过该轴承座的绘制，继续学习实体图形的绘制。

(a)轴承座实体

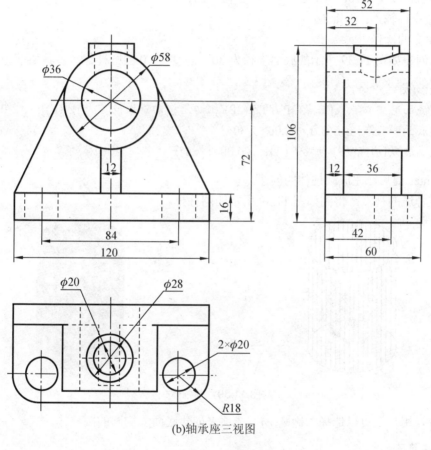

(b)轴承座三视图

图 11.38　轴承座

11.3.1　图形分析

从图 11.38 可以看出，该轴承座由底板、支板、肋板和空心圆柱组成，在底板上还有对称的两个直径为 20 的孔。底板、支板、肋板部分可以由封闭多段线拉伸形成实体，空心圆柱和孔部分需要利用"圆柱体"命令、三维阵列和布尔运算完成。

11.3.2 本题知识点

1. 圆柱体

1) 功能

该命令可以创建以圆或椭圆为底面和顶面的实体圆柱体。

2) 输入命令

- 从"建模"工具栏单击:"圆柱体"按钮 ▢。
- 菜单浏览器 ▲:"绘图"→"建模"→"圆柱体"。
- 功能区:"默认"标签→"三维建模"面板→"圆柱体" ▢。
- 命令行输入:cylinder。

3) 命令的操作

例:创建如图 11.39 所示的底面半径为 30、高度为 80 的圆柱体,步骤如下。

```
命令:(输入命令)
指定底面的中心点或[三点(3P)/两点(2P)/相切、相切、半径(T)/椭圆(E)]: 0, 0, 0↵
指定底面半径或[直径(D)]<60.00>: 30↵
指定高度或[两点(2P)/轴端点(A)]<100.00>: 80↵
```

按 Enter 键后,完成圆柱体的创建。

设置合适的视点,得到如图 11.39 所示的圆柱体。

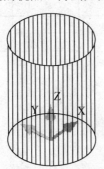

图 11.39 圆柱体

另外,用户还可以选择"椭圆(E)"选项来创建底面为椭圆的圆柱体。

2. 三维阵列

1) 功能

该功能用于将指定对象在三维空间实现矩形和环形阵列。除了指定列数(X 方向)和行数(Y 方向)以外,还要指定层数(Z 方向)。

2) 输入命令

- 菜单浏览器 ▲:"修改"→"三维操作"→"三维阵列"。
- 功能区:"默认"标签 →"修改"面板→"三维阵列" ▢。

- 命令行输入：3darray。

3) 命令的操作

例：对如图 11.40(a)所示的半径为 10 的球体做 2 行、3 列、2 层的三维矩形阵列，行间距 60、列间距 60、层间距 50。

命令行操作如下：

> 命令：3darray　　(输入命令)
> 选择对象：　　(选择 R10 的球体作为要阵列的对象)
> 输入阵列类型[矩形(R)/环形(P)]<矩形>：　　(按 Enter 键选取矩形阵列)
> 输入行数(---)<1>：2　　(输入矩形阵列的行方向数值 2)
> 输入列数(|||)<1>：3　　(输入矩形阵列的列方向数值 3)
> 输入层数(...)<1>：2　　(输入矩形阵列的 Z 轴方向的层数 2)
> 指定行间距(---)：60　　(输入行间距值 60)
> 指定列间距(|||)：60　　(输入列间距值 60)
> 指定层间距(...)：50　　(输入 Z 轴方向层与层之间的距离值 50)

按 Enter 键后，系统完成阵列操作。选择"视图"→"消隐"命令，对图形作消隐处理，即可得到如图 11.40 (b)所示的效果图。

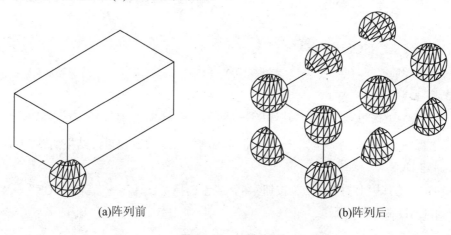

(a)阵列前　　　　　　　　　　　　(b)阵列后

图 11.40　三维阵列

特别提示

- 矩形阵列：在行(X 轴)、列(Y 轴)和层(Z 轴)矩形阵列中复制对象，一个阵列必须具有至少两个行、列或层。如果只指定一行，就需指定多列，反之亦然。只指定一层则创建二维阵列。输入正值将沿 X、Y、Z 轴的正向生成阵列。输入负值将沿 X、Y、Z 轴的负向生成阵列。
- 环形阵列：绕旋转轴复制对象。在指定选择角度时，正值表示沿逆时针方向旋转，负值表示沿顺时针方向旋转。

11.3.3　绘图步骤

具体绘图步骤如下。

(1) 创建带圆角的长方体底座。

① 单击"绘图"工具栏上的"矩形"按钮 ▢，执行 RECTANG 命令，AutoCAD 命令行提示：

指定第一个角点或 [倒角(C)/标高(E)/圆角(F)/厚度(T)/宽度(W)]：0，0↵
指定另一个角点或 [面积(A)/尺寸(D)/旋转(R)]：60，120↵

②创建圆角。单击"修改"工具栏上的"圆角"按钮 ▢，执行 FILLET 命令，AutoCAD 命令行提示：

当前设置：模式=修剪，半径=18.00
选择第一个对象或[放弃(U)/多段线(P)/半径(R)/修剪(T)/多个(M)]：r↵
指定圆角半径<18.00>：18↵(输入圆角半径值)
选择第一个对象或[放弃(U)/多段线(P)/半径(R)/修剪(T)/多个(M)]：
选择第二个对象，或按住 Shift 键选择要应用角点的对象：

依次创建完成两个圆角。

③ 拉伸底座的轮廓线，形成实体。

单击"建模"工具栏上的"拉伸"按钮 ▢，执行 RECTANG 命令，AutoCAD 命令行提示：

当前线框密度：ISOLINES=4
选择要拉伸的对象：(选择已经绘制好的轮廓线)
选择要拉伸的对象：↵
指定拉伸的高度或 [方向(D)/路径(P)/倾斜角(T)]<-184.94>：16↵(输入底板的高度值 16)

选择"视图"→"三维视图"→"东北等轴测"命令改变视点，结果如图 11.41 所示。

(2) 新建 UCS。

单击 UCS 工具栏上的"原点"按钮 ▢，或者选择"工具"→"新建 UCS"→"原点"命令，AutoCAD 命令行提示：

指定新原点<0，0，0>：(捕捉长方体中位于右上侧棱边的中点)

执行结果如图 11.42 所示。

(3) 创建圆柱体。

单击"建模"工具栏上的"圆柱体"按钮 ▢，或选择"绘图"→"建模"→"圆柱体"命令，系统执行 CYLINDER 命令，AutoCAD 命令行提示：

指定底面的中心点或 [三点(3P)/两点(2P)/相切、相切、半径(T)/椭圆(E)]：42，42，0
↵(尺寸参考图 11.38(b)所注)
指定底面半径或 [直径(D)]：10↵
指定高度或 [两点(2P)/轴端点(A)]<9.00>：-20↵

执行结果如图 11.43 所示。

项目 11　三维实体建模

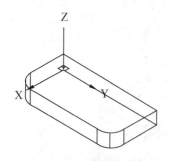 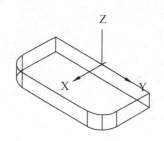 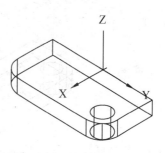

图 11.41　底座轮廓线的"东北等轴测"视图　　　图 11.42　新建 UCS　　　图 11.43　创建圆柱体

(4) 矩形阵列圆柱体。

单击"修改"工具栏上的"阵列"按钮，或者选择"修改"菜单→"阵列"命令，系统执行 ARRAY 命令，打开"阵列"对话框，在该对话框中进行相关设置。因为阵列面与当前 UCS 的工作平面 XY 平面平行，因此可以采用二维阵列。在输入阵列的偏移距离值时，要注意正负符号的含义。具体的设置内容如图 11.44 所示。

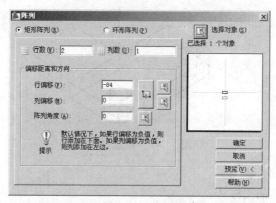

图 11.44　阵列设置

单击对话框中的"确定"按钮，完成圆柱体的矩形阵列，结果如图 11.45 所示。

(5) 差集操作。

单击"建模"工具栏上的"差集"按钮，或选择"修改"菜单→"实体编辑"→"差集"命令，执行 SUBTRACT 命令，AutoCAD 命令行提示：

```
选择要从中减去的实体或面域…
选择对象：(选择图 11.45 中的长方体)
选择对象：↵
选择要减去的实体或面域..
选择对象：(依次选择图 11.45 中的 2 个圆柱体)
选择对象：↵
```

执行结果如图 11.46 所示。

295

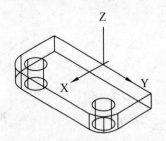 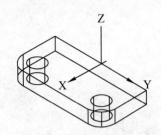

图 11.45　圆柱体的阵列结果　　　　图 11.46　差集操作结果

(6) 新建 UCS。

单击 UCS 工具栏上的 Y 按钮，或选择"工具"菜单→"新建 UCS"→"Y"命令，AutoCAD 命令行提示：

```
指定绕 Y 轴的旋转角度<90>: -90↵
```

执行结果如图 11.47 所示。

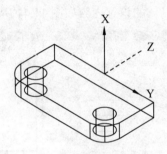

图 11.47　新建 UCS

(7) 创建水平圆柱体。

① 创建直径为 58 的圆柱体。

执行"圆柱体"命令，AutoCAD 命令行提示：

```
指定底面的中心点或[三点(3P)/两点(2P)/相切、相切、半径(T)/椭圆(E)]: 56,0,0↵（尺寸参考图 11.38(b)所注)
指定底面半径或 [直径(D)] <5.00>: 29↵
指定高度或 [两点(2P)/轴端点(A)] <-15.00>: -52
```

② 创建直径为 36 的圆柱体。

执行 CYLINDER 命令，AutoCAD 命令行提示：

```
指定底面的中心点或[三点(3P)/两点(2P)/相切、相切、半径(T)/椭圆(E)]: 56,0,0↵
指定底面半径或[直径(D)]<15.00>: 18↵
指定高度或[两点(2P)/轴端点(A)]<-34.00>: -60↵
```

执行结果如图 11.48 所示。

项目11 三维实体建模

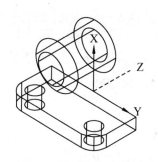

图 11.48 创建水平圆柱体

(8) 绘制封闭多段线线。

绘制如图 11.49 所示用粗实线表示的封闭多段线。

方法如下：分别从基座长方体的两角点向圆绘制切线，再用直线连接切线的对应端点。而后执行"修改"→"对象"→"多段线"命令，即 PEDIT 命令，将 4 条直线合并成 1 条多段线。

(9) 拉伸。

选择"绘图"菜单→"建模"→"拉伸"命令，或单击"建模"工具栏上的"拉伸"按钮，执行 EXTRUDE 命令，AutoCAD 命令行提示：

选择要拉伸的对象: (选择图 11.49 中的封闭多段线)
选择要拉伸的对象: ↵
指定拉伸的高度或[方向(D)/路径(P)/倾斜角(T)]: -12↵

执行结果如图 11.50 所示。

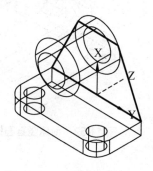

图 11.49 绘制封闭线

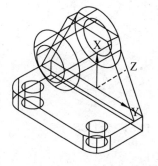

图 11.50 拉伸结果

(10) 创建小圆柱体。

① 新建 UCS。

单击 UCS 工具栏上的"原点"按钮，或者选择"工具"→"新建 UCS"→"原点"命令，AutoCAD 命令行提示：

指定新原点<0，0，0>: (捕捉直径 58 的圆柱体的左端面圆心)

利用 Y 命令按钮旋转坐标系，在旋转角度中输入 90。执行结果如图 11.51 所示。

② 创建直径为 28 的圆柱体。

执行"圆柱体"命令，AutoCAD 命令行提示：

指定底面的中心点或[三点(3P)/两点(2P)/切点、切点、半径(T)/椭圆(E)]: 32, 0, 0↵(尺寸参考图 11.38(b)所注)
指定底面半径或[直径(D)]<18.00>: 14↵
指定高度或[两点(2P)/轴端点(A)]<-12.00>: 34↵

③ 创建直径为 20 的圆柱体。
执行"圆柱体"命令，AutoCAD 命令行提示：

指定底面的中心点或[三点(3P)/两点(2P)/切点、切点、半径(T)/椭圆(E)]: 32, 0, 0↵
指定底面半径或[直径(D)] <14.00>: 10↵
指定高度或[两点(2P)/轴端点(A)]<34.00>: 40↵

(11) 并集操作。
单击"建模"工具栏上的"并集"按钮 ⊙，或者选择"修改"菜单→"实体编辑"→"并集"命令，执行 UNION 命令，AutoCAD 命令行提示：

选择对象: (依次选择图 11.52 中的水平直径为 58 的圆柱体、垂直直径为 28 的圆柱体、通过拉伸得到的支板实体以及底座实体)
选择对象: ↵

执行结果如图 11.53 所示。

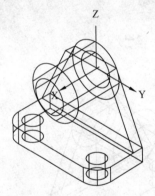
图 11.51 新 UCS

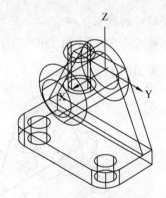
图 11.52 创建竖直圆柱体

(12) 差集操作。
单击"建模"工具栏上的"差集"按钮 ⊙，或选择"修改"菜单→"实体编辑"→"差集"命令，执行 SUBTRACT 命令，AutoCAD 命令行提示：

选择要从中减去的实体或面域...
选择对象: (选择图 11.53 中通过并集操作得到的实体)
选择对象: ↵
选择要减去的实体或面域..
选择对象: (依次选择图 11.53 中直径为 36 的水平圆柱体和直径为 20 的竖直圆柱体)
选择对象: ↵

执行结果如图 11.54 所示。

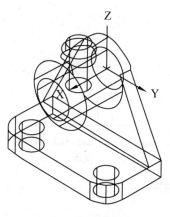
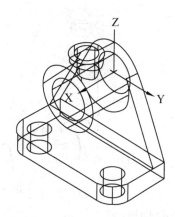

图 11.53　并集结果　　　　　　　图 11.54　差集结果

(13) 新建 UCS。

单击 UCS 工具栏上的"三点"按钮，将 UCS 原点移动到支板前棱边的中点，指定相应的 X、Y 轴的方向，创建新的 UCS，创建好的坐标系如图 11.55 所示。

(14) 绘制矩形。

绘制如图 11.56 所示由粗实线显示的矩形，命令行提示：

指定第一个角点或 [倒角(C)/标高(E)/圆角(F)/厚度(T)/宽度(W)]：0，-6 (尺寸参考图 11.38 所示)

指定另一个角点或 [面积(A)/尺寸(D)/旋转(R)]：36，6

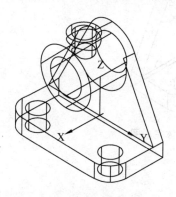
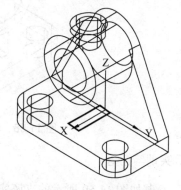

图 11.55　新建 UCS　　　　　　　图 11.56　绘制矩形

(15) 拉伸。

选择"绘图"菜单→"建模"→"拉伸"命令，或单击"建模"工具栏上的"拉伸"按钮，执行 EXTRUDE 命令，AutoCAD 命令行提示：

选择要拉伸的对象：(选择图 11.56 中的矩形)
选择要拉伸的对象：↵
指定拉伸的高度或 [方向(D)/路径(P)/倾斜角(T)]：34↵

执行结果如图 11.57 所示。

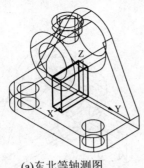
(a)东北等轴测图

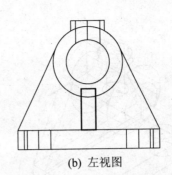
(b)左视图

图 11.57 拉伸结果

(16) 并集操作。

单击"建模"工具栏上的"并集"按钮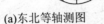,或者选择"修改"菜单→"实体编辑"→"并集"命令,执行 UNION 命令,AutoCAD 命令行提示:

选择对象:(依次选取图 11.57 中的原有实体以及拉伸出的长方体)
选择对象:↵

执行结果如图 11.58 所示。

至此,完成轴承座实体模型的绘制。

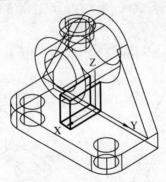

图 11.58 轴承座实体完成图

11.3.4 上机实训与指导

练习 1:绘制如图 11.59 所示的支座实体。

(a)支座实体

图 11.59 支座

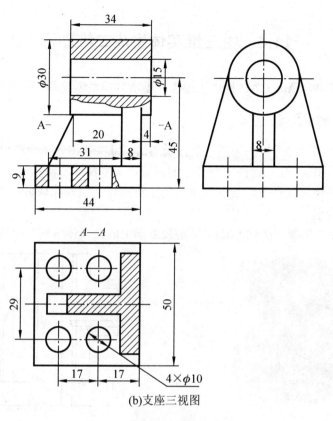

(b)支座三视图

图 11.59(续)

练习 2：创建如图 11.60 所示的管接头实体模型。

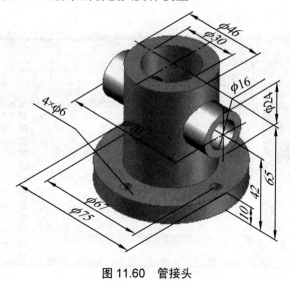

图 11.60 管接头

11.4 由三维实体生成二维图形

为提高绘图效率,AutoCAD 提供了根据三维实体模型创建二维图形的功能。

11.4.1 由实体创建平面图的步骤

现以图 11.60 创建的管接头为例,具体说明由三维实体生成二维图形的操作步骤。

(1) 新建 A4 图幅,建立绘图中要使用的图层、文字及标注样式等。

(2) 在西南等轴测视点下,绘制管接头的三维实体。绘制完成后,其西南等轴测图的显示如图 11.61 所示。

(3) 切换到主视图视点(图 11.62),即前视方向上的无立体感的三维线框视图。

 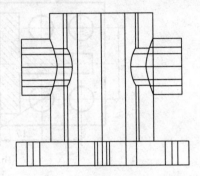

图 11.61 管接头的"西南等轴测"视图　　　图 11.62 主视图(三维线框视图)

(4) 切换到布局。单击绘图屏幕上的"布局1"标签，打开"布局1"选项卡,AutoCAD 切换到布局窗口,如图 11.63 所示。

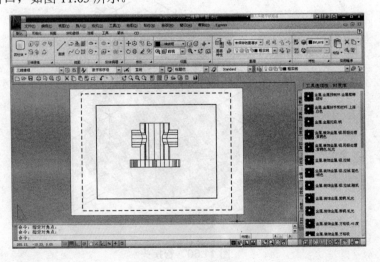

图 11.63 布局窗口

执行 ERASE 删除命令,删除图 11.63 所示布局中已存在的视口图形。在删除视口图形时应在"选择对象"的提示下拾取方框边界(图 11.64),然后按 Enter 键确定删除完成。

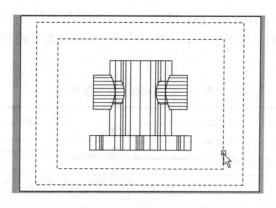

图 11.64 选择要删除的视口

(5) 用 SOLVIEW 命令创建主视图。

选择"绘图"→"建模"→"设置"→"视图"命令，或在命令行输入命令 Solview 按 Enter 键，执行"设置视图"命令。后面的操作要随这个视口来确定其他视口的方向。AutoCAD 命令行提示：

```
输入选项[UCS(U)/正交(O)/辅助(A)/截面(S)]: U↵ (根据当前 UCS 创建视图)
输入选项[命名(N)/世界(W)/?/当前(C)]<当前>: ↵
输入视图比例<1>: ↵
指定视图中心: (鼠标点选确定视图的中心位置,如图 11.65 所示)
指定视图中心<指定视口>: ↵
指定视口的第一个角点: (确定视口的一个角点位置,如图 11.65 所示)
指定视口的对角点: (确定视口的另一个角点位置,如图 11.65 所示)
输入视图名: 主视图↵ (输入该视口的名称)
```

执行结果如图 11.65 所示。

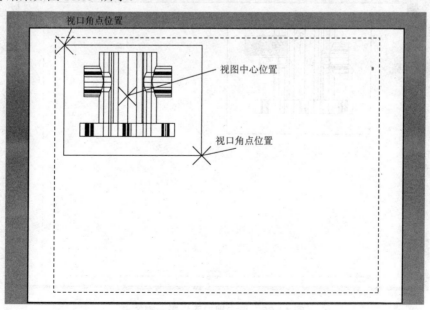

图 11.65 创建主视图

注意：在通过 SOLVIEW 命令创建视口后，AutoCAD 会自动创建一些图层，用来控制每个视图中的可见线和不可见线。这些图层的默认名称及其可控制的对象类型如表 11-1 所示。

表 11-1 图层名称及对象类型

图层名称	对象类型
视图名－VIS	可见线
视图名－HID	隐藏线
视图名－DIM	尺寸
视图名－HAT	填充的图案(如果创建了截面的话)
VPORTS	视口边界

(6) 用 SOLVIEW 命令创建俯视图。

在步骤(5)中创建主视图后，AutoCAD 命令行继续提示"输入选项 [UCS(U)/正交(O)/辅助(A)/截面(S)]："，此时可通过"正交(O)"选项创建俯视图。如果在步骤(5)创建主视图后退出了命令的执行，可重新执行 SOLVIEW 命令，从提示中执行"正交(O)"选项。

执行"正交(O)"选项，AutoCAD 命令行提示：

输入选项[UCS(U)/正交(O)/辅助(A)/截面(S)]: o↵
指定视口要投影的那一侧: (在主视图的上方任意指定一点，如图 11.66 所示)
指定视图中心: (确定视图的中心位置，如图 11.67 所示)
指定视图中心<指定视口>: ↵
指定视口的第一个角点: (确定视口的一个角点位置，如图 11.67 所示)
指定视口的对角点: (确定视口的另一个角点位置，如图 11.67 所示)
输入视图名: 俯视图↵

执行结果如图 11.67 所示。

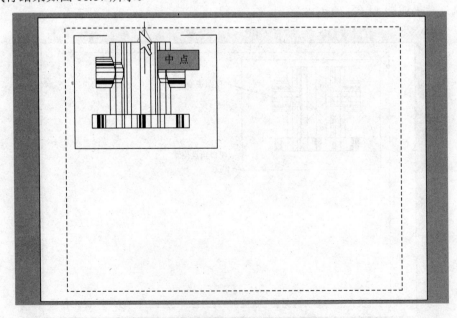

图 11.66 指定视口要投影一侧的点

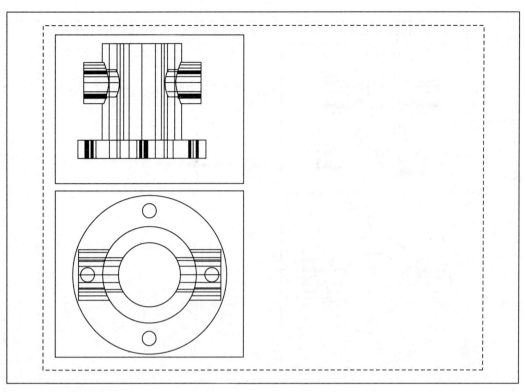

图 11.67　创建俯视图

(7) 创建左视图。

在步骤(6)中创建俯视图后，AutoCAD 命令行继续提示"输入选项 [UCS(U)/正交(O)/辅助(A)/截面(S)]："，此时可通过"正交(O)"选项创建左视图。如果在步骤(6)创建俯视图后退出了命令的执行，可重新执行 SOLVIEW 命令，从提示中执行"正交(O)"选项。

执行"正交(O)"选项，AutoCAD 命令行提示：

> 输入选项[UCS(U)/正交(O)/辅助(A)/截面(S)]: O↵
> 指定视口要投影的那一侧: (在主视图的左方任意指定一点，如图 11.68 所示)
> 指定视图中心: (鼠标单击确定左视图的中心位置)
> 指定视图中心<指定视口>: ↵
> 指定视口的第一个角点: (确定视口的一个角点位置，如图 11.69 所示)
> 指定视口的对角点: (确定视口的另一个角点位置，如图 11.69 所示)
> 输入视图名: 左视图↵

执行结果如图 11.69 所示。

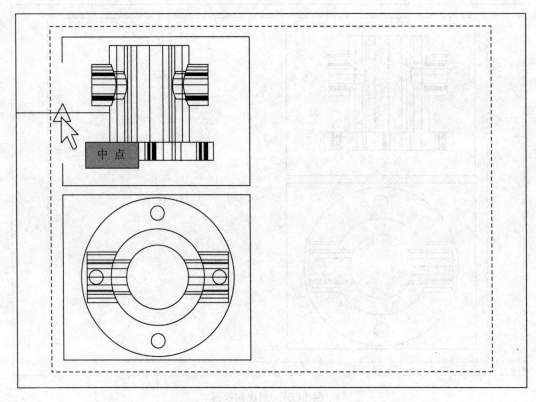

图 11.68　指定视口要投影一侧的点

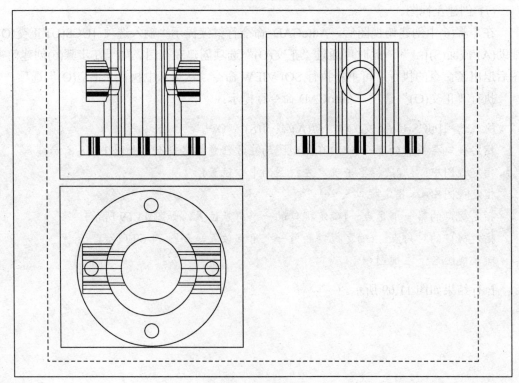

图 11.69　创建左视图

(8) 对齐视图位置。

利用 MVSETUP 命令可以将几个布局中的视图对齐。在图 11.69 所示的各视图中，主视图与主视图不在同一高度，下面利用 MVSETUP 命令调整左视图的垂直位置，使它的 B 点与主视图的 A 点水平对齐。

执行 MVSETUP 命令，AutoCAD 命令行提示：

输入选项[对齐(A)/创建(C)/缩放视口(S)/选项(O)/标题栏(T)/放弃(U)]: A↵
输入选项[角度(A)/水平(H)/垂直对齐(V)/旋转视图(R)/放弃(U)]: H↵
指定基点: (在主视图中捕捉 A 点)
指定基点: ↵
指定视口中平移的目标点: (在左视图中捕捉 B 点)

执行结果如图 11.70 所示。

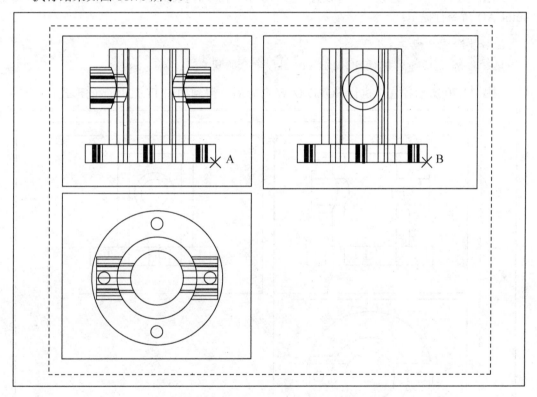

图 11.70　对齐视图位置及调整各视口为统一比例

(9) 调整各视口缩放比例。

利用 MVSETUP 调整各视口的缩放比例为统一比例，如图 11.70 所示。

执行 MVSETUP 命令，AutoCAD 命令行提示：

输入选项[对齐(A)/创建(C)/缩放视口(S)/选项(O)/标题栏(T)/放弃(U)]: S↵
选择要缩放的视口…
选择对象: (选择主视图视口)
选择对象: (选择俯视图视口)

> 选择对象：(选择左视图视口)
> 选择对象：↵
> 设置视口缩放比例因子。交互(I)/<统一(U)>: U↵(使用统一比例)
> 设置图纸空间单位与模型空间单位的比例...
> 输入图纸空间单位的数目<1.0>: ↵
> 输入模型空间单位的数目<1.0>: ↵

(10) 通过 SOLDRAW 命令生成二维轮廓图。

SOLDRAW 命令的作用：对于由 SOLVIEW 命令创建的视图，为用"UCS(U)"、"正交(O)"、"辅助(A)"选项创建的投影视图创建轮廓线，为用"截面(S)"选项创建的截面图的截面创建填充图案(如剖面线)。该命令也即表示从 3 个三维模型图的视口方向提取 3 个二维图形的轮廓线。

选择"绘图"→"建模"→"设置"→"图形"命令，执行 SOLDRAW 设置图形命令。AutoCAD 命令行提示：

> 选择要绘图的视口...
> 选择对象：(选择需执行 SOLDRAW 图形命令的视口)

对图 11.70 所示各视口执行 SOLDRAW 命令后，得到如图 11.71 所示的形式。

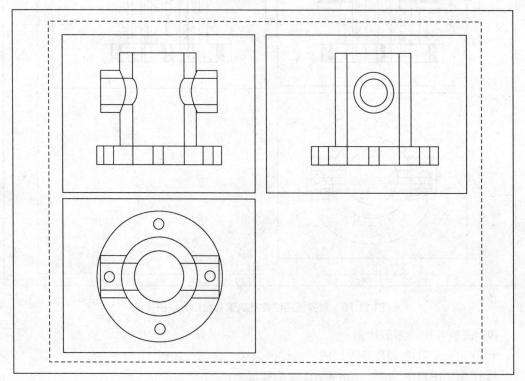

图 11.71 用 SOLDRAW 命令生成轮廓图

(11) 加载虚线线型。

打开图形管理器，会发现 AutoCAD 自动创建了一些图层。现将每个视图中的虚线层(视图名－HID)中的实线换成虚线，然后执行"视图"→"重生成"命令后，结果如图 11.72 所示。

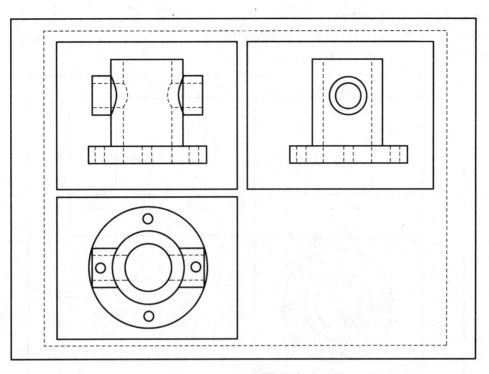

图 11.72　加载虚线线型

(12) 调出中心线图层，绘制圆柱体的轴线。

选择"绘图"→"直线"命令，在相应的视口绘制圆柱体的轴线。执行结果如图 11.73 所示。

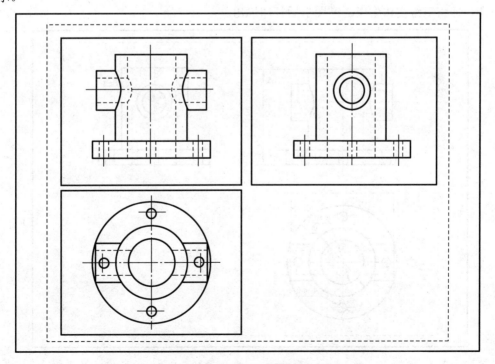

图 11.73　绘制中心轴线

(13) 在尺寸线层上标注尺寸。

调用标注图层，对图 11.73 中的各视图标注尺寸，结果如图 11.74 所示。(标注方法与二维标注相同，此处不再详细介绍步骤。)

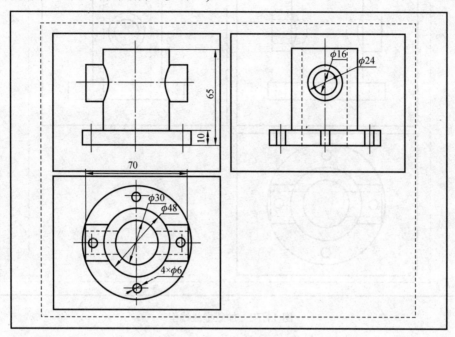

图 11.74　标注尺寸

(14) 冻结 VPORTS 图层(视口边界图层)，得到的结果如图 11.75 所示，此时可直接将其打印，即将三维实体生成二维图形后打印输出。

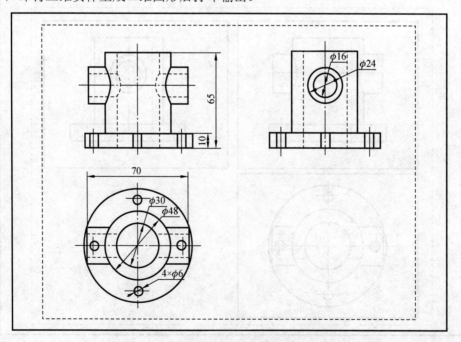

图 11.75　冻结图层 VPORTS 后的显示结果

至此三维实体生成二维图形全部完成,最后将生成的二维图形命名并保存即可。

11.4.2 上机实训与指导

练习:将图 11.59 所绘制的支座实体,利用三维实体生成二维平面图的方法,绘制成相应的三视图,视角自定。

项 目 小 结

本项目首先介绍了三维建模的基础知识,包括三维坐标系、设置视点和观察三维视图、视觉样式的选择,然后运用两个实例讲述了实体的绘制命令和绘制的过程,最后讲述了由三维实体生成二维图形的操作。通过本章的学习,读者应该能够对实体绘制的命令和绘制过程中的基本技巧、思路有清晰的认识,完成一般复杂程度的机械零件的设计。运用实体设计进行工业设计是一个必然的趋势,是今后工作的必然需求。

项目 12

超链接及输出图形

▶ 学习目标

通过本项目的学习,学会在 AutoCAD 软件中建立链接,能够在模型空间中打印输出图形,做到设定图纸布局并正确地输出图纸。

▶ 学习要求

① 掌握建立超级链接的方法。
② 掌握运用模型空间和布局空间打印图形的基本步骤。

▶ 项目导读

超链接是在 AutoCAD 图形中与其他对象建立链接关系。利用超链接可以实现由当前图形对象到关联文件的跳转。在 AutoCAD 中,可以为任意图形对象创建超级链接。超级链接可以链接到本地或网络驱动器及 Internet 中的文件。

输出图形是计算机绘图中的一个重要环节,在图形绘制完成后,可以使用多种方法输出图形,但各种情况都需要进行打印设置。AutoCAD 中,为便于输出各种规格的图纸,系统提供了两种工作空间:一种被称为模型空间,用户大部分的绘图工作都在该空间中完成;另一种被称为图纸空间(布局),专门用于打印和输出操作。

12.1 创建超链接、打开超链接

创建超级链接的方法有下面两种。

(1) 在命令行中输入 hyperlink 并按 Enter 键，选择完对象后再次按 Enter 键，弹出如图 12.1 所示对话框。

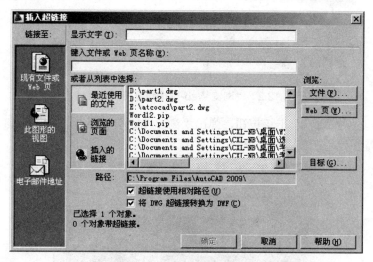

图 12.1 "插入超链接"对话框

(2) 在菜单栏中选择"插入"→"超链接"命令，弹出"插入超链接"对话框。
在如图 12.1 所示的"插入超链接"对话框中可设置超链接，其中各项说明如下。
- "显示文字"文本框：用于指定超链接的说明文字。
- "现有文件或 Web 页"选项面板：用来创建到现有文件或 Web 页的超链接。
- "输入文件或 Web 页名称"文本框：用于指定要与超链接关联的文件或 Web 页面。该文件可存储在本地、网络驱动器或 Internet 网上。
- "最近使用的文件"选项：单击显示最近链接过的文件列表，可从中选择一个进行链接。
- "浏览的页面"选项：单击显示最近浏览过的 Web 页面列表，可从中选择一个进行链接。
- "插入的链接"选项：单击显示最近插入的超链接列表，可从中选择一个进行链接。
- "文件"按钮：单击该按钮，弹出"浏览 Web-选择超链接"对话框(标准的文件选择对话框)，如图 12.2 所示，从中可以浏览需要与超链接关联的文件。

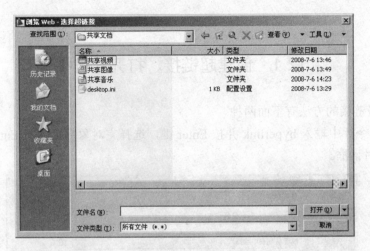

图 12.2 "浏览 Web-选择超链接"对话框

- "Web 页"按钮：单击该按钮，弹出"浏览 Web"对话框，如图 12.3 所示，从中可浏览需要与超链接关联的 Web 页面。

图 12.3 "浏览 Web"对话框

- "目标"按钮：单击该按钮，弹出"选择文档中的位置"对话框，如图 12.4 所示，从中可选择链接到图形中的命名位置。

图 12.4 "选择文档中的位置"对话框

- "路径"文本框：显示与超链接关联的文件的路径。
- "超链接使用相对路径"复选框：用于为超链接设置相对路径。在选中状态下，链接文件为相对链接，AutoCAD 按系统变量 HYPERLINKBASE 中指定的值设置相对路径；如果没有设置 HYPERLINKBASE，则按当前图形的路径设置相对路径；如果没有选中该复选框，则链接文件为绝对链接。
- "此图形的视图"选项面板：用于指定当前图形中要链接的命名视图，如图 12.5 所示，用户可以从中选择相应的图形进行链接。"选择此图形的视图"显示区用来显示当前图形中命名视图的可扩展树状图，从中可选择一个进行链接。

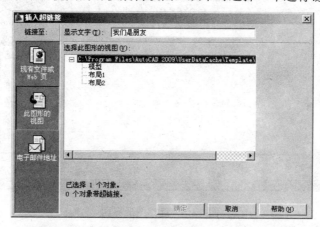

图 12.5 "插入超链接|选择此图形的视图"对话框

- "电子邮件地址"选项面板：用于指定要链接的电子邮件地址，如图 12.6 所示。执行超链接时，将使用默认的系统右键程序创建新邮件。

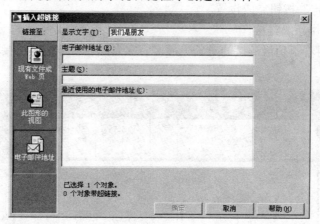

图 12.6 "插入超链接|电子邮件地址"对话框

◆ "电子邮件地址"文本框：用来指定电子邮件地址。
◆ "主题"文本框：用来指定电子邮件的主题。
◆ "最近使用过的电子邮件地址"文本框：用来列出最近使用过的电子邮件地址，可从中选择一个用于超链接。

例：创建超级链接的实例。

(1) 打开图形文件。

启动 AutoCAD 2009 系统，打开一个名为"part2.dwg"图形文件(或其他文件)。

(2) 插入超级链接。

① 利用 Windows 系统中的"记事本"程序创建一个文件名为"链接 part2"文本文件。

② 选择将该文件以超级链接的形式附着于图形中的说明文字上。选择菜单"插入"→"超级链接"命令，系统提示"选择对象"，选择如图 12.7 所示的图形。

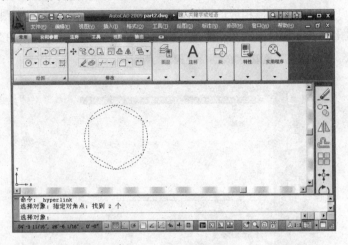

图 12.7　选择图形界面

③ 选择完图形后，单击 Enter 键，弹出"插入超链接"对话框，在该对话框中，单击"文件"按钮并选择步骤(1)创建的"链接 part2.txt"文件，并在"显示文字"文本框中输入"链接文件"作为该超级链接的说明。

④ 单击"确定"按钮完成设置。

(3) 显示并使用超级链接。

将光标移到附着了超级链接的对象上后，将在光标处显示超级链接标记和说明文字，如图 12.8 所示。

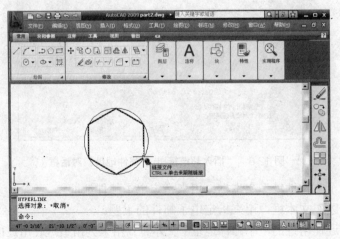

图 12.8　显示"超链接"界面

当按住 Ctrl 键的同时，单击附着了图形超链接的对象后，可打开相应的链接文件。

12.2 打印输出图形

AutoCAD 提供了两种不同的绘图和设计空间环境,即模型空间和布局空间(图纸空间)。图形绘制完后可以打印输出,可以在模型空间输出图形,如果要输出多个视图或添加标题栏等,应在布局空间(图纸空间)中进行。

12.2.1 模型空间与布局空间

模型空间是指用户在其中进行设计绘图的工作空间。在模型空间中,用户创建二维或三维物体的造型,标注必要的尺寸和文字说明。模型空间是系统的默认空间。当在绘图过程中,只涉及一个视图时,在模型空间即可以完成图形的绘制、打印等操作。

布局空间相当于模型空间的图纸页面,可以看作是由一张图纸构成的平面,且该平面与绘图区平行。布局空间绘制的三维模型在同一张图纸上以多个视图的形式排列(如主视图、俯视图、剖视图等),以便在同一张图纸上输出,并且这些视图还可以采用不同的比例,而在模型空间则无法实现这一点。

它们分别用"模型"和"布局"选项卡表示,这些选项卡位于绘图区域的底部位置。

12.2.2 创建布局

在 AutoCAD 中,可以创建多个布局,每个布局可以包含不同的打印设置和图纸尺寸。在默认情况下有两个布局选项卡,即"布局1"和"布局2",还可以根据情况创建多个布局,方法如下。

- 命令行:输入 LAYOUT,并按 Enter 键,再输入 N 并按 Enter 键,然后输入布局名称(默认为"布局 N"),再按 Nnter 键即可。
- 工具栏:单击"布局"→"新建布局"按钮,"布局"工具栏如图 12.9 所示。在命令行输入布局名称(默认为"布局 N"),再按 Enter 键即可。

图 12.9 "布局"工具栏

- 菜单栏:选择"插入"→"布局"→"新建布局"命令,如图 12.10 所示。在命令行输入布局名称(默认为"布局 N"),再按 Enter 键即可。

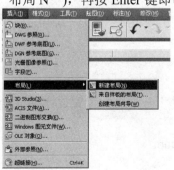

图 12.10 通过"插入"菜单新建布局

- 右击绘图区的"模型"或某个"布局"选项卡,在快捷菜单中选择"新建布局"选项,如图 12.11 所示。

图 12.11 通过"快捷键"新建布局

在弹出的右键菜单上还可以进行"重命名"和"删除"等操作。

12.2.3 打印管理

AutoCAD 提供了图形输出的打印管理功能,包括"页面设置"、"打印机/绘图仪"、"图纸尺寸"、"打印区域"、"打印偏移"和"打印比例"的设置,如图 12.12 所示。

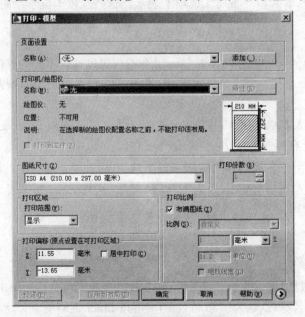

图 12.12 "打印-模型"对话框

12.2.4 页面设置

页面设置的方法如下。

- 选择菜单栏中"文件"→"页面设置管理器"命令,弹出"页面设置管理器"对话框。
- 命令行输入:pagesetup。

项目 12 超链接及输出图形

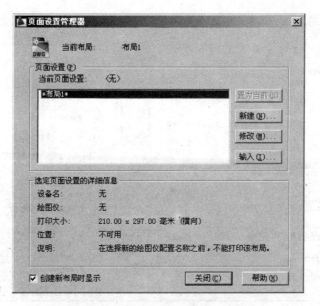

图 12.13 "页面设置管理器"对话框

在对话框中,"当前布局"列出了需要应用页面设置的当前布局。如果从图纸集管理器打开"页面设置管理器",则显示当前图纸集的名称。如果从某个布局打开"页面设置管理器",则显示当前布局的名称。

- "页面设置"选项组显示当前页面设置,可以将另一个不同的页面设置为当前,创建新的页面设置,修改现有页面设置以及从其他图纸中输入页面设置。
- 单击"置为当前"按钮可将所选页面设置设置为当前布局的当前页面设置,不能将当前布局设置为当前页面设置。
- 单击"新建"按钮,弹出"新建页面设置"对话框如图 12.14 所示。通过此对话框可以输入新页面设置名称和设置基础样式。

图 12.14 "新建页面设置"对话框

单击"确定"按钮,弹出"页面设置-布局 1"对话框,如图 12.15 所示。

319

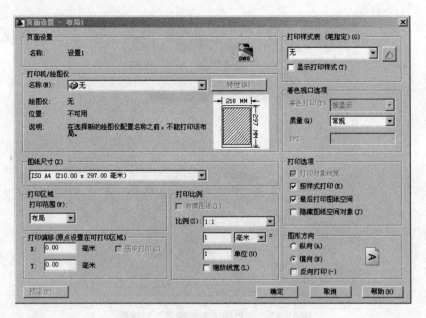

图 12.15 "页面设置-布局 1"对话框

- 单击"修改"按钮,弹出"页面设置-设置 1"对话框,如图 12.16 所示,通过此对话框可以编辑所选页面设置的相关内容。

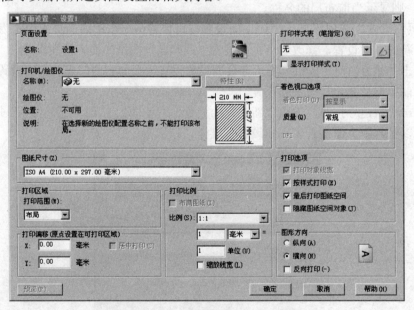

图 12.16 "页面设置-设置 1"对话框

- 单击"输入"按钮,弹出"从文件选择页面设置"对话框,如图 12.17 所示,在此可以选择图形格式。

图 12.17 "从文件选择页面设置"对话框

- "选定页面设置的详细信息"信息框显示所选页面设置的信息。"页面设置管理器"对话框中的"创建新布局时显示"复选框用于指定当选择"新布局"选项卡或创建新的布局时,显示"页面设置"对话框。

12.2.5 输出图形

在模型空间,不仅可以绘制图形、编辑图形,同样可以直接输出图形。在模型空间输出图形的方法及有关设置如下。

(1) 输出图形的方法如下。

- 工具栏:单击"标准"工具栏中的"打印"按钮 ,弹出"打印-模型"对话框,如图 12.18 所示。

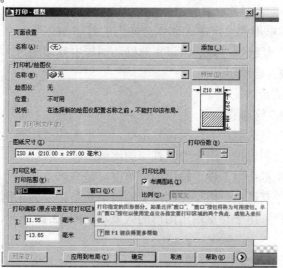

图 12.18 "打印-模型"对话框

- 菜单栏:"文件"→"打印",弹出"打印-模型"对话框。
- 命令行:输入 PLOT 命令,弹出"打印-模型"对话框。

(2) "打印-模型"对话框中各选项说明。

"打印-布局"对话框与"打印-模型"对话框包含的选项组内容基本相同,不再赘述。

① "页面设置"选项组。

- "名称"下拉列表:用于选择已有的页面设置。
- "添加"按钮:显示"添加页面设置"对话框,从中可以将"打印"对话框中的当前设置保存到命名页面设置。可以通过"页面设置管理器"修改此页面设置。

② "打印机/绘图仪"选项组。

- "名称"下拉列表框,用于选择已经安装的打印设备名称。
- "特性"按钮:用于打开"绘图仪配置编辑"对话框。如果没有安装任何打印设备,此按钮将不能使用。

③ "绘图尺寸"选项组。

用于选择图纸尺寸。

④ "打印区域"选项组。

用于选择打印的绘图区域。"打印区域"包括:"窗口"、"图形界限"、和"显示"。

- "窗口"选项:需要用光标在绘图区选择一区域作为打印区域。
- "图形界限"选项:打印布局时,将打印指定图纸尺寸的可打印区域内的所有内容,其原点从布局中的(0, 0)点计算得出。从"模型"选项卡打印时,将打印栅格界限定义的整个图形区域。如果当前视口不显示平面视图,该选项与"范围"选项效果相同。
- "范围"选项(布局中的选项):打印包含对象的图形的部分当前空间。当前空间内的所有几何图形都将被打印。打印之前,可能会重新生成图形以重新计算范围。
- "显示"选项:打印"模型"选项卡当前视口中的视图或"布局"选项卡上当前图纸空间视图中的视图。

⑤ "打印偏移"选项组。

- X 和 Y 文本框用于设定在 X 和 Y 方向上的打印偏移量。
- "居中打印"复选框:如选中该复选框,则居中打印图形。

⑥ "打印份数"选项组。

用于设定打印的份数。

⑦ "打印比例"选项组。

- "布满图纸"复选框:如启用该复选框,则下面的"比例"选项将不能使用。
- "比例"下拉列表框:用于设置打印的比例。
- "单位"文本框:用于设定输出图形单位,是毫米还是英寸。
- "缩放线宽"复选框:用于控制线宽输出形式是否受到比例的影响。
- "预览"按钮:用于预览输出图形的效果,如图 12.19 所示。

项目 12 超链接及输出图形

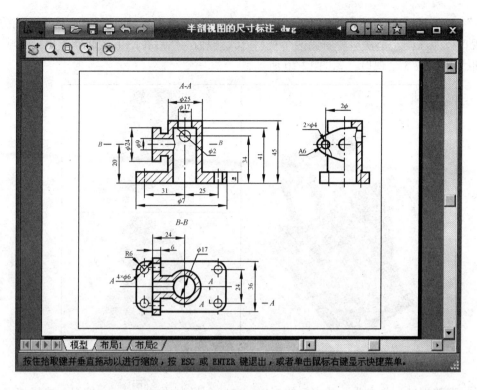

图 12.19 "图形预览"对话框

12.2.6 打印输出

AutoCAD 可以在两种不同的环境下工作,即模型空间和图纸空间,因此可以从模型空间输出图形,也可以从图纸空间输出图形。从模型空间打印是将图纸放在"模型"选项卡内而打印图纸的模式,在模型空间中只能打印一个视口内的图形;从图纸空间打印是将图形放在某一"布局"中进行打印的一种模式,在图纸空间中可打印多个视口中的图形。

1. 模型空间打印输出图形的方法

(1) 输入"打印"命令,系统打开"打印-模型"对话框,如图 12.18 所示。

(2) 打印设置。

在"打印-模型"对话框中,对其进行"页面设置"、"打印区域"、"打印偏移"、"图纸尺寸"、"打印份数"各选项进行相应设置。如用"打印区域"选择"窗口"方式,单击 窗口(O)< 按钮,用鼠标在绘图区框选要打印的区域,单击 预览(P)... 按钮,预览效果如图 12.19 所示。按 Esc 键,可取消打印预览。

(3) 打印出图。

通过预览图形,对图形设置满意后,可单击"确定"按钮打印出图。

2. 图纸空间打印输出图形的方法

在图纸空间打印出图的方法与在模型空间打印出图的方法与步骤完全相同,但在图纸空间还可进行多个视口的打印输出,下面以 3 个视口输出为例,说明其操作方法。

① 单击绘图区下方的"布局 1"标签,进入"布局 1"的图纸空间。再执行菜单栏中

"视图"→"视口"→"三个视口"命令，在命令行输入"L"后(视口排列方式为左右方式，3个视口按照左侧一个视口，右侧两个视口方式排列)，然后在图形区选择一矩形区域，则在此矩形内出现3个视口，如图12.20所示。

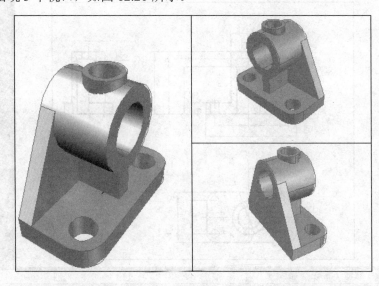

图 12.20　多视口界面

② 调整视口。单击要调整比例的视口，在状态栏内单击 1:2 按钮，选择相应的比例值(例如1∶4)。还可以调整其视觉样式等。

各视口图形调整合适后，以块的形式插入一个标准的标题栏(例如：系统已经存在的样板文件是"GB_A3 title block")，并填写相应内容，如图12.21所示，然后即可打印输出图形。打印输出图形操作方法与在模型空间内操作完全相同。

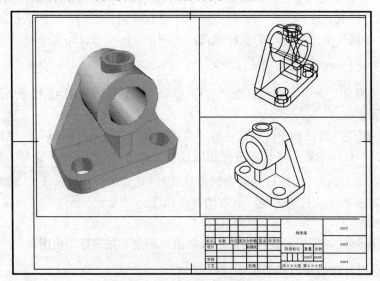

图 12.21　视口图形比例缩放界面

③ 打印输出图形。

操作方法与在模型空间内操作完全相同。

12.2.7 上机实训与指导

练习 1：什么是模型空间与图纸空间？

练习 2：在 AutoCAD 中，出图设备有几种？

练习 3：练习打印一个图形文件。

练习 4：选择题。

① 下面哪一项决定了图形中对象的尺寸与打印到图纸后的尺寸两者之间的关系？_____

  A．AutoCAD 图形中对象的尺寸 B．图纸上打印对象的尺寸

  C．打印比例 D．以上都是

② AutoCAD 允许在以下哪种模式下打印图形？_____

  A．模型空间 B．图纸空间 C．布局 D．以上都是

③ 在打开一张新图形时，AutoCAD 创建的默认的布局数是_____。

  A．0 B．1 C．2 D．无限制

项 目 小 结

本项目首先介绍了在 AutoCAD 软件中建立超级链接的方法和步骤，显示链接的操作，然后讲述了图纸在模型空间和图纸空间的输出方法。图纸的输出是应用 AutoCAD 软件的最后一个步骤，正确地输出图形才能够发挥软件的优越性。通过本章的学习，把图纸输出的设定和打印过程作重点的掌握。

参 考 文 献

[1] 张渝. AutoCAD 2009 绘图基础[M]. 重庆：电脑报电子音像出版社，2009.
[2] 朱泽平，王喜仓. 机械制图与 AutoCAD 2000[M]. 北京：机械工业出版社，2001.
[3] 曾令宜. AutoCAD 2004 工程绘图技能训练教程[M]. 北京：高等教育出版社，2004.
[4] 郭玲. AutoCAD 2006 机械设计实战[M]. 北京：电子工业出版社，2006.
[5] 姜勇. AutoCAD 习题精解[M]. 北京：人民邮电出版社，2000.
[6] 朱维克. AutoCAD 2008 应用教程[M]. 北京：机械工业出版社，2008.
[7] 黄才广. AutoCAD 2008 中文版机械制图应用教程[M]. 北京：电子工业出版社，2008.

北京大学出版社高职高专机电系列规划教材

序号	书号	书名	编著者	定价	出版日期
1	978-7-301-12181-8	自动控制原理与应用	梁南丁	23.00	2012.1 第 3 次印刷
2	978-7-5038-4869-8	设备状态监测与故障诊断技术	林英志	22.00	2013.2 第 4 次印刷
3	978-7-301-13262-3	实用数控编程与操作	钱东东	32.00	2011.8 第 5 次印刷
4	978-7-301-13383-5	机械专业英语图解教程	朱派龙	22.00	2013.1 第 5 次印刷
5	978-7-301-13582-2	液压与气压传动技术	袁 广	24.00	2013.8 第 5 次印刷
6	978-7-301-13662-1	机械制造技术	宁广庆	42.00	2010.11 第 2 次印刷
7	978-7-301-13574-7	机械制造基础	徐从清	32.00	2012.7 第 3 次印刷
8	978-7-301-13653-9	工程力学	武昭晖	25.00	2011.2 第 3 次印刷
9	978-7-301-13652-2	金工实训	柴增田	22.00	2013.1 第 4 次印刷
10	978-7-301-14470-1	数控编程与操作	刘瑞已	29.00	2011.2 第 2 次印刷
11	978-7-301-13651-5	金属工艺学	柴增田	27.00	2011.6 第 2 次印刷
12	978-7-301-12389-8	电机与拖动	梁南丁	32.00	2011.12 第 2 次印刷
13	978-7-301-13659-1	CAD/CAM 实体造型教程与实训 (Pro/ENGINEER 版)	诸小丽	38.00	2012.1 第 3 次印刷
14	978-7-301-13656-0	机械设计基础	时忠明	25.00	2012.7 第 3 次印刷
15	978-7-301-17122-6	AutoCAD 机械绘图项目教程	张海鹏	36.00	2011.10 第 2 次印刷
16	978-7-301-17148-6	普通机床零件加工	杨雪青	26.00	2010.6
17	978-7-301-17398-5	数控加工技术项目教程	李东君	48.00	2010.8
18	978-7-301-17573-6	AutoCAD 机械绘图基础教程	王长忠	32.00	2013.8 第 2 次印刷
19	978-7-301-17557-6	CAD/CAM 数控编程项目教程(UG 版)	慕 灿	45.00	2012.4 第 2 次印刷
20	978-7-301-17609-2	液压传动	龚肖新	22.00	2010.8
21	978-7-301-17679-5	机械零件数控加工	李 文	38.00	2010.8
22	978-7-301-17608-5	机械加工工艺编制	于爱武	45.00	2012.2 第 2 次印刷
23	978-7-301-17707-5	零件加工信息分析	谢 蕾	46.00	2010.8
24	978-7-301-18357-1	机械制图	徐连孝	27.00	2012.9 第 2 次印刷
25	978-7-301-18143-0	机械制图习题集	徐连孝	20.00	2011.1
26	978-7-301-18470-7	传感器检测技术及应用	王晓敏	35.00	2012.7 第 2 次印刷
27	978-7-301-18471-4	冲压工艺与模具设计	张 芳	39.00	2011.3
28	978-7-301-18852-1	机电专业英语	戴正阳	28.00	2011.5
29	978-7-301-19272-6	电气控制与 PLC 程序设计(松下系列)	姜秀玲	36.00	2011.8
30	978-7-301-19297-9	机械制造工艺及夹具设计	徐 勇	28.00	2011.8
31	978-7-301-19319-8	电力系统自动装置	王 伟	24.00	2011.8
32	978-7-301-19374-7	公差配合与技术测量	庄佃霞	26.00	2013.8 第 2 次印刷
33	978-7-301-19436-2	公差与测量技术	余 键	25.00	2011.9
34	978-7-301-19010-4	AutoCAD 机械绘图基础教程与实训(第 2 版)	欧阳全会	36.00	2013.1 第 2 次印刷
35	978-7-301-19638-0	电气控制与 PLC 应用技术	郭 燕	24.00	2012.1
36	978-7-301-19933-6	冷冲压工艺与模具设计	刘洪贤	32.00	2012.1
37	978-7-301-20002-5	数控机床故障诊断与维修	陈学军	38.00	2012.1
38	978-7-301-20312-5	数控编程与加工项目教程	周晓宏	42.00	2012.3
39	978-7-301-20414-6	Pro/ENGINEER Wildfire 产品设计项目教程	罗 武	31.00	2012.5
40	978-7-301-15692-6	机械制图	吴百中	26.00	2012.7 第 2 次印刷
41	978-7-301-20945-5	数控铣削技术	陈晓罗	42.00	2012.7
42	978-7-301-21053-6	数控车削技术	王军红	28.00	2012.8
43	978-7-301-21119-9	数控机床及其维护	黄应勇	38.00	2012.8
44	978-7-301-20752-9	液压传动与气动技术(第 2 版)	曹建东	40.00	2012.8
45	978-7-301-18630-5	电机与电力拖动	孙英伟	33.00	2011.3
46	978-7-301-16448-8	Pro/ENGINEER Wildfire 设计实训教程	吴志清	38.00	2012.8
47	978-7-301-21239-4	自动生产线安装与调试实训教程	周 洋	30.00	2012.9
48	978-7-301-21269-1	电机控制与实践	徐 锋	34.00	2012.9
49	978-7-301-16770-0	电机拖动与应用实训教程	任娟平	36.00	2012.11
50	978-7-301-20654-6	自动生产线调试与维护	吴有明	28.00	2013.1
51	978-7-301-21988-1	普通机床的检修与维护	宋亚林	33.00	2013.1
52	978-7-301-21873-0	CAD/CAM 数控编程项目教程(CAXA 版)	刘玉春	42.00	2013.3
53	978-7-301-22315-4	低压电气控制安装与调试实训教程	张 郭	24.00	2013.4
54	978-7-301-19848-3	机械制造综合设计及实训	裴俊彦	37.00	2013.4
55	978-7-301-22632-2	机床电气控制与维修	崔兴艳	28.00	2013.7
56	978-7-301-22672-8	机电设备控制基础	王本轶	32.00	2013.7
57	978-7-301-22678-0	模具专业英语图解教程	李东君	22.00	2013.7

北京大学出版社高职高专电子信息系列规划教材

序号	书号	书名	编著者	定价	出版日期
1	978-7-301-12180-1	单片机开发应用技术	李国兴	21.00	2010.9 第 2 次印刷
2	978-7-301-12386-7	高频电子线路	李福勤	20.00	2013.8 第 3 次印刷
3	978-7-301-12384-3	电路分析基础	徐 锋	22.00	2010.3 第 2 次印刷
4	978-7-301-13572-3	模拟电子技术及应用	习修睦	28.00	2012.8 第 3 次印刷
5	978-7-301-12390-4	电力电子技术	梁南丁	29.00	2010.7 第 2 次印刷
6	978-7-301-12383-6	电气控制与PLC(西门子系列)	李 伟	26.00	2012.3 第 2 次印刷
7	978-7-301-12387-4	电子线路 CAD	殷庆纵	28.00	2012.7 第 4 次印刷
8	978-7-301-12382-9	电气控制及 PLC 应用(三菱系列)	华满香	24.00	2012.5 第 2 次印刷
9	978-7-301-16898-1	单片机设计应用与仿真	陆旭明	26.00	2012.4 第 2 次印刷
10	978-7-301-16830-1	维修电工技能与实训	陈学平	37.00	2010.7
11	978-7-301-17324-4	电机控制与应用	魏润仙	34.00	2010.8
12	978-7-301-17569-9	电工电子技术项目教程	杨德明	32.00	2012.4 第 2 次印刷
13	978-7-301-17696-2	模拟电子技术	蒋 然	35.00	2010.8
14	978-7-301-17712-9	电子技术应用项目式教程	王志伟	32.00	2012.7 第 2 次印刷
15	978-7-301-17730-3	电力电子技术	崔 红	23.00	2010.9
16	978-7-301-17877-5	电子信息专业英语	高金玉	26.00	2011.11 第 2 次印刷
17	978-7-301-17958-1	单片机开发入门及应用实例	熊华波	30.00	2011.1
18	978-7-301-18188-1	可编程控制器应用技术项目教程(西门子)	崔维群	38.00	2013.6 第 2 次印刷
19	978-7-301-18322-9	电子 EDA 技术(Multisim)	刘训非	30.00	2012.7 第 2 次印刷
20	978-7-301-18144-7	数字电子技术项目教程	冯泽虎	28.00	2011.1
21	978-7-301-18519-3	电工技术应用	孙建领	26.00	2011.3
22	978-7-301-18770-8	电机应用技术	郭宝宁	33.00	2011.5
23	978-7-301-18520-9	电子线路分析与应用	梁玉国	34.00	2011.7
24	978-7-301-18622-0	PLC 与变频器控制系统设计与调试	姜永华	34.00	2011.6
25	978-7-301-19310-5	PCB 板的设计与制作	夏淑丽	33.00	2011.8
26	978-7-301-19326-6	综合电子设计与实践	钱卫钧	25.00	2013.8 第 2 次印刷
27	978-7-301-19302-0	基于汇编语言的单片机仿真教程与实训	张秀国	32.00	2011.8
28	978-7-301-19153-8	数字电子技术与应用	宋雪臣	33.00	2011.9
29	978-7-301-19525-3	电工电子技术	倪 涛	38.00	2011.9
30	978-7-301-19953-4	电子技术项目教程	徐超明	38.00	2012.1
31	978-7-301-20000-1	单片机应用技术教程	罗国荣	40.00	2012.2
32	978-7-301-20009-4	数字逻辑与微机原理	宋振辉	49.00	2012.1
33	978-7-301-20706-2	高频电子技术	朱小样	32.00	2012.6
34	978-7-301-21055-0	单片机应用项目化教程	顾亚文	32.00	2012.8
35	978-7-301-17489-0	单片机原理及应用	陈高锋	32.00	2012.9
36	978-7-301-21147-2	Protel 99 SE 印制电路板设计案例教程	王 静	35.00	2012.8
37	978-7-301-19639-7	电路分析基础(第 2 版)	张丽萍	25.00	2012.9
38	978-7-301-22362-8	电子产品组装与调试实训教程	何 杰	28.00	2013.6
39	978-7-301-22546-2	电工技能实训教程	韩亚军	22.00	2013.6
40	978-7-301-22390-1	单片机开发与实践教程	宋玲玲	24.00	2013.6

相关教学资源如电子课件、电子教材、习题答案等可以登录 www.pup6.com 下载或在线阅读。

扑六知识网(www.pup6.com)有海量的相关教学资源和电子教材供阅读及下载(包括北京大学出版社第六事业部的相关资源),同时欢迎您将教学课件、视频、教案、素材、习题、试卷、辅导材料、课改成果、设计作品、论文等教学资源上传到 pup6.com,与全国高校师生分享您的教学成就与经验,并可自由设定价格,知识也能创造财富。具体情况请登录网站查询。

如您需要免费纸质样书用于教学,欢迎登录第六事业部门户网(www.pup6.cn)填表申请,并欢迎在线登记选题以到北京大学出版社来出版您的大作,也可下载相关表格填写后发到我们的邮箱,我们将及时与您取得联系并做好全方位的服务。

扑六知识网将打造成全国最大的教育资源共享平台,欢迎您的加入——让知识有价值,让教学无界限,让学习更轻松。

联系方式:010-62750667,yongjian3000@163.com,linzhangbo@126.com,欢迎来电来信。